JN296278

執筆者紹介 （アルファベット順、*：編者）

秋林　幸男　　北海道大学大学文書館 研究員（2・4章）
AKIBAYASHI Yukio

ディミトリス・アサナッシアディス　スウェーデン農科大学（Umeå）（13章）
ATHANASSIADIS, Dimitris

石川　幸男　　専修大学北海道短期大学 教授（16章）
ISHIKAWA Yukio

板垣　恒夫　　技術士事務所森林航測研究 代表（15章）
ITAGAKI Tsuneo

神沼　公三郎　北海道大学北方生物圏フィールド科学センター 教授（終章）
KANUMA Kinzaburo

木幡　靖夫　　北海道立総合研究機構森林研究本部林業試験場 森林資源部長（3章）
KOHATA Yasuo

*小池　孝良　　北海道大学大学院農学研究院 教授（1・21章）
KOIKE Takayoshi

小塚　力　　　北海道大学北方生物圏フィールド科学センター 技術専門職員（4・10章）
KOZUKA Chikara

*湊　克之　　　元 北海道大学農学部附属演習林 助教授（1・4章）
MINATO Katsuyuki

中村　太士　　北海道大学大学院農学研究院 教授（5章）
NAKAMURA Futoshi

並川　寛司　　北海道教育大学教育学部札幌校生物学教室 教授（15章）
NAMIKAWA Kanji

*仁多見　俊夫　東京大学大学院農学生命科学研究科 准教授（7・8章）
NITAMI Toshio

笹　賀一郎　　北海道大学北方生物圏フィールド科学センター 教授（18章）
SASA Kaichiro

佐々木　尚三　森林総合研究所北海道支所 地域研究監（13・14章）
SASAKI Shozo

*佐藤　冬樹　　北海道大学北方生物圏フィールド科学センター 教授（19章）
SATOH Fuyuki

*芝　正己　　　琉球大学農学部亜熱帯フィールド科学研究センター 教授（6・9章）
SHIBA Masami

植村　滋　　　北海道大学北方生物圏フィールド科学センター 准教授（20章）
UEMURA Shigeru

イワン・ベステルント　スウェーデン農科大学（Umeå）（13章）
WÄSTERLUND, Iwan

*山田　容三　　名古屋大学大学院生命農学研究科 准教授（12章）
YAMADA Yozo

柳井　清治　　石川県立大学生物資源環境学部 教授（17章）
YANAI Seiji

吉田　俊也　　北海道大学北方生物圏フィールド科学センター 准教授（11章）
YOSHIDA Toshiya

はじめに　森への働きかけ
── 林業工学の今日的意義 ──

　再生可能な木質資源の宝庫である森林は、土壌の保全・水源の涵養・野生動物の生息地などとして重要な機能を持つだけでなく、その存在自体が、芽吹きから紅葉へとあでやかに衣替えをする観光資源でもある。また、最近脚光を浴びているエコツーリズムにとっても欠かすことのできない生態資源(山田 2002、岩波科学72：690-695)の一つでもある。さらに、温室効果ガスである二酸化炭素(CO_2)の吸収源であり、その幹には巨大なCO_2貯蔵庫としての機能にも期待が集まっている。森林生態系の維持にとって重要なこうした諸機能をもつ森への「働きかけ」、すなわち、道をつけ、木を伐り、搬出するという行為は、諸機能の中でも木質資源の 生産と利用にとっては不可欠のプロセスである。しかし、これらの「働きかけ」は、依然として森林を損なう人為撹乱として危惧され、敵視されている感も否めない。

　ややもすれば、環境問題の自然保護的側面にだけ興味を抱きがちな人々にも、森林の環境の保全と森林の利用とは、持続性を考えると本来同義であることを理解していただきたい。しかし、現状では、森林科学の正確な理解が浸透していないことに加え、有限ではあるが再生可能な森林資源の利用に関する知見が不十分な点も多々ある。これらを改善し、広義の森林利用学、狭義の林業工学の今日的あり方を概観することによって、目標とする持続可能な森林管理への道を開くことができる。

　北海道開拓の歴史は、針広混交林をいかに利用するかを追究してきた森林利用学と森林工学の体系化の歴史でもある。この点は急峻な地形の本州各地で行われ、体系化づけられてきた森林利用学や林業工学とはやや趣を異にする。我々がなにげなく眺めている身近な風景は、先人たちによって体系化されたこの森林工学・森林利用学の基礎理念から応用までが展開された結果であろう。例えば、北海道の観光名所の定山渓から中山峠周辺は、一見すると豊かな森林に見

えるが、実は観光道路にそって集材路を張り巡らし、豊かな彩りをもつ観光資源と木材生産を両立させてきた。京都嵐山では、こまめに落ち葉かきを実行して景観を管理していた。奈良・春日山では山焼きを行って景観を維持している。景観維持をはじめとする森林の公益的機能と木材生産など森林の多機能を生み出す森づくりには、より安全で効率的な伐採作業のための機械化や曲がりくねった林道を運転する心労を軽減するような道づくりが不可欠である。

　これらの施業や技術の根底には、林学発祥の地であるドイツで生まれた経済林の美学とも言うべき森林管理の理念が息づく。ドイツではエーベルスワルデ高等山林学校に学んだハインリッヒ・フォン・ザーリッシュによって『森林美学』の初版が1885年に著され、1902年には第2版、1911年には第3版(2010年には現代ドイツ語に改訂)が刊行され、数多くの影響を与えてきた。その内容は林道開設から保育方法が、ゲーテのいう「自然は常に正しく、誤りはもっぱら私の側にあるからである」に謳われた理念に基づく。我が国の実情にあった『森林美学』を著した新島善直・村山醸造の指針は今も息づいている。

　林道開設や機械化などのためには、環境に与える影響を調査分析したうえで、地域住民と受益者間の合意形成が、その導入の成否を左右する。マレーシア・フィンランド・スウェーデンでは、木材の搬出は先端技術と位置づけられ、環境倫理学の視点も導入されて展開されてきた(山田 2009、森林管理の理念と技術、昭和堂)。林道の開設に対しても野生生物の保全に関連したアセスメントは不可欠となっている。このように、林業工学の役割は木材生産や森林バイオマス資源収穫を安全に、省力的に低コストに行うため、森林資源の効率的収穫作業システムの開発、林内の路網の基盤整備技術の開発と高度化、林業機械や作業システムの安全化に関する研究をも担う。

　本書では、森林の総合利用と保全を実践してきた森林工学・森林利用学・林業工学の役割を北大研究林や各演習林等での事例を踏まえ、これまでの歴史を概観しながら、生態系サービス(MEA 2005：http://www.millenniumassessment.org/en/index.aspx)の高度利用のための森づくりをめざして、生物保全学・環境倫理学の視点を加味した新たな森林利用学のあり方を展望するために刊行する。本書の構成を以下に示す。

　まず「我々はどのように森を利用してきたか」。この史的側面を北海道におけ

る森林管理の歴史と森林美学の系譜として概観する。森林は再生可能な木質資源の宝庫であるとともに、最近脚光をあびているエコツーリズムをになう観光資源としても重要である。そこで、わが国で唯一「森林美学」の講義をもつ北海道大学（北大）農学部ならではの森林管理技術の変遷を史観する。続いて、森で働く林業機械の種類とその利活用、環境への影響を解説しながら、北海道林業における高度機械化を本州の特殊性などを紹介しながら論ずる。

次に、新たな時代の森林観・森へのアプローチとして、「なぜ木を伐るのか」を専門教育の展開と意識の推移に注目し、森林のより包括的な利用を意図して林学科から改組された森林科学科の学生と教官の「森づくり」に対する意識変化を、14年にわたるアンケート調査をもとに解析し、森づくり後継者の明日を分析した事例を紹介する。そして森林認証制の動向について概説する。続いて、新山・村山の言う森林美学の広義の概念の一形体であろう景観生態学に関して、流域管理の基礎理念であるスケーリング理論の構築とその展開を紹介する。さらに、森づくりのための合意形成と社会的認知について、地域住民の合意形成過程を概説するとともに、森林の今日的・将来的位置づけについての社会への働きかけの重要性を論じる。これらの収斂する内容として「森林風致と伐出作業のレイアウト」を伐出方法から森林風致への定量的計画法を紹介する。

近年、また注目されている環境林の造成と維持について、海岸林の造成を推進してきた山形県での事例解析から、環境林の造成・維持に関する受益者負担と維持管理の問題点を概説する。さらに、北の森での試みとしては、平地林が広がり木材生産が基幹産業のひとつであるスウェーデンでの大型機械利用の現状と重機導入による環境影響を解決してきた事例を紹介する。さらに、南の森での取り組みとして、熱帯林の伐木・運材技術の現状と課題を、海外林業の最前線マレーシアを舞台に紹介する。

22世紀の豊かな森づくりをめざして、森林利用技術の新たな展開について各論と言うべき取り組みを紹介する。森林利用の多面的展開のために、環境倫理学の視点を加味して森林利用学の展望を議論する。その実践例として、北欧・北米での事例を基礎に発展してきたエコロジカル・フォレストリの現状と展望とエコ・フォレスティングの考えを取り入れた研究内容を北大雨龍研究林の実例も紹介しながら論じる。また、簡便に資源の把握が可能な空中写真の利用と

実践例を植生解析の実例とともに紹介する。続いて、景観機能をも有する防風林の維持機構を石狩・十勝地方での事例調査を基礎に景観生態学的視点を加えて概説する。

　森へのアプローチである林道を開設する例を、北大研究林での実践例として紹介する。寒冷地において、林道開設作業を積雪期に行ない林地の攪乱を最小限に押さえる林道設置法と森林の修復過程を紹介し、生態系保全に配慮した林道づくりを論ずる。その到達点として、混交林再生への道を論じる。山火事跡の再生などを推進するために林内への大型機械を導入しての更新補助作業の実例を人為攪乱としてとらえ、環境影響についても述べる。林内にも広がる河畔林の機能と保全は、生物多様性の保全に代表されるように注視されている。近自然工法が進展する中で、「生き物工学」としての河畔林の機能維持とその保全を紹介する。

　最後に、人を育て森を育てる事例を論じる。地域住民とともに研究林を舞台として、野外シンポジュウムや森の探検隊など「森を知り・育てる」ためのさまざまな活動を行なってきた、フィンランドでの事例なども紹介しながら、次世代を担う若人への森林教育の取り組みと展望を語る。最後に地域資源管理学の視点から「森への働きかけ」を総括し、本書の出版の意義を問う。

　本書の出版に際し、長年、ご支援いただいている三津橋木材産業会長・三津橋貞夫氏に感謝する。森林という自然の恵みに依存して、特に木質資源生産を行っている経営者や、作業従事者にとって、この著書が我々も共に自然環境の保全に貢献していると言う力強い理論的・科学的根拠を与えることを願っている。また、日頃、数々の御助言をいただいている森林利用学会の酒井秀夫、酒井徹朗、神崎康一、尾張敏章各氏らと出版に当たって献身的な貢献を惜しまれなかった小池　晶氏にも感謝する。企画が認められてから久しく時が流れた。この間、的確なご助言を賜った海青社の宮内　久氏、表紙写真を提供された元北大北方生物圏フィールド科学センターの坂田　勲氏と森林美学の今日的意義を指摘された北大出版会の成田和男氏にも厚くお礼を申し上げます。

　2010 年 10 月 1 日
　　　　湊　克之・小池孝良・芝　正己・仁多見俊夫・山田容三・佐藤冬樹

森への働きかけ
森林美学の新体系構築に向けて

| 目　　次 |

はじめに　森への働きかけ——林業工学の今日的意義——
　　　　……………（湊　克之、小池孝良、芝　正己、仁多見俊夫、山田容三、佐藤冬樹）1

I　我々はどのように森を利用してきたか？ …………………………… 13

1章　北海道における林業工学の歴史 ………………（湊　克之、小池孝良）15
　　1. 北大林業工学の変遷 ………………………………………………… 15
　　2. 森林利用学から森林工学の視点 …………………………………… 16
　　3. ガイヤーの森林利用学の紹介とその現代的意義 ………………… 19
　　4. 路網の充実 …………………………………………………………… 21

2章　「森林美学」を考える ……………………………………（秋林幸男）29
　　1. はじめに ……………………………………………………………… 29
　　2. 日本への「森林美学」の導入 ……………………………………… 31
　　3. ドイツ林学と「森林の美」論 ……………………………………… 36
　　4. フォン・ザーリッシュの『森林美学』をめぐって ……………… 45
　　5. 新島・村山編著『森林美学』 ……………………………………… 51
　　6. おわりに ……………………………………………………………… 55

3章　高性能林業機械を利用した森づくり …………………（木幡靖夫）61
　　1. はじめに ……………………………………………………………… 61
　　2. 機械化作業に適合した間伐方法の適用 …………………………… 61
　　3. 高性能林業機械によるトドマツ人工林の列状間伐 ……………… 62
　　4. 育林作業における高性能林業機械の利用 ………………………… 72

II　新たな時代の森林観——森へのアプローチ—— ……………………… 75

4章　なぜ「木を伐る」のか——学生の森林観から——
　　…………………………………………（湊　克之、小塚　力、秋林幸男）77
　　1. はじめに ……………………………………………………………… 77
　　2. 資料と分析方法 ……………………………………………………… 78
　　3. 「木を伐る」ことへの学生の意見 ………………………………… 80

4. キーワードからみた学生が捉える森林問題 82
　　5. 専門教育への展望 87

5章　景観生態学の展開 .... (中村太士) 89
　　1. なぜ今、景観生態学が必要か——近年の景観構造の変化—— 89
　　2. 景観生態学と今までの生態学は何が違うのか 95
　　3. 保護と保全、そして再生 96
　　4. 広域環境情報の構築 101

6章　森林の景観評価と保全管理 .... (芝　正己) 103
　　1. 階層化分析法(AHP：Analytic Hierarchy Process)を導入した
　　　 森林内景観構成要素の選好度評価と被視条件要素の判別 103
　　2. デルファイ法による中・遠景的森林景観条件の評価 114
　　3. コンピュータグラフィックシミュレーターCGSによる森林景観
　　　 と伐出作業計画への応用 123

7章　地域活性化における大学演習林の可能性
　　　——エコツーリズムと精密林業の視点から—— .... (仁多見俊夫) 135
　　1. はじめに 135
　　2. 大学演習林の現状と教育研究 137
　　3. 地域と東大演習林のかかわり 139
　　4. 森林科学と基盤整備 141
　　5. 研究成果とエコツーリズム 144
　　6. 地域資源の活用高度化に果たす役割 146
　　7. おわりに 147

Ⅲ　森林の持続的利用 **149**

8章　新たな技術による森林資源利用推進
　　　——その技術とビジネスモデル—— .... (仁多見俊夫) 151
　　1. 日本の森林と林業 151
　　2. 地況と道路、作業システム 153

3. 作業システムと道路基盤配置 156
　4. ロングリーチ車両複合作業システム 158
　5. 統合型大型タワーヤーダ作業システム 159
　6. 道路配置と規格 161
　7. 新たな山作りシステム 163
　8. 森林木質バイオマスの活用 164
　9. 所有とビジネスモデル 166
　10. 地域森林情報基盤と計画 167
　11. 地域森林資源活用モデル —— 地域総合ビジネスとしての林業 —— ... 170

9章　持続的な森林資源利用のツール
　　　　—— 森林認証制度および収穫実行規約 —— .... （芝　正己）173
　1. 森林認証制度の展開 173
　2. 森林認証・CoC ラベリングと森林管理 175
　3. 森林認証・ラベリング制度に対する生産現場からの戦略的対応 ... 176
　4. あとがき 180

10章　海岸林の造成と管理の史的展開 .... （小塚　力）183
　1. はじめに 183
　2. 海岸に対する植林のはじまり 183
　3. 戦前期における海岸林造成と管理 186
　4. 戦後の海岸林造成と利用・管理 190
　5. 海岸林をめぐる今日的動向 192
　6. 海岸林の持続的管理に向けて 195

11章　「エコロジカル・フォレストリ」の展望 .... （吉田俊也）199
　1. はじめに 199
　2. 生態系の保全を考慮した林業 —— Ecological Forestry 200
　3. 自然攪乱 —— Natural disturbance based management 201
　4. 不均質な構造 —— uneven aged management 204
　5. 「農業モデル」からの脱却 —— retention system 205

6. 景観スケールでの管理 207
　　7. 実行可能性 208
　　8. 今後の課題 210

12章　森林管理における人間性の復活 .... （山田容三）213
　　1. 経済性原理による森林管理の破綻 213
　　2. 変えるべき価値観 216
　　3. 人工林施業の四極化 219
　　4. ゾーニング 221
　　5. 周期理論 224
　　6. 人間性の回復 226

Ⅳ　北と南での森造り 233

13章　林業機械のライフサイクル・アセスメント
　　　（ディミトリス・アサナッシアディス、イワン・ベステルント、佐々木尚三）235
　　1. はじめに 235
　　2. 環境に配慮した林業機械 236
　　3. ライフサイクル・アセスメント 237
　　4. スウェーデンにおける燃料およびオイル消費量 240
　　5. エネルギー消費 241
　　6. 林地にもやさしいか？ 243

14章　熱帯林の伐採とその問題点──マレーシアの事例から──
　　　　　　　　　　　　　　　　　　　　　　　　（佐々木尚三）247
　　1. はじめに 247
　　2. 熱帯林伐採のイメージと林業 248
　　3. マレーシアの森林伐採 250
　　4. 伐採インパクト 252
　　5. 集材方法の改善の試み 257
　　6. 展　　望 259

V 21世紀の豊かな森造りをめざして
―― 森林利用技術の新たな展開 ―― **261**

15章　空から森をはかる .... （板垣恒夫、並川寛司）263
1. 森林の空中写真判読 263
2. 森林判読 267
3. 植生研究への応用 272

16章　石狩平野の農村景観における防風林の実態とその意義
.... （石川幸男）279
1. はじめに 279
2. 開拓前の姿と変遷 281
3. 防風林の現状 285
4. 自然性の高い防風林の意義と役割 292

17章　森と魚 ―― 河畔林の機能と保全 ―― .... （柳井清治）297
1. はじめに 297
2. 魚つき林機能に関するこれまでの研究 298
3. 河畔林の機能 302
4. 河畔林から海にいたる物質の流れ 307
5. 河畔林の保全と流域環境再生に向けて 312

18章　「道づくり」からのアプローチ .... （笹 賀一郎）317
1. 林道作設における自然環境保全・景観保全の課題 317
2. 森林圏ステーションにおける作業道の作設と維持対策 319
3. 環境保全・景観保全もふくめた技術開発の方向 325

19章　混交林造成への道 ―― 荒廃景観からの森林復元 ――
.... （佐藤冬樹）329
1. はじめに 329
2. 困った！人手が足りない！ 330
3. 機械力を使用した森林復元 331

- 4. 人手のかからない混交林造成の可能性 335
- 5. 「森林の群状的な取り扱い」による混交林造成の試み 336
- 6. 蛇紋岩上の大規模荒廃地の森林復元 340

20章　事例紹介——野外シンポジウム—— ....（植村　滋）347
- 1. 3つの基本テーマと印象的な研究タイトル 347
- 2. 若手研究者による最新の研究成果 349
- 3. フィールドでの実体験と徹底的なディスカッション 349
- 4. 幅広い応募者と際立つ女子学生の積極性 351
- 5. シンポジウムの成果もまた多様 352

21章　伝えたい匠の技 ....（小池孝良）355
- 1. 人工林から天然生林への誘導——非皆伐施業へ—— 355
- 2. 育成天然林施業の登場 357
- 3. あこがれの森林科学・林学 358
- 4. 伝えたい匠の技術——フィンランドの事例—— 359
- 5. 森林生態系の保全へ——人物交流を基礎として—— 361

終章　地域資源管理学の展望 ....（神沼公三郎）365
- 1. 地域資源の概念 365
- 2. 森林を「管理」するとは？ 368
- 3. 森林管理の理念と実践——学説の検討 370
- 4. まとめ——地域資源管理学の課題 372

索　引 375

I

我々はどのように森を利用してきたか？

1章　北海道における林業工学の歴史

1. 北大林業工学の変遷

　明治政府以来、北海道の開拓(開道)の歴史は、まだ150年に満たない。その歴史の中で、もっとも強く「森への働きかけ」の学理を担ってきたのは、森林利用学・森林工学あるいは林業工学であろう。国土保全と東アジアの森林資源管理を行ってきた、この分野の将来を見据えるために、その史実を知ることによって、次世代への方針を定める一翼を担うことができる。「木一代、人三代」の言葉は、日本で最初に森林認証を受けた尾鷲の速水林業の家訓である。速水林業では、有名なメーラー(Alfred Möller)の恒続林思想(山畑 1984)を子孫のために実践してきたという(速水・内山 2007)。開道以来わずか150年足らずの歴史であるが、森林に撹乱をもたらす最大の「要因」の一つである人間活動の指針・影響評価と対策こそ、本書のめざす「森への働きかけ」の到達点である。この過程は森林利用学・森林工学あるいは林業工学の展開と密接に関連している。

　開道を担う官吏の養成を目的に設置されたのが、北海道大学(北大)農学部の前身である札幌農学校であった。そして、そこに森林科が設けられたのは1899年であり、開拓を進める中で、初代校長であった佐藤昌介氏(以下敬称略)の尽力の結果、森林科の設置が中央政府に認められたのであった(蝦名 2007)。初代教授として、東京帝国大学造林学教室の助手であった新島善直が招聘された。その門下生の一人、大澤正之(後の農学部教授・農学部長)によって、北大の森林利用学と続く森林工学の歴史は始まったと考えられる(北大演習林 1959)。その後、1905年に森林科は林学科に改められた。

　東北帝国大学農科大学時代(1907〜1917年)になって、札幌農学校林学科は農科大学の附属となり、1910年に林学実科と改称された。農科大学林学科には、1909年に第一講座(森林経理学)、1910年に第二講座(造林学・森林保護学)、

1911年に第三講座(森林利用学)と第四講座(理水及び砂防工学)、1912年に林政学及び森林管理学講座が設置された。そして、北海道帝国大学(1918〜1947年)には、林学科5講座と林学実科の二本立ての形で移行した。この間、多くの卒業生を送り出し、日本国の建国とアジア各地の開発の一翼を担ってきた。この時代を経て、1921年に森林工学講座が増設され、林学科は6講座となった(この後、林学実科は1945年に廃止され、北海道帝国大学附属農林専門部林学科となって1950年3月まで存続した)。

1949年の国立大学設置法に基づいて新たに北海道大学農学部林学科が発足した。ここで第三講座(森林利用学)と森林工学講座は林産学科に属すことになり、林学科は4講座に縮減された。この時以来、長年に渡って講座の増設を悲願としてきた(北海道大学 1980)。1964年に講座名が改称され、林学科の4講座は、それぞれ森林経理学講座、造林学講座、砂防工学講座、林政学講座となった。しかし、増設を要求していた森林工学講座と林木育種学講座の開設は認められなかった。そして1998年には、林学科と林産学科が森林科学科として一つになり、大学院では林学林産学共通講座として森林資源生物学が設けられた。林学系の各講座は以下のように研究室として存続し、森林生態系管理学、造林学、流域砂防学、森林政策学となった。

林業工学の講義は、小島幸治以来長らく演習林(現在、北大全学共同利用施設である北方生物圏フィールド科学センター・森林圏ステーション)の教員とOB木幡靖夫によって担当され、林業経済学(労働組織)、生態保全型林業(エコロジカル・フォレストリ：吉田俊也 本書11章参照)、林業機械の紹介がなされている。

森づくりには、百年の計に立脚する哲学が必要である。この哲学を理解し世代を超えて森林資源を維持・管理するために北大・森林利用学と森林工学の系譜を概観する。

2. 森林利用学から森林工学の視点

森林利用学・森林工学の創設期に尽力した大澤正之は、1913年に東北帝国大学農科大学予科へ入学し、学制の変遷があったため1919年に北海道帝国大学農

学部林学科を卒業後、農学部附属演習林に勤務し、1922年には農学部助教授として、木材利用に関する関係学を中心に考究した。そして1930年には「とどまつ及えぞまつ材ノ品質殊ニ弾性及ビ強度ニ関スル比較研究(独文)」によって博士号を取得した。その後、「労働科学の発達を促す」(北海道林業会報 1934)を著わし、森林経理学の中島廣吉教授とともに林学の双璧をなす森林利用学(第三講座)を樹立した(図1-1)。1926年卒の今俊三(旧姓・金)は、(株)王子製紙の集材現場であった沙流川において、網羽(網場――あば：木材や鋼材で作られた港内で原木等が流出するのをふせぐ設備)の解析を行った(金1941～1943)。その後、北大工学部土木工学科へ転じ、構造力学系の基礎を築いた。同時期に京都帝大では、苫名孝太郎が「鋼索網羽の強度に関する研究」を推進していた。

図1-1　大澤正之教授の肖像
(北大演習林1959からの引用)

　また、続く1928年卒の青木信三は宮崎大学にて、「高密度路網営林法」を提唱し、九州の林業基盤整備の基礎を築いた(青木 1973)。この内容は、林道の開設費と木材の集材費の合計を最小とする路網密度を最適な密度とする考え方である。林道密度が小さければ、開設費は低くなるが、集材距離は長くなるため集材費が上昇する。つまり、林道密度の上昇に伴って、どこかに開設費と集材費の合計が最小になる密度が存在する。青木は、いわば最小費用方式に基づくこの林道密度決定法が、伐出経営部分のみに準拠したものであって、育林経営部分を含めた有機的な「林業経営構造」の基盤としての評価法の必要性を説いた。詳しくは、25頁の＜注＞を参照のこと(Shiba 2002)。

　大澤教授は、その後、小島幸治(後の演習林教授)を得て、「わが國に於けるトラクター地曳集材の成績について」、「北海道の天然林に於けるチェーンソー造材作業の時間研究」などに着手した(北大演習林 1959)。ここで言う「時間研究」とは「作業工程」とほぼ同義である。なお、「産業疲労研究の一環としての杣夫(そまふ：伐木・造材に従事する林業労働者の旧称)疲労について」、と称する研

究は、門下で演習林の吉田 贇(たけし)や医学部の西風 脩(おさむ)とともに労働科学の基礎となった(大澤ら 1959)。

　小島幸治は新設された林産学科へ転じ、苫小牧演習林において「地曳集材とアーチ集材におけるエゾマツ及びナラ丸太の牽引抵抗係数」に関する研究を行い、学位論文として「トラクター集材作業に関する研究」をまとめた。そして、演習林での研究として「電動チェーンソーによる伐木造材作業の装置並びに作業システムの開発に関する研究」を 1985 年に発表した。この時代、国有林などではチェーンソーによる振動障害「白蝋病」が深刻化していた。

　その後、労働行程の教育研究をも展開していた林政学出身の湊 克之が企業から北大演習林森林工学研究室へ転入した。そして、北海道科学研究費補助金の支援を得て、道南を除く全道での林道の路体(道路工学で定義づけられている路盤と路床を総称して路体と言う)に関する研究を、「林道の路床に関する研究」としてまとめた(湊 1972)。本研究の骨子は以下の三つの因子に焦点がある。すなわち、1) 機能因子(林道の機能の面から考えられる因子：使用車輌の種類、車輌の通過量、林道の使用年数、林道使用の時期)、2) 自然因子(林道作設地の自然条件によって決まる因子：路床土の土質、降水量・蒸発量、気温(凍結・融解))、3) 設計因子(林道設計から考えられる因子：路床構築の方法(切り土・盛り土)、勾配(縦断勾配・横断勾配)、路体の排水の方法)であった。

　続いて、湊は通称「砂利道」に関する学理を林道開設に応用し、「多雪寒冷地帯における林道作設に関する基礎的研究」をまとめあげた(湊 1986)。その主旨は、砂質土の地山で構築された路床に、トラック運材に耐え得る支持力を与えて路盤を省略できる路床を作設する方法、すなわち、降雨による影響を考慮し、最も特徴的なことは、低温を利用し、一時的に砂質土の路床に路盤と同じ効果を持たせるための方法を考究した点である。なお、湊はいち早く、今日もっとも注目されている「作業道」の研究(酒井　2004、2009)にも着手していた(湊 1968)。開道、すなわち北海道開拓の歴史は、針広混交林をいかに利用するかを追究してきた森林利用学あるいは森林工学の体系化の歴史でもあった。この点はスギ・ヒノキを対象に、急峻な地形のなかで発展した本州での取り組みとはやや趣を異にする。

　湊は、その後、北大和歌山演習林においてスギ・ヒノキ複層林化の施業実験

にも取り組んだ(湊ら 1997)。さらに、1980年代から伐出作業の効率化を図るため導入された高性能林業機械が、森林植生や土壌に及ぼす影響評価について、(株)三津橋産業からの奨学寄附金を受け、大里正一(東京大学)らと1989年から5年間にわたり実態調査(湊 1995)を行なっている。

1998年には、大学院農学研究科の改組によって、演習林には大学院・北方森林保全学講座(森林動態、森林環境機能、森林生物管理、地域資源管理の4分野)が新設され、森林工学研究の流れは、より広く地域資源管理学研究分野として、2004年までは農学研究科において、その後は、環境科学院の一翼を担う独自の展開が行われている(神沼 本書)。なお、北大演習林と森林科学科では、全国の森林利用学会メンバーとともにシンポジュウム「地域資源管理から地球環境を考える」を開催し、林業工学の将来を見据える議論をおこなった(今山・上野 1999)。その方向としては、地理情報システム(GIS)など情報管理と合意形成、そして森林環境倫理学が示された。さらに、我々が必要とする森林は、「切り身」になった木材だけではなく、「生身」の森林、あるいは総体(あるいはシステム)としてのいわば森林生態系であることを確認した(鬼頭 1996、山田 2009)。

3. ガイヤーの森林利用学の紹介とその現代的意義

ドイツ・ミュンヘン大学造林学を担当したガイヤー(Karl Gayer)の『森林利用学』(Die Forstbenutzung)は、我が国の木材の収穫から利用の体系化に少なからず影響を与えた。本書の書評の中で、大澤教授は次のように論じている(大澤 1936)。「森林利用学の目標は、林学を土地産業として、これが合理的経営によって林産物の収穫を量的に増加させ森林収入の最多を期するとともに、その保続をはかり、かつ森林の間接的効用を十分発揮する必要がある」。ここで、森林の保続(=持続的利用)と森林の間接的効用(=多機能)を発揮させることは、まさに林学の本質を言い当てている(上飯坂 1975)。これらの背景には、新島善直・村山醸造(1918)の著書である『森林美学』にも示された、以下の視点があることを意識せざるを得ない。

「なぜ私は、結局、最も好んで自然と交わるのか。それは、自然は常に正しく、誤りはもっぱら私の側にあるからである。自然に順応することができれば、

図 1-2 森林美学に見られる開設された林道の例
(緩やかな曲線を描く；Cook and Wehlau 2008 より引用)

事はすべて自ずからにして成るのである」。これはドイツ古典主義からロマン主義に転じた詩人であり科学者であったゲーテの言葉である。ゲーテの影響を受けた林学の祖とされるコッタ (Heinrich Cotta、ターラント林業大学の開祖：現・ドレスデン工科大学) の精神を継承したのは、エーベルスワルデ高等山林学校に学び、地主貴族 (ユンカー) でもあったフォン・ザーリッシュ (Heinrich von Salisch) であった。フォン・ザーリッシュは、約 1000 ha の自らの森林経営を基礎に『森林美学』を著した (**図 1-2**)。その考えは、結局、メーラーの恒続林思想として解釈されるが、それは「最も美しい森林は、また、最も収穫多き森林である」という森林管理の原点への収斂を意味する (清水 2010a, b)。事実、「美しい森を造る」とした速水林業の経営の目標でもある (速水・内山 2007)。

　メーラーの思想の実践には、ガイヤー (とその後任、ファブリチウス (Fabricius) 教授と) ともに著された前出の『森林利用学』(大澤 1936) が、大きな役割を演じたと考えている。ガイヤーの後任、マイヤー (Heinrich Mayr) は明治政府の招聘した学者の一人であり、東京山林学校 (現在の東京大学農学部の前身) において、新島善直の師であった。マイヤーはさらにガイヤーを助け、第 10 版までは上記テキストを改訂した。この書、第 13 版の構成は、前半が林業土木などの概念、後半が林産物利用であり、後者はより充実し体系だっていたことは、ドイツでの流れを反映していた。大澤 (1936) は、第 13 版の改訂には、主伐から収穫技術

の理論と応用が充実し、さらに、木材利用の側面がより体系だっており強化されたことを紹介している。

さて、再生可能な木質資源の宝庫である森林は、土壌の保全・水源の涵養・野生動物の生息地などとして重要な機能を持つだけでなく、その存在自体が観光資源でもある。また、最近脚光を浴びているエコツーリズムにとっても欠かすことのできない生態資源の一つでもある(山田 2002)。時に隠蔽的と糾弾されることもあるが、高密度路網で知られる定山渓国有林では(田口ら 1973)、伐採面は主道に沿って設けられているので、木材生産と森林の更新を行っている山並みを見ながら、観光客は北海道の"豊かな森林"を楽しむことが出来る。このように、我々がなにげなく眺めている身近な風景は、先人たちによって体系化されたこの森林利用学・森林工学の理念から応用までが反映された結果と言えよう。

4. 路網の充実

森づくりには、安全で効率的な伐採作業のための機械化や林道を運転する心労を軽減するような道づくりも重要である。森林・林業基本法では路網密度の目標は17.9 m/haであるが、2005年時点の我が国のそれは12.8 m/haに留まっている。木材生産性の高いドイツでは、2001年で林内共用道が54 m/haで、日本と同じく急峻な地形の多いスイスでは24 m/ha、オーストリアでは作業道も含めると84 m/haである(酒井 2009、山田 2009)。なお、国内でも木材生産性の高い大橋林業では、約240 m/haに達している(大橋 2008)。林道は、木材を搬出するための道ではあるが、実は持続的な森林経営を行う「森への働きかけ」のために、人を森林へ運ぶための道でもある(田口ら 1973)。これからの森林管理の方針は、モントリオール・プロセス(1998)に謳われる「木材生産だけではなく、生物多様性保全、水土保全、CO_2低減などの各種機能を対等にとらえ、望ましい目標林型を科学的に求める」にある(藤森 2003)。

ここで、モントリオール・プロセスについて説明しよう。アジェンダ21(1992年、ブラジルのリオ・デ・ジャネイロ市で開催された環境と開発に関する国際連合会議(地球サミット)で採択された、21世紀に向けて持続可能な開発を実現

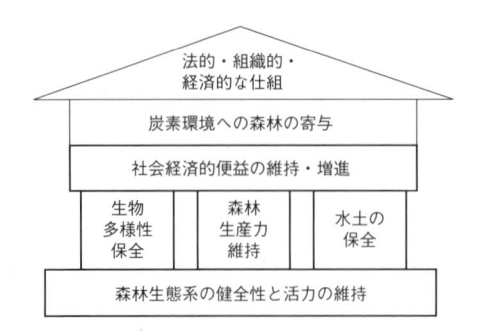

図1-3 モントリオール・プロセスの概念図
(藤森 2003 より改作)

するために、各国と関係国際機関が実行すべき行動計画のこと)で、「各国は"あるべき森林"の基準を造る」。と言うことである。まず、EU (欧州連合)が基準を造った(ヘルシンキ合意)。熱帯林に関しては、その前に ITTO (International Tropical Timber Organization：国際熱帯木材機関)と FAO (Food and Agriculture Organization：国際食糧農業機関)が基準を設けた。同じく基準を、EU 以外の温帯地域を対象に造ったのが、モントリオール・プロセスである。

その基準は次の7点である。1) 生物多様性の保全、2) 森林生態系の生産力の維持、3) 森林生態系の健全性と活力の維持、4) 土壌および水資源の保全と維持、5) 地球的炭素循環への森林の寄与の維持、6) 社会のニーズに対応した長期的・多面的な社会経済的便益の維持および増進、7) 森林の保全と持続可能な経営のための法的、制度的および経済的枠組み、である。

基本骨子は**図1-3**に示すように、全ての機能は「森林生態系の健全性と活力の維持」に依存するという(藤森 2003)。そして、これは人間の適切な「森への働きかけ」があって初めて達成できると考えている。人工林の理想的な持続的管理を目指したフォン・ザーリッシュの『森林美学』(1902年刊行の第2版)では、約1/5ページが林道設計と開設の考え方に当てられている。そこには、効率至上主義ではなく人間の感性、森林美の創造を至上とする思いがあふれている。一節を要約して紹介しよう(Cook and Wehlau 2008：原典 von Salisch 1902)。

"平地林においてさえ直線道路を造りすぎていると考えている。緩やかな曲線の道では、目立った迂回路も必要なく、好ましい変化があるにも関わらず、古

図 1-4 森林美学に見られる林道設計と実例
(Cook and Wehlau 2008 より引用、写真：バイエルン州有林での伐採現場)

い道路の多くが、かなり高いリスクを伴う直線に整備されてきた。こうした"過ち"は、木材生産力増進への焦りにも似た人々の熱意が噴出した結果であろう。ごく稀には、道路の長さを短くし、調査を容易するための要請が、道路の直線化の根拠となるであろう。担当者は直線路が一般的には実用的であり、それこそが美しいと考える。その思考の延長として、曲線道路は醜く、例え特別な場合において、ある不都合が生じるとしても、道路は直線化すべきであると考えている"と林道設計の不条理を指摘している。

そして、森林美学の視点に立った林道設計を以下の例を挙げて述べている。"道が 2 つに分岐しており、一方は上りでもう一方が下りになっている場合には、合流地点(**図 1-4** の pq と xy)を水平に設計し、道路区間の傾斜より急な角度で分岐点から林道が交錯することが望ましい。このちょっとした技巧は、とても安全に導入することができるうえに、道路勾配の小さい、ほぼ水平な地形において望ましい効果をもたらす。審美的観点から見て、より望ましい林分の在り方について議論が続いている。この点に関して私は、実用性もまた最も美しいものであると考える。主に単一樹種の同齢林分を造成する育林システムは、小さな林分を必要とする。すなわち、審美的観点から望ましいとされる多様性は、管理を行う単位である林分ごとに同時期に伐採しないことで達成でき、これにより林分に老木と若齢木を混在させ、異なる空間的配置を形成できる。小さな林分においては成木の素晴らしい階段構造が見受けられる。そのような眺めを **図 1-5** に示す"

このように、林道の適正な配置計画によって、メーラーの言う恒続林思想に

図1-5 森林美学に見られる小面積の林分管理
(Cook and Wehlau 2008 より引用) 空間的規制の例でもある

従う豊かな森づくりの一端を実現する事が、また、林道開設に与えられた使命でもある。誤解の無いように、最後に論じねばならないことがある。それは天然林と天然生林の違いである（藤森 2003）。前者はいわば原生林を代表とする手つかずに近い森林である。もちろん、原生状態の森林への憧れは誰にもあるが、今や、我が国には少なくても保存林として指定し管理してきた、例えば北大中川研究林の篌島原生林保存地区などを除いて原生林はない。一方、天然生林は行政用語であるが、天然更新によって成立したか、人為影響が及んだ森林、すなわち二次林を指す。どのように「天然生林」を生かすのか、その学理の追求はさらに続く。

「森への働きかけ」がうまくいくかどうかは、結局、人命を第一に、安全に森林資源の持続的利用を経済的に、どのように行うか、に尽きよう。しかし、そこには、山田（2009）の言う森林環境倫理学の視点が不可欠である。人は自然の一部ではあるが（鬼頭 1996）、そこには、やはり他の命をいただいて生き、繁栄している人間中心の自然保護思考が優占する。

なお、本稿を草するに当たり、藤原滉一郎北大名誉教授、芝 正己教授（京都大学、現琉球大）、田口豊博士（元林野庁林業試験場）、丸谷知己教授、笹賀一郎教授、佐藤冬樹教授、神沼公三郎教授には、資料の収集などに関して数々のご援助をいただいた。記して感謝する。

<注>

青木信三の「高密度路網営林法」の概要：林道の適正密度に関する研究の中心になっていたのは、1942年に米国のシカゴ大学の経済学者のマチュースが提唱した「マチュース理論」と呼ばれるもので、林道の開設費と木材の集材費の合計を最小とする路網密度を最適な密度とする考え方である。林道密度が小さければ、開設費は低くなる一方で(一定面積に開設される林道延長が短くてすむため)、集材距離は長くなるため、集材費が上昇する。つまり、密度の上昇に伴って、どこかで開設費と集材費の計が最小になる密度が存在することになる。青木は、いわば最小費用方式にもとづくこの林道密度決定法が、伐出経営部分のみに準拠したものであって、再造林を前提とする日本の人工林施業の場合、育林経営部分を含めた有機的な「林業経営構造」の基盤としての林道密度の評価法を議論すべきであると主張した。その成果として、「高密度路網営林法」を提唱し、宮崎大学田野演習林で実践して範を示した。その骨子は、以下である。

1. 林道網は、育林経営部分の生産設備でもある、
2. 林道開設費あるいは林道網整備費の負担は、常に育林経営部分に帰属すべきである、
3. 林道の密度変化(開設量)に伴う損益生起部分は、育林経営部分であって、伐出経営部分の損益には関係しない。従って、林道密度は育林経営部分の理論による損益勘定によって決定すべきである。

これに従えば、林道密度を決定する条件として、

1. 立木販売高収益最大となるように林道密度を決定する、
2. 林道開設費は林道開設に伴う立木価の上昇分(値上がり増収分)に収まるようにする ──過剰投資を避ける、
3. 林道維持費は育林経営部分での諸管理作業(造林、保育など)の軽減によって賄えるよう技術改善を行う。

を列記することができる。

この「高密度路網営林法」は、林道開設技術、造林法(傾斜階段造林法：斜面上のテラス作設)の斬新的なアイデアを生むと共に、田野演習林のヒノキ人工林の経営改善に大きく貢献した。この営林法は、当時の多くの国有林や先進的な民有林で導入された。

なお本注は、文献(Shiba 2002)のスイスETHでの森林学科講義教材「日本における森林管理と林業の小史」から著者が抜粋したものである。

<文　献>

青木信三 (1973) 林業経営技術と高密路網. 創文.

Cook Jr., W. L. and Wehlau, D. (2008) Forest Aesthetics (Forstästhetik 2 auf). Forest History Society.

蝦名賢造 (2007) 北海道大学の父 佐藤昌介伝. 西田書店.
藤森隆郎 (2003) 新たな森林管理. 全国林業改良普及協会.
速水　勉 (内山　節著) (2007) 美しい森をつくる―速水林業の技術・経営・思想―. 日本林業調査会.
北海道大学 (1980) 北大百年史　部局史. ぎょうせい.
北大演習林 (1959) 大澤正之教授記念號. 北大演習林研究報告 20(1)：1-7.
今山照代・上野亮介 (2000) 地域資源管理から地球環境を考える―シンポジュウムの記録―. 北方林業 52(2)：35-38.
上飯坂実 (1975) 新訂増補　森林利用学序説. 地球社.
神沼公三郎 (2010) 地域資源管理学の展望. 本書：365-374．
鬼頭秀一 (1996) 自然保護を問いなおす―環境倫理とネットワーク―. ちくま新書.
小島幸治 (1959) 地曳集材とアーチ集材におけるエゾマツ及びナラ丸太の牽引抵抗係数. 北大演習林研究報告 20(1)：345-359.
小島幸治 (1963) トラクター集材作業に関する研究. 北大演習林研究報告 22(2)：375-537.
小島幸治 (1985) 電動チェーンソーによる伐木造材作業の装置並びに作業システムの開発に関する研究. 北大演習林研究報告 42(4)：865-887.
金　俊三 (1940) 網羽強度論(I). 北大演習林研究報告 11(2)：19-104.
金　俊三 (1942) 抑留網羽の破壊荷重に就て. 北大演習林研究報告 12(2)：25-46.
金　俊三 (1943) 網羽強度論(II). 北大演習林研究報告 13(1)：1-181.
小関隆祺　復刻 (1997) 新島善直・村山醸造 (1918) 森林美学. 北大図書刊行会.
湊　克之 (1968) 作業道の経済的作設法について―降水量と路盤支持力との関係―. 日本林学会北海道支部講演集 17：196-198.
湊　克之 (1972) 林道の路床に関する研究. 北大演習林研究報告 29(2)：121-153.
湊　克之 (1986) 多雪寒冷地帯における林道作設に関する基礎的研究. 北大演習林研究報告 43(3)：707-765.
湊　克之・門松昌彦・野田真人・小宮圭示 (1997) 北海道大学和歌山地方演習林におけるスギ・ヒノキ複層林の施業実験(Ⅳ)：列条間伐作業と樹下植栽木の被害. 北大演習林研究報告 54(2)：143-158.
湊　克之 (1995) 林業機械による伐出作業が森林に及ぼす影響. 北海道林業機械化協会. 35-39.
メーラー(A. Möller) (山畑一善訳) (1984) 恒続林思想. 都市文化社.
中島廣吉 (1947) 林學　朝日新講座. 朝日新聞社.
新島善直・村山醸造 (1918) 森林美学. 成美堂.
大橋慶三郎 (2008) 道づくりと経営　林業改良普及双書 159. 全国林業改良普及協会.

大澤正之 (1936) ガイヤーの森林利用學第十三版を讀みて. 日本林学会誌 18(2):154-155.

大澤正之・吉田 贇・西風 脩 (1959) 産業疲労研究の一環としての杣夫疲労について. 北大演習林研究報告 20(1):9-51.

酒井秀夫 (2004) 作業道―理論と環境保全機能―. 全国林業改良普及協会.

酒井秀夫 (2009) 作業道ゼミナール. 全国林業改良普及協会.

Shiba, M. (2002) Choronologie einiger Entwicklungen in Waldverwaltung und Forstwirtschaft in Japan. Manuskript zu den Lehrvorlesungen für Studierende der Forstwissenschaft, Department Forstwissenschaft, ETH Zürich Schweiz:1-55.

清水裕子 (2010a, b) 森林管理の原点―最も美しい森林はまた、最も収穫多き森林である―. 北方林業 62(4), (5):99-102, 127-129.

田口 豊・深尾 孝・盛田和男 (1973) 高密度路網による森林施業. 北方林業会.

山田 勇 (2002) エコツーリズムと生態資源. 岩波科学 72(7):690-695.

山田容三 (2009) 森林管理の理念と技術―森林と人間の共生の道へ. 昭和堂.

吉田俊也 (2010)「エコロジカル・フォレストリ」の展望. 本書:199-211.

2章 「森林美学」を考える

1. はじめに

　2005年にミュンヘン大学OBの林学徒ウィルヘルム・シュテルプが自然保護に重点をおく『自然林の美学』を出版した（Stölb 2005）。2008年には（Karl Wilhelm Rudolph）Heinrich von Salisch（1846–1923、以下ではフォン・ザーリッシュ）の『森林美学』第二版（1902年版）の英訳本を米国のジョージア大学の森林風景計画学者であるウォルター・L・クックとドリス・ヴェラウが出版している（Cook and Wehlau 2008）。日本では1991年に新島善直・村山醸造著の『森林美学』（以下では新島・村山の『森林美学』と略す）の復刻版（図2-1）が出版され、1996年には雑誌「グリーンエージ」に筒井迪夫による「森林美学考」が一年間にわたって連載された。また、2009年には清水裕子、伊藤精晤を中心にして雑誌『森林技術』で「"風致林施業"を語る技術者の輪」の特集が約一年間に渡って続き、2009年の9月号には小池孝良の「環境変動下での森林美学考」（小池 2009）が掲載された。このように20年間を振り返ると、期せずして森林美学に注目が集まっている。

　ここでいう「森林美学」はドイツ留学から帰国した新島善直によって明治末に札幌農学校で開講され、今田敬一に引き継がれて以来、絶えることなく北海道大学農学部で続いてきた講義「森林美学」に限定して述べようとするものである。この間、講義の科目名は「森林美学及風景計画」、今日では「森林美学及び景観生態学」へと変わってはいるが、日本の大

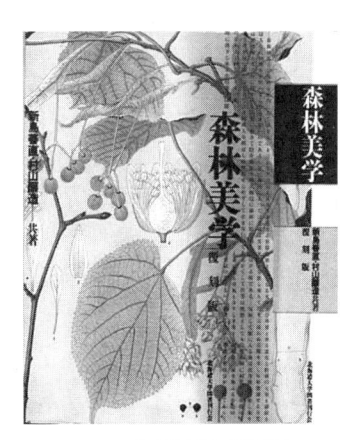

図2-1　復刻版「森林美学」

学では唯一の特色ある講義として開講されている。講義の基本をなすものは、1918(大正7)年に初版が刊行された新島・村山編著『森林美学』と今田敬一の研究「森林美学の基本問題の歴史と批判」(今田 1934)である。

　新島・村山の『森林美学』は、明治時代の風景論の名著といわれている志賀重昂の『日本風景論』(1984年)、小島烏水の『日本山水論』(1905年)と並ぶ高い評価を受け、1920年には再版されている。そして、1990年に北大図書刊行会から復刻版の出版に労をとった北大名誉教授の故小関隆祺[1]は、「科学、技術の発展によって、人間の生活が極度の物質文明的利便性に埋没しようとしているなかで、森林が生物圏としての重要な意味が問い直されている現在、『森林美学』の復刻は、現代的意味をもつものと信ずる」としている。そしてまた、構成をみるとドイツのフォン・ザーリッシュによって確立された森林美学の影響を受けた事は確かであるが、小関は「必ずしもその直訳ないし模倣ではない」とし、新島・村山の『森林美学』の独創性を示唆している。だが、その独創性が必ずしも明示されているわけではない。本稿ではフォン・ザーリッシュと異なる新島・村山の『森林美学』の独創性とは何であったのかを改めて検討してみたい。

　「森林美学」の講義を新島善直から引継いだのは造林学教室の3代目の教授となった今田敬一である。今田敬一の研究「森林美学の基本問題の歴史と批判」は、19世紀から20世紀初頭におよぶ約百数十年間のドイツ林学史の中で、森林美学の位置づけを検討した労作である。ドイツでは30年戦争を初めとした戦争で荒廃した国土に18世紀から森林を復元し、19世紀の初めには林学の創成期を迎えた(赤坂 1991a)。この間のドイツ林学の課題は、19世紀初頭では林業の保続理論を中心とする古典林学の形成、そして、ドイツの資本主義化を背景にした土地純収益説と森林純収益説との論争をへて、天然林の復元を目指す近代造林学へと転換していく。今田は19世紀から20世紀はじめのドイツ林学の独立と発展の中での森林美学を研究対象とし、それを「森林美学の基本問題の歴史と批判」として北大研究林報告にまとめた。しかし、ドイツで林学が創設された時期は赤坂らの研究[2]に示されるように、啓蒙君主などによって領土の美化が進められた。その後、国土の美化運動や農村美化運動が展開され、今から振り返れば、ドイツの国土を美しくする運動が二百数十年間にわたって展開された。本来は、こうしたことも視野に入れて今田が研究した「森林美学の基本問題

の歴史」を検討することが必要であると思うが、筆者の力量に余るので論述を林学史のなかにとどめたい。

なお、新島善直が北大で森林美学の講義を開講し、新島・村山著『森林美学』を出版するよりも早く、東京大学ではドイツ留学から帰国した林政学者である川瀬善太郎や、造林学者である本多静六らがドイツの森林美学を日本に紹介し、講義したといわれる。ここでは、第一に、日本への森林美学の導入、第二に今田の「森林美学の基本問題の歴史と批判」を基にして「ドイツ林学と森林美学」、第三にフォン・ザーリッシュの「森林美学」、第四に新島・村山の「森林美学」という順序で検討を進めたい。

2. 日本への「森林美学」の導入

2.1. ドイツ留学と森林美学

わが国で森林美学を始めて紹介したのは川瀬善太郎(1863(文久2)-1933(昭和7)年)である。川瀬は1890(明治23)年に帝国大学農科大学卒業後、農商務省に勤務し、1892(明治25)～1895(28)年にドイツのエーベルスワルデ高等山林学校に留学した。帰国後、帝国大学農科大学教授として林政学、森林法律学、狩猟学を担当し、その講義の中で森林美学を紹介したといわれる。

1890(明治23)年から1892(明治25)年にかけて、林学の祖、Heinrich Cotta(1763-1844年、以下ではコッタ)が開設したドイツのターラント高等山林学校、ベルリンのエーベルスワルデ高等山林学校、その後、ミュンヘン大学に留学した本多静六(1866(慶応2)-1952(昭和27)年)は、ドイツから帰国した18年後の1910(明治43)年にKarl Julius Tuisko von Lorey(1845-1901年、以下ではフォン・ローレイ)の林学全書[3]に所収されているHermann Stoezer(1840-1912年、以下ではステッツェル)の「森林美の育成」を翻訳して「森林美学」として大日本山林会報に掲載した(今田 1934、片山 1968、新島・村山 1918)。そして、1918(大正7)年に新島・村山編著『森林美学』が出版され、1934(昭和9)年に今田敬一の研究「森林美学の基本問題の歴史と批判」が発表されている。

東京帝国大学の本多静六の門下生の一人であった本郷高徳(1877(明治10)-1945(昭和20)年)は神社林の整備、韓国、台湾、満州、樺太の神社林造成にか

かわり、社寺の林苑計画の第一人者になった(下村ら 1995)。田村 剛(1890(明治23)-1979(昭和54)年)は大正9年から内務省の国立公園制定にかかわり、大きな足跡を残した(日下部 1996)。当時の国立公園を制定する趣旨は自然保護派と利用派の二派に分かれ、自然保護のために国立公園を制定するという自然保護派は内務省官房地理課、都市公園技師の大屋霊城、植物学者の武田久吉、林(造園)学者の上原敬二で構成されていた。それと対極に位置し、国民に公開して利用をはかるという利用派は、内務省衛生局保健課、本多静六と田村 剛であった(村串 2005)。田村は、1931(昭和6)年に成立したわが国の国立公園制度では公園当局が土地の管理権を有することを要件とせず、土地の所有形態に関係なく一定の素質条件を有する地域を公園として指定した。また、風致景観の維持を図るために一定の行為規制を課す方式(「地域制公園」)で運用するという世界でも類を見ない制度の確立に尽力した。上原敬二(1889(明治22)-1981(昭和56)年)は関東大震災からの復興事業のための造園技術者養成を目指して東京高等造園学校(後に東京農大専門部の造園科、現・地域環境科学部造園科学科)を設立し、造園学の確立に尽力した。

　清水裕子らは、以上に見るような明治期からの森林美学の導入とその後の展開を検討し、その動向を次の三点に整理している(清水ら 2006)。第一に、明治以前からの旧来の名所・旧跡のような景観の固定的な維持を行なう、嵐山の「風致施業」である。ここでいう「風致施業」は1916(大正5)年に風致保安林に指定された名勝嵐山の森林景観を維持、固定化する技術として展開する方向であった。第二に新島・村山と今田は林学として「森林美学」の学問体系を確立する方向を目指した。だが、「施業林の美」を主張した今田には国内に現実的な事例報告がなかったことがその後に森林美学の展開をみなかった原因ではないかと清水らはいう。第三には、田村は「森林美学」の技術を新しい風景観によって選定された国立公園に視座を置いた、実現可能な、社会的ニーズを背景にした具体的な利用を目的にした「風致保健林」造成の技術へと展開する方向を目指した。そして、風致とともに森林に対するニーズが再燃し、強く期待されている現在、実効性のある田村の「森林美学」から「風致施業」展開へという研究足跡は、今日に受け継がれる内容として評価に値すると考えられるとしている。

2.2. 川瀬善太郎の森林美学

　冒頭でも述べたが、川瀬善太郎は、プロイセンのエーベルスワルデ高等山林学校で Adam Schwappach(1851-1932 年、以下ではシュバッハとする)に師事し、帰国後の林政学の講義で土地純収益説に基づく森林管理と森林の美をといた(島田 1962)。シュバッハは収益学、造林学、林政学、森林歴史などに貢献したことで知られている(片山 1968)。だが、シュバッハの森林美学については知られていない。

　川瀬の森林美学については筒井迪夫が取り上げている。筒井(1996a, c)によれば、川瀬が留学した当時のドイツはトウヒやモミなどの針葉樹の造林が進められ、その森林の造成の仕方も、「法正状態」(法正齢級配置、法正面積、法正蓄積の森林：毎年の成長量に見合う分の立木を伐採、植林することで、持続な森林経営が実現させる森林)に造ることが理想とされた(図 2-2)。森林美についても「針葉樹で造られた法正林の美」とされ、そうした森林学を深めたのが、森林経営の目的は最大の収益をあげることで組み立てられた「土地純収益説」の理論であった。川瀬は、法正林や「土地純収益説」の立場から日本の林業が経済的に一番合理的な学理を知らず、森林経営が適切に行われていないと批判した。そして、「土地純収益説」に基づく「法正状態」で構成された森林こそ美しい森林と

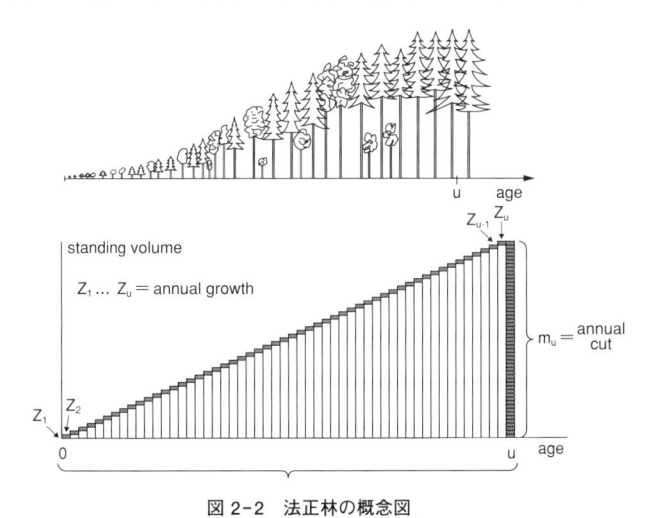

図 2-2　法正林の概念図
(2007 年度　ミュンヘン工科大学夏期スクールの資料から)

受け止めたといわれる。こうした森林を学理に基づく森林として理解した川瀬は、わが国の林政の展開に大きな影響を与えた。

2.3. 本多静六の森林美学

本多静六は 1890 (明治 23) ～1892 (25) 年に文部省の命でドイツに留学し、ターラントに半年滞在し、ミュンヘン大学の Lujo Brentano (1844-1931 年、ドイツの経済学者)のもとで経済学博士を取得した。帰国後、東京帝国大学助教授、教授として造林学と造園学を担当し、「森林植物帯論」で知られている。この間、日比谷公園を皮切りに日本の公園の設計、開設にかかわり、神宮造営計画にも参画した。本多静六は、フォン・ローレイの林学全書第二版監修に所収されたステッツェルの論文に「森林美の育成」の訳語をあてた(新島・村山 1918)。

ステッツェルはアイゼナッハ山林学校、ベルリン大学に学び、マイニゲンで森林官生活を送り、1890 年からアイゼナッハ山林学校の学長に迎えられ、死去するまでその職にあった。森林経営学に長じ、Gustav Heyer (1826-1883 年、以下では G. ハイヤー)の説に立脚する土地純収益説の指導者であったが、アイゼナッハ保勝会の首脳であり、フォン・ザーリッシュの森林美学の支持者でもあった。また、フォン・ローレイの林学全書第二版監修に造林学の付録として所収されている「森林美の育成」の著者である。なお、この「森林美の育成」はステッツェルの死後、フォン・ザーリッシュ(図 2-3)によって改訂され、「森林美学」と解題されてフォン・ローレイの林学全書第三版監修に搭載されている。

今田(1934)によれば、ステッツェルの「森林美の育成」は 2 章 14 節からなり、第一章は「森林美の本質」、第二章は「森林美育成の方法」である。第一章は 5 節で構成され、耕作地、草生地、揚柳地又は葡萄園からなる地方の単調な風景を森林によって多様化できると主張する「森林の美的意義」、精神に及ぼす森林の効果を高く評価するドイツ国民の伝統と森林によってもたらされる精神的休養と健康効果などの「森林の倫理的意義」を強調している。また、樹種ばかりでなく作業種によって林相が異なり、美的効果が違うことを指摘し、作業種に対する評価がフォン・ザーリッシュと異なることを示している。ステッツェルは、伐採によって土地の露出や風景の悪変がなく、樹種の混交が容易な中林作業を高く評価している。また、種々の齢階の林木が相交わる択伐林と齢階が大きな

群団状をなす画伐林とを明確に区別しているが、風景的には両者に高い評価を与えている。施業林の美学＝針葉樹一斉林の美学を説いたフォン・ザーリッシュとの間に大きな違いがあることを示している。

　第二章の「森林美育成の方法」は9節からなっている。ステッツェルはフォン・ザーリッシュの「林業芸術」論を認め、あらゆる芸術の実現は芸術家の素質と才能に帰すべきもので、教えることによって可能になるものではないとしている。そして森林の育成方法を論じている。筒井(1996b)によれば、ステッツェルは森林美の倫理的意義を強調した学者

図2-3　ハインリッヒ・フォン・ザーリッシュ
（今田敬一(1934)より掲載）

たちの一人に数えられ、森林の育成方法の中でフォン・ザーリッシュの森林美学と大きく異なるのは輪伐期[4]と林業利率の考え方であると指摘している。ステッツェルは、土地純収益説が拠り所としていた「林価算法」(林業収益の高さを求める計算式)の中に森林親愛利率と名づける林業利率を導入した。それは、森林を所有し経営する森林所有者は収益ばかりでなく、森林美や精神的満足などの非収益的利益を得るのだから、その分だけ受け取る収益金額が少なくてよいとして、それに見合う利率を計算式に導入しようという考え方であった。また、都市近郊林や散歩などで訪ねる事の多い森林、優れた景観の森林では伐期を長期化する必要を認め、土地純収益説に基づく輪伐期の適用を限定的に捉えていた。

　明治期の日本に紹介された川瀬善太郎の森林美学と本多静六の森林美学は、両方とも19世紀のドイツの林学会の収益説論争の一方の旗である土地純収益説に立つとはいえ、その内容は大きく異なるものである。川瀬善太郎は、森林の機能を木材生産による収益の獲得だけととらえ、その施業林を美しいと考えている。本多静六が翻訳したステッツェルの森林美学は、森林美という非収益的利益を認め、土地純収益説に基づく輪伐期の適用を限定的に捕らえようとするものであった。

3. ドイツ林学と「森林の美」論

3.1. 今田敬一の「森林美学の基本問題の歴史と批判」

　今田の「森林美学の基本問題の歴史と批判」は、19世紀初頭から20世紀初めにかけてドイツ林学で問題にされていた「森林の美」や森林美学の研究史を取り扱ったものである(図2-4)。この研究は1923(大正12)年から1929(昭和4)年までの足掛け7年間に渡って考究された今田の学位論文でもある。この間、今田が収集・検討した文献は、中世の森林荒廃から復元へと転換した時代の先駆けであるザクセンの鉱山総監督 Hans Carl von Carlowitz(1645-1714、以下ではフォン・カルロヴィッツ)の1713年にライプツッヒで刊行された『シルヴィックトゥーラ・エコノミカ』(経済的育林法)に始まり、1931年のシルバ13号所収のデートリッヒによる「H. W. Weber の追想」までの228年間の276編に及んでいる。今田はドイツで森林の復元を開始した18世紀に森林美学思想が胎胚したことを認めている。そして、叙述の対象時期は19世紀前半の近代林学の建設者たちの「森林と美」から始まり、1920年代までのメーラーの恒続林思想と森林美学まで百数十年間に及ぶ。この間に19世紀後半からの収益説論者たちの「施業林の功利と森林の美」、フォン・ザーリッシュによる森林美学の建設、Karl Gayer(1822-1907年、以下ではガイヤー)から始まる近代造林学と美学などを論じた大作である。

　今田の研究目的は、森林美学の基本問題の発達、とりわけ森林、特に施業林の「功利と美」の関係論、施業林の美的取扱である。今田によれば、森林の効用として強調されてきたものは直接的効用すなわち経済的効用(功利:木材生産の効用)で、林業はこの効用を目標に発達したので、林学研究ももっぱら「経済の林業」(木材生産としての林業)に集中してきた。したがって、間接的効用、中でも「森林の美」がもたらす効用は極めて低く評価され、林業および林学研究における「森林美の問題」の「経済的の問題」に対する地位は全く従属的の関係に止まっていたとしている。

　今田は森の「経済的問題と美の問題」には二つの基本的な問題が存在すると指摘する。第一には、「森林美の問題は、常に経済的の問題に従属すべき性質を

持つか」である。それは、森林の経済的意義（森林の木材生産の効用）に比べてその美的意義（その美的効用）が微々たるものであれば、木材生産の効用に従属しなければならない。だが、もしそうでなければ、こうした関係を維持する必要はない。第二の基本的問題は、「森林美の問題は、遂に経済的の問題に従属しなければならないのか」ということである。それは「両者相容れざるものか。然らずとせば、施業林の美は充分強調せらるべき可能性を有する」というものであった。今日で言えば、森林の木材生産の効用と森林美の効用は結合生産であるのか、または、トレードオフの関係なのかということである。今田の「森林美学の基本問題の歴史と批判」は上述の問題意識をもってフォン・ザーリッシュの『森林美学』を中心に百数十年間以上に渡るドイツの林学研究の中での「施業林の美」と森林美学の論説を整理した。

図 2-4　今田敬一教授
北海道大学農学部演習林研究報告
（今田敬一先生記念号）

　赤坂 信は今田の「森林美学の基本問題の歴史と批判」をさらに整理してフォン・ザーリッシュの『森林美学』の思想の背景になったものとフォン・ザーリッシュへの評価・批判について「ドイツ林学における森林美学」（赤坂　1991a）にまとめている。この中で触れられているのはフォン・ザーリッシュの森林美学の先駆者で、ドイツ林学の建設期の Wilhelm Friedrich von der Borch（1771-1833年、以下ではフォン・デル・ボルシュ）と Gottlob König（1776-1849年、以下ではケーニッヒ）、そして、造林学ではガイヤーと並び称される Heinrich Christian Burckhardt（1811-1879年、ブルックハルト）であり、フォン・ザーリッシュの『森林美学』で主題になる「施業林の美」が取り上げられている。ここでは赤坂と重複しないように少し視点を変えて、当時の林学研究の課題を担った研究者たちが森林美学をどのように捉えていたのかを「森林美学の基本問題の歴史と批判」によりながら整理してみたい。

　時期区分はこれまでのドイツ林学の研究に従って、1）ドイツの林学建設者た

ちと「森林の美」、2）収益説論争と森林の美、3）フォン・ザーリッシュの『森林美学』を巡って、そして、4）「近代造林学と森林美学」である。以下では森林美学の研究で常に論点になってきた1）林学における「森林美学」研究の必要性、2）森林の美的意義、3）森林美育成の技術、4）施業林における功利と美の調和・不調和に着目して論述しよう。なお、フォン・ザーリッシュの『森林美学』は項を改めて述べる。

3.2. ドイツ林学と「森林の美」

　ドイツの森林は17世紀の30年戦争（1618-1648年）とプファルツ戦争（1689-1697年）、18世紀初頭のスペイン王位継承戦争などで荒廃した。中世ドイツの森林の利用と開墾を規制していたフォルスト条例は緩み、最悪なことに森の取扱や育成に関してそれまでに得られた経験や技術、さらに持続性の概念が失われた（ハーゼル 1996）。だが、フォン・カルロヴィッツの『シルヴィックトゥーラ・エコノミカ』（経済的育林法）という森林造成の理論書を手にしてドイツの森林は復興の緒に就いた。フォン・カルロヴィッツの成功はタキトゥスの「ゲルマニア」（タキトゥス 1979）を文献資料に用いたことにあると言われている（藤本 2001）[5]。今からすれば古代ゲルマンの森はケルト人やゲルマン人の干渉を受けたことは明らかであるが、フォン・カルロヴィッツはタキトゥスの理解にしたがって古代ゲルマンの森は手付かずの原生林と誤解した。この誤解がその当時荒廃していたドイツの原野にかつてゲルマンの森という理想像が存在したという幻想と森の再生という理念をドイツの人々に普及させ、森の再生という理念が約300年に渡って継承させてきたという。

　今田は、フォン・ザーリッシュ、Ludwig Dimitz（1842-1912年、以下ではディミツ）、Anton Bühler（1984-1920年、以下ではビューレル）らによる森林美学の歴史研究を整理して、この「18世紀の中葉に風景美の問題は森林施業と関係が生じ、森林美学発生の曙光をこの時代に認める」ことができるとしている。そして、18世紀はドイツのロマン派と密接な関係のもとに、1）貴族である森の官吏と狩猟官吏、2）宮廷財政家、3）数学を重視した人々、4）自然科学を重視した人々を源泉にしてドイツ林学が形成される基盤が作られていった時期でもあった（ハーゼル 1996）。

18世紀の中葉に森林美学発生の曙光にはドイツ林学だけでなく、自然保護や景観の保全活動が始まったことを考慮しなければならない。ドイツの自然保護・景観保全の系譜(ヘルマント 1999)を千賀裕太郎は次のように要約している(千賀 1996)。北ドイツでは啓蒙君主などがイギリスの自然式庭園の手法を導入して、南ドイツでは知識人主導の国土の美化運動が展開された。赤坂がフォン・ザーリッシュの先駆者の一人としてあげたケーニッヒは、ゼクセン・ワイマール国で森林の美化に努めたこの時期の代表であると考えられる[6]。また、バイエルンの1852年の森林法では風景美保護の規定が設けられ、1853、54、84年には国有林での風景美保護の任務が森林官に付与されていた(今田 1934)。しかし、この国土の美化運動は一時途絶えるが、1880年前後から故郷保護運動が始まり、1900年ごろには「ドイツ郷土保護連盟」が結成され、風致の保全や文化財の保護ばかりでなく自然の保護に及んだという。そして、1906年にはプロシアに世界で最初の自然保護研究所が創設され、1919年のワイマール憲法には自然保護は国の責務であるという一項が加えられた。フォン・ザーリッシュばかりではなく、当時のドイツやオーストリアやスイスの林学者たちも、こうした運動に加わっていたことは知られて、森林の美や森林美学は国土の美化や郷土保護運動の一環として考えられていたと思われる。

　ドイツ林学に戻って、19世紀初頭から前半にかけてその基礎が建設された。ドイツ林学の建設者たち(図2-5)は森林の利用と保続を理念として表現した法正林思想の基礎となる材積平分法のGeorg Ludwig Hartig(1764-1837年、以下ではハルティヒ)、面積平分法のコッタ、そして、法正林思想の完成者として名高いJohann Christian Hundeshagen(1983-1834年、以下ではフンデスハーゲン)とCarl Justus Heyer(1797-1856年、以下ではC.ハイヤー)によって法正林思想が完成された。ハルティヒは施業林の功利と美についての調和を認め、コッタとC.ハイヤーにしても森林に国土の装飾の役割を認めている。Friedrich Wilhelm Leopold Pfeil(1783-1856年、以下ではプファイル)は立地論や自然科学の林学への応用を主張し、「土地純収益説は守銭奴的な教義」と批判して輪伐期を造林学的見地から決定すべきことを主張した(片山 1968)。また、プファイルは混交林に施業林の功利と美の調和を認めているが、針葉樹の造林は広葉樹を駆逐し、収益性の追及は林業に美観を容れる余地を奪い、施業林の功利と美

図 2-5 ドイツ林学建設期における林学者たち
(2007 年度　ミュンヘン工科大学夏期スクールの資料から)

が相対立に至る傾向を指摘している。

　林価算法理論の創設者であり、土地純収益説の先駆者であるケーニッヒはワイマールの森林官で、ワイマールの森林の美化を実践し、施業林の功利と美の調和を認めている(ハーゼル 1996)。今田は、林学の建設者の時代のドイツでは人工造林の全盛期(1760-1800 年)はすでに去り、19 世紀前半から半ばにかけて広葉樹の造林がもっぱら行われていたと指摘する。C.ハイヤー、プファイルやケーニッヒたちが国土の装飾や施業林の功利と美の調和として認めたのは、フォン・ザーリッシュの針葉樹の純林ではなくて、針葉樹と広葉樹の混交林であったことは注目される(今田 1934)。

　ドイツ林学の建設者たちに続いて森林美学に貢献したものとしては、森林純収益説派の一人であり、ガイヤーに並ぶ造林学者と称されたブルックハルトによる『播種と植樹』(1855)が注目される。ブルックハルトは森林純収益説派の一人でありながら、土地純収益説の先駆者であるケーニッヒよりも林業経済を尊重した。ブルックハルトの森林美化の目的は「合理的・経済的森林に美を結合させる」ことにあるとして、施業林の功利と美の調和を主張しているが、森林の状

態が資本と労力が必要な場所では森林の美化を図ることは控えなければならないと限界を持たせている。

　今田(1934)とカール・ハーゼル(1996)によれば、ドイツの産業革命が始まった1850年以降、木材需要の増大と木材価格の高騰は針葉樹の中小径木の新しい市場を開き、土地純収益説を展開する土壌が整った。土地純収益説は継続的な地代で計られた利回り＝土地貢租(土地純収益)を可能なかぎり最大にすることを経営の目標にするもので、最も短い輪伐期を選択する。この理論に反対し、収入から支出を差し引いた超過部分＝森林貢租(森林純収益)を可能なかぎり最大にすることを森林の管理と経営のあるべき姿としたのが森林純収益説である。ただし、鈴木太七によれば森林貢租とは利子率＝0のときの土地貢租に他ならず、土地純収益説よりも森林純収益説の輪伐期の方が必ず長くなるという(鈴木1979)。この土地純収益説の理論をいち早く取り入れたザクセンの国有林では1858年から「どうでもよい樹種」といわれたブナなどの広葉樹を拒否し、「利回りの最も高い」といわれたトウヒ林の造成を開始した。ドイツのほかの邦領国家にもこの理論が取り入れられてトウヒ林が広大な面積を占め、19世紀末には天然の混交林を駆逐してドイツの林相は一変したという。だが、プロイセンとバイエルンの国有林は土地純収益説の導入を拒否した。19世紀の後半から20世紀のはじめにかけてドイツ林学は土地純収益説と森林純収益説による激しい収益説論争が展開された。

　ブルックハルト以降、土地純収益説と森林純収益説による激しい収益説論争と林業および林学研究の数学的研究の進展のために施業林の美の問題について今田は沈滞したという。だが、土地純収益説の支持者と森林純収益説の支持者たちのなかに「施業林の功利と美」について多様な考え方が形成されていったことも確かなようである。

　土地純収益説派は森林の木材生産の機能による収益を重視したので、施業林と、保安林や美を目的にした森林を概念的に区別し、施業林では土地純収益の最大化が目的であり、施業林の美は従属的だと考えた。しかし、土地純収益説派の指導的立場にあったMax Robert Pressler (1815–1886年、以下ではプレスラー)は針葉樹の一斉林よりも混交林を評価し、Johann Friedrich Judeich (1828–1894年、以下ではユーダイヒ)やMax Neumeister (1849–1929年、以下ではノ

イマイステル)たちは森林の美の享受も広い意味での純収益のひとつと考えて施業林の美を認めた。中でもユーダイヒは施業林と風致林、保安林とを区別し、風致林や保安林は土地純収益ではなく、いわゆる「従属的考慮」にしたがって施業されるべきであると主張している。

森林純収益説派はブルックハルト、Carl August Hermann Guse(1828-1914年、以下ではグーゼ)、Franz Adorf Gregor von Baur(1830-1897年、以下ではフォン・バウアー)や Bernhard Borggreve(1836-1914年、以下ではボルグレーブ)たちである。その主張は森林の純収益は収益だけではなくて、今日の用語で言えば、その多くは森林の多面的機能を評価して、施業林の功利と美は調和すると主張し、森林の社会政策的意義を強調した。

土地純収益説派の中でも国有林と私有林との所有形態の違いに着眼した G. ハイヤーの主張は注目される。彼の主張は、「国家は最高純収益を森林経営の目的として経済的収益を大きくして国民課税の軽減を図ることが使命である。従って、国有林では森林の美を考慮することは許されないが、私有林では輪伐期の延長によって老齢林の美を求めることは自由である」というものであった。これに対して森林純収益説派のグーゼの問題提起は、「国家は純収益説の立場だけで国有林を経営すべきであろうか、むしろ、国有林に施業林の美を容認して無産階級に直接裨益すべきではないか」と言うものであった。土地純収益説を支持しているにもかかわらず、施業林の美を主張したフォン・ザーリッシュはグーゼのこの主張を容れている。こうしてみるならば、それぞれの学説に共通する「施業林の功利と美」に関する考え方が存在したわけではない。あえて言えば、土地純収益説から比較的多く支持者が経済的機能を主として考え、その他の機能は従属的とみなし、「施業林の功利と美」の不調和を主張した。これに対して森林純収益説の支持者の比較的多くが「施業林の功利と美」の調和と森林美の意義などを主張したといえよう。

純収益説論争が激しく展開される中で 1885 年にフォン・ザーリッシュの『森林美学』の初版が出版された。フォン・ザーリッシュ自身は純収益説論争の渦中にはいないものの、彼の『森林美学』の立場は土地純収益説に立ち、針葉樹一斉林を対象とした施業林の美を論じたものである。そして、ドイツばかりでなく、オーストリアやスイスの林学者までも巻き込んで、学問としても『森林美学』そ

のもののあり方や、当時のドイツの大学における林学教育に森林美学を取り入れるべきかを含めて批評・論争を巻き起こしたが、この点についてはフォン・ザーリッシュの『森林美学』の項で改めて触れよう。

ドイツ林業では19世紀後半には傘伐作業や皆伐作業と針葉樹の人工造林による針葉樹一斉林への転換は風害、虫害、菌害、霜害、火災などの諸被害を多発させるとともに、皆伐による地面の暴露は地力の減退を招き、フォン・ザーリッシュが『森林美学』の初版を出版した前後から造林方法が大きく変わり始めた。それは、森林の更新を「自然に帰れ」と主

図2-6 造林学の祖、K. ガイヤー
Allgemeine Forstzeitschrift, 1957, 12 (10), 137

張したガイヤーの『造林学』(Berlin、1878、1903年までに第9版を出版)によってもたらされた。彼は独学の人であったにもかかわらず、アッシャツフェンブルグの教授を勤め、後にミュンヘン大学の森林生産学の教授となり、今日でもガイヤーは森林利用学と近代造林学の始祖と言われている(図2-6)。ガイヤーは、彼の時代に森林美が重要になった原因を林業の発達に伴う人為化への反動と考えた。それは、森林の中のいたるところにナラやブナの老木や老齢林分に恵まれていた時代では、著しい自然の変更も看過されてきたが、針葉樹の一斉林が著しく増加したからこそ森林美問題が提起されているというものであった。そして、ガイヤーは混交林や自然の美を認めるものの、彼の後継者たちとは違って森林の功利と美との間に不調和を認め、森林に対する美の要求は功利的要求よりも制限されるべきだとして、美の要求に従って取り扱う森林を保存区として区別することを主張した。

ガイヤーの造林学説は、彼の後継者である近代造林学者たちの森林の美に大きな影響を与えた。彼らは施業林の美の論点をこれまでの人工林から天然林へと移し、森林の自然美を念頭に置き、混交林の美的な意味での多様性を重視し、施業林の功利と美の調和を認めた。こうした後継者たちの中でも独自の主張をしたHeinrich Mayr (1856-1911年、これ以降はマイヤー)と恒続林思想を紹介

したAlfred Möller(1860–1922、これ以降はメーラー)に触れておこう。

　マイヤーはミュンヘン大学を卒業した後、1886年からアメリカ、日本、ジャワ島、スリランカ、インドの森林を視察している間の3年間、帝国大学の外国人教師として新島善直を教えた。1891年にドイツに帰国し、その2年後にミュンヘン大学でガイヤーの後任教授として森林生産学を講じた。マイヤーは、フォン・ザーリッシュの『森林美学』の第二版に接し、その出現を「南ドイツはトウヒ、北ドイツはマツというごとく単純の樹種をもって森林を不自然に統一する当然反動」と考え、「林利に反しないか、もしくは多少の背馳(はいち：反対)に過ぎないのであれば、森林美の育成を排すべきではなく、森林美育成は森林の真の自然美を目標とするべきである」と言う。だが、国有林と森林美化の問題について G. ハイヤーと同じような主張をしている点はマイヤーの注目すべき点である。それは、国有林は収益の目的に供すべきであって、美の要求にしたがった樹種の選択や森林区画、その他造林上の取扱は許されるべきではないというものであった。

　メーラーは『恒続林思想』(1920年、ベルリン、日本の翻訳本は平田慶吉訳、1927年、東京営林局、そして、山畑一善訳、1984年、都市文化社)という本で、我が国ではよく知られている。1911年にザクセン・アンハルト州のデッソウ付近のベーレントーレンで Friedrich von Kalitsch(1858–1939年、これ以降はフォン・カリッチュ)が実行していた恒続林施業をメーラーが発見して1921年に当時の林業雑誌で紹介した(片山 1968)。メーラーの恒続林思想の眼目は、森林を二個の独立する単位(土地と林木)の結合として考えることは誤りで、森林を林木—土壌—微生物—動物の相互関係からなるひとつの生き物(森林有機体)——今日でいえば森林生態系——として捉えることにあった。健全な有機体の恒続を目的にする森林を恒続林とし、有機体の恒続を目的にするあらゆる作業種を総称して恒続作業とした。

　メーラーの恒続林作業法の基礎は次の4点からなっている。1)全林地にわたる森林有機体の恒続が目指され、森林有機体に根本的変動をあたえる皆伐は禁止。2)常に天然更新を実行し、新たな樹種の導入や成績不良地には時に人工造林も必要。3)総体の木材収益は毎年全林の毎木調査によって決定。4)出来うる限り多量かつ最有価の木材蓄積と最多の成長率を獲得すること、であった。

メーラーの主張は恒続林では「森林美学上の要求と経済上の要求」とは調和し、今日で言う「種の多様性」にも配慮が可能であるというものあった。それは皆伐作業の美的欠陥を指摘し、恒続林こそ、その地方に稀な樹種や絶滅に瀕した樹種を考慮することができ、既往の無理解な施業の結果駆逐した樹種も適切な土地に育成できると強調している。そして、皆伐を退け、伐採木を全林に配分し、伐採をして収益と森林の育成に役立つようにし、森林有機体を恒続させるような勤労は単なる経済的な森林施業を同時に美的意味において「芸術」的にする。少なくとも自然美を眼目とする限り、恒続林には風景的美の特質があり、「森林美学の要求が、恒続林においてよく守られる」と強調している。

「森林美学の基本問題の歴史と批判」として19世紀初頭から20世紀初めにかけてドイツ林学で問題にされていた森林美学の研究史を取り扱った今田は、一つの科学として森林美学に発達させたのはフォン・ザーリッシュの功績であると結論する。ガイヤー以降の近代造林学者は施業林の自然的取扱を力説し、施業林の自然美の保護育成を説いた。だが、フォン・ザーリッシュの『森林美学』の人為的画一の施業林の風景問題から、自然的に取扱われる施業林の風景問題へと発展したとしている。しかし、ドイツの森林美学は第一次世界大戦後には新しい推進力を保持することが全くできず、次第に凍結された状態になり、森林の景観設計や森林風致に取って代わられたと赤坂はいう(赤坂 1991b)。

4. フォン・ザーリッシュの『森林美学』をめぐって

4.1. フォン・ザーリッシュの『森林美学』

フォン・ザーリッシュは当時プロシアに所属したシレージア地方(現在のポーランドのミリチュの南西9 kmに位置するポステル(現 Postelin))に生まれたユンカー(地主貴族)の一人である。長じてダンケルマンが学長であったエーベルスワルデ高等山林学校に林学を学び、1870、71年には予備士官としてフランスに出征した後、森林官を勤めた。1874年には父の死とともに森林を含む665 haの不動産を相続してポステルに移り、1888年に隣接する不動産を購入し、1893年から1902年まで連邦議会の議員を務めた(Cook and Wehlau 2008)。ポステルに移った後、10年間ほど森林の美を育成する森林経営の実践に従事するとと

もに、1885年に『森林美学』(ベルリン)の初版を、1902年に第二版、1911年に第三版を出版した。

『森林美学』は版を重ねるごとに改定されたが、第三版の構成は前編の「森林美学の基礎」と後編の「森林美学応用編」からなっている。13章からなる前編の5章までは森林美学の定義と使命、美の快感、自然美と芸術美、色彩と地形の美を論じている。そして、6章以下では自然美一般から始まって森林を装飾する岩石、樹木や草本の美的価値や森林動物の美などからなる森林美を考察している。後編もAとBに分割され、Aは15章からなり、森林美からみた施業林の取り扱い方が触れられ、土地の利用法と美的考慮を必要とする森林施業法を論じている。Bは施業林そのものを装飾する手段が論じられ、11章からなる。

新島・村山編著『森林美学』が後で述べるように人工林のみならず原生林や天然林の美を対象としていることに比較していえば、フォン・ザーリッシュの『森林美学』が対象にしたのは「施業林の美学」である。フォン・ザーリッシュが対象にした施業林はドイツの産業革命のもとで進行した針葉樹の一斉林であり、フォン・ザーリッシュの森林美学の定義はこうした針葉樹の一斉林を対象にした「施業林の美に関する学問」であった(Cook and Wehlau 2008)。フォン・ザーリッシュは Karl Christian Friedrich Krause(1781-1832年、以下ではクラウゼ)の定義に従って美的考慮のもとで実行される森林施業を林業芸術と呼び、土地を人類の麗しき居住地にすることを任務とした土地美化芸術の一分野としている[7]。そして、林業芸術は、建築芸術の建築と同様に利用を目的とするだけでは何ら芸術的価値がない森林施業を向上させ、理想化するものだという。フォン・ザーリッシュはこの林業芸術を造園芸術と次のように区別した。Friedrich Theodor Vischer(1807-1887年、以下ではフィッシャー)にしたがえば、造園芸術の目的は自然の理想化することや、遊歩道を理想化することにあるのに対して、林業芸術は施業林の経済的利用に反しないことにその区別があるとしている。

その林業芸術の基本的方法の一つは、芸術的経済作業である。それは、美的考慮のもとで実行される経済林作業を意味し、路網の設計、森林区画、作業種および樹種の選定、輪伐期の決定、撫育などについて風景効果を考慮して実行することであった。林業芸術の基本的方法の二つ目は、施業とは別個のもので

あり、もっぱら美を目的にする特殊手段(作業道の並木の育成、老樹保護、下草の保護、岩石の応用)によって施業林を装飾することであった。施業林を装飾するにあたって、芸術作品に完全な美を認めていた当時のドイツ哲学のなかにあって自然美をどのように考えるかはフォン・ザーリッシュの森林美学にとって重要であった。フォン・ザーリッシュは自然の美を論ずるにあたって重要な文献としてフィッシャー(1847):『美学』(第一部、ライプツッイヒ)、ベッツオルド(1875):『自然の美』(フライブルグ)、そしてハリール(1890):『自然の美』(シュッツガルト)をあげている。だが、美的考慮のもとで実行する森林施業を林業芸術とするフォン・ザーリッシュにあっては自然美ではなくて芸術的経済作業によって人為的に創造される施業林の美こそ森林美学の主要な要素として考えていたのではないかと思われる。

　フォン・ザーリッシュは施業林の功利と美については調和説にたち、次の4点をその意義として挙げている。第一には、ドイツ古典主義の思想家 Johann Christoph Friedrich von Schiller(1759-1805年、以降ではフォン・シラー)らの美学説から示唆を受けて、「美を考慮することは施業上の誤謬を防ぐ」としている。それは、完全に導く美を目的とする努力により、善従って同時に合目的なることができるからであるとしている。第二に、プファイルの意見を入れ、「森林官の職務上の満足感は管区の美と関係がある」としている。第三には、「森林の美なるため与えられた民衆の好感は、種々なる意味において森林に役に立つ」とする。第四に、「近郊の森林の美に対する喜悦は、民衆を定住せしめる」としている。こうした効果を高く評価するフォン・ザーリッシュは、自らの山林の事例を挙げて

図2-7　欧州アカマツ林に対する「ポステル」間伐の様子
Cook and Wehlau (2008)より掲載

僅少の経済的犠牲は施業林の功利と美の調和を本質的には妨げるものではないと主張した。

フォン・ザーリッシュの『森林美学』で注目を集めたのはポステル式間伐である(図2-7)。フォン・ザーリッシュによれば、この間伐法は、伐期まで価値ある林木を育成し、同時に出来る限り最高の間伐収益を上げ、地力を維持し、狩猟鳥獣保護の目的と森林美を満たすものであった。当時の一般的な間伐法は最劣勢木より間伐し、その強度に従い順次ある程度まで優勢木まで及ぶものであった。ポステル式間伐法の特徴は最初の間伐をなるべく早く開始して、中央級の林木を間伐し、優勢木に樹冠の占有空間を多く与えて成長を促進する。そして、地力維持と狩猟鳥獣保護のために下層の被圧木を残すが、ほとんど成長させないというものであった。

4.2. フォン・ザーリッシュの『森林美学』を巡る議論

フォン・ザーリッシュは上述の通り1885年に『森林美学』(ベルリン)の初版を、1902年に第二版、1911年に第三版を出版して以来、森林美学の建設者と目され、当時の森林施業の実践や大学における林学教育のあり方にも大きな影響を及ぼすとともに議論を引き起こした。とくに1905年のダルムシュタットで開催された第六回ドイツ山林大会にWalter(生年経歴不詳、以下ではヴァルテル)と共同で提出した審議案「森林管理の問題としての森林美育成」への反響は、フォン・ザーリッシュの業績が報いられたに等しいと今田は指摘している。今田の「森林美学の基本問題の歴史と批判」の77-78頁では、この審議案は、第一の決議「美的考慮をもって行う森林施業は、目下の経済状態と社会状態の然らしむ要求とみとむ」と、第二の決議「森林美育成の問題は、大学正科に取扱はるゝを至当とみとむ」という二つの決議を促したという。

だが、赤坂(1991b)によれば1906年のドイツ山林会で第二の決議は否決されたというから、今田の叙述と矛盾するような印象を受ける。しかし、今田の言っていることは、二つの決議の採択を促したのであって、決議されたと言っていないことに注意が必要である。この点を確かめるために、今田の「森林美学の基本問題の歴史と批判」をいま少し読み込んでみると、同じく86頁ではフォン・ザーリッシュの『森林美学』第三版の第一章第三節の中で「1905年及び1906年

のドイツ山林会総会に於てなされた、彼とヴァルテルとの共同提案『森林管理の問題としての森林美育成』の審議経過を中心とし、彼の主張していた独立の部門としての大学に森林美学講義の必要を論及し、これを詳説強調」していると指摘する。そして、105頁では「1906年ドイツ山林会は大学における森林美学講義の提唱を是認し、爾来一般趨勢の好調をきたした」から、『森林美学』第二版で「森林美学を林学の一部門として教授し、研究する必要の如何は、屡々提唱された問題であるが、賛成さるることまれに、多くは否定せられた」と記された文言は『森林美学』第三版では削除されたと指摘している。こうした経過を考慮すれば、「森林美学講義の提唱」は審議されたが、大学の正科としての講義が可決されたわけではないと考えられる。1905年にヴァルテルと共同で提出した審議案は1906年までの2年間にわたる審議を経て、第二の決議案「森林美育成の問題は、大学正科に取扱はるゝを至当とみとむ」は、赤坂が指摘するように否決されたと考えるべきではないだろうか？

　森林美学を林学の一部門としての独立というフォン・ザーリッシュの主張に対してLorenz Wappes（1860-1952年、以下ではヴアッペス）とHermann von Fürst（1837-1917年、以下ではフォン・フュールスト）は反対論を唱えた。フォン・フュールストは、1906年のドイツ山林会では森林美学の独立講義としての採用には反対したが、森林美学そのものには留意し、森林は休養の場として優れているから森林家は森林美の育成を図るべきという主張をしていた。これに対してヴアッペスは1887年の処女論文「森林の美的意義について」で森林美学の独立の地位を否定し、1905年のドイツ山林会でも同じ主張をした。ヴアッペスの主張は、森林美学の意義は認めるにしても、「森林美学は森林──ただ施業林に限らず──の美を取扱う美学の一部分にとどまる」というのも、林学と森林美学は、物理学、化学又は植物学の林学に関与する部分が林学の一部門たること能わざると同様、もしくはそれ以上に関係が希薄である」からと言うものであった。

　ヴアッペスの「森林美学を林学の一部門としては認めない」という主張は、1916年にHeinrich Wilhelm Weber（1885-1931年、以下ではヴェベル）との間での論争を招いている。ヴェベルは「芸術を欠如せる文化生活の存在に耐えざる如く、美の要素を考慮せざる林業は奇形であり、林学、すなわち林業の規範に

は、森林美学も関与すべきである」としている。以上のような論争に対して今田は、ヴァッペスの反対説もあったが、林学体系中に森林美学を一独立部門にしようとしたフォン・ザーリッシュの目的はかえって一般的には承認されていたという。

　土地純収益説の立場からフォン・ザーリッシュの森林美学に反対したのはMax Endres（1860-1940年、以下ではエンドレス）である。エンドレスの反森林美学説の基礎的な観念は、土地純収益説に立ち、森林美学が考究するものは林利にそむき、森林施業の混乱を結果し、実行し得ざるものという。しかし、土地純収益説の大家であるプレスラー、G.ハイヤー、ユーダイヒやノイマイステルにしても土地純収益説が必ずしも森林美学と矛盾するとは考えていなかった。フォン・ザーリッシュとドイツ山林会への共同提案者になったヴァルテルも、自分も土地純収益説論者であることを宣言しながら、以下のように主張する。仮に土地純収益説を主張すると言えども、「国民の安寧幸福に及ぼす森林の効用を無視することは現代に通用せざる処、森林の非物質的側面の物質的側面に対する地位が頗る騰められたこと、また都市の異常な発達により、森林が増々この意味に於て価値づけられつゝある」点を指摘し、いまや「純収益の最大を期待する施業林そのものについて、幾何の程度まで、美的考慮をなし得るべきかを顧みるべきである」というものであった。

　フォン・ザーリッシュの『森林美学』は以上に見るような論争や議論を巻き起こしたが、その内容を仔細に検討すれば欠点を多く持っていることも事実である。立論が北ドイツ、なかでもポステルの森林を中心にしたために、偏狭で、妥当性に欠き、傘伐作業や皆伐作業の一斉林を対象にフォン・ザーリッシュの森林美学説が展開されていることであった。また、混交林の美を認めず、更新についても、天然更新についてはせいぜい傘伐更新法に触れるだけで、議論の中心は人工造林法にあったのであり、ガイヤー以降の近代造林学は立論の視野に入っていない。しかも、フォン・ザーリッシュの択伐林の理解は18世紀の不規則な択伐林に理解にとどまり、正当な択伐林に対する理解を欠いているといわれている。だが、フォン・ザーリッシュが森林美学のはじめての建設者であることには変わりはない。

5. 新島・村山編著『森林美学』

5.1. 新島・村山とヘッス

　新島善直（1874（明治7）-1943（昭和18）年）は、東京山林学校から東京帝国大学を卒業後、2年間農科大学研究科で造林学と森林保護学を学んだ（中島 1962）（図2-8）。1898（明治31）年に東京帝国大学農学研究科の助手を務めた後、翌年には教授として札幌農学校に赴任した。1905（明治38）年から1907（明治40）年にかけてドイツに留学し、造林学と森林保護学を専門とするギーセン大学のRichard Hess（1835-1916年、以下ではヘッス）に学んだ（今田　1934、片山1968）。留学する前の1903（明治36）年には『日本森林保護学』を出版し、この本の中でヘッスの巣箱などを紹介した。帰国後は、造林学、森林保護学を教え、村山醸造との共著として『森林美学』を出版し、野幌林業試験場の場長、北大農学部付属演習林長を兼任した。郷土樹種のトドマツとエゾマツの苗の栽培方法や森林害虫の防除方法の確立に尽力し、森林の美や機能を重視し、自然保護の先駆的な活動を行った。1934（昭和9）年に定年退官後、1941（昭和16）年まで北星女学校（現在の北星学園大学）の校長を務めている。

　新島がドイツで師事したヘッスは森林美学では大きな貢献はないものの、見逃すことができないことがあると次のように今田は指摘している。第一にヘッスは森林が一地方の風景美の主要な要素のひとつであり、芸術や国民性に影響を与え、多くの動物の中でも鳥類に棲み処と食物を提供していると指摘していることである。第二には、最高の純収益を侵すことなく森林施業上で美を考慮することは是認され、混交林においてこそ森林の自然享楽が高められると混交林の美を主張したことである。ヘッスのこうした考え方が自然の美を中心に構成された新島・村山の『森林美学』

図 2-8　新島善直教授
（北大アルバム(9)、北海道大学大学文書館蔵）

に大きな影響を与えたと思われる。

　村山醸造(1889(明治32)−1976(昭和51)年)は新島善直の学生として1916(大正5)年に東北帝国大学農科大学林学科を卒業した(小関 1991)。その時の卒論が「北海道有用樹木ノ美的價値ヲ論ス」であり、これを推敲して新島・村山の『森林美学』に取り入れられた。村山は卒業後、朝鮮、台湾、満州に勤務したが、再び母校の大学院でキクイムシ、コガネムシの研究に従事し、1930(昭和5)年に「朝鮮半島ノ苗圃ニ発生スル或種「コガネムシ」幼虫ノ形態学的及ビ分類学的研究ヘノ貢献」によって学位を取得し、昆虫学者になった。第二次世界大戦後は山口大学教授、農学部長を歴任している。

5.2. 新島・村山の『森林美学』の課題

　小関隆祺は、新島・村山著『森林美学』の編別構成をみると「ドイツのフォン・ザーリッシュによって確立された森林美学の影響を受けたことは確かであるが、必ずしもその直訳ないし模倣ではない」としている。その証拠として、第一に天然林の美を重要視したこと、第二に風景の要素として森林美を重視したこと、第三に説明の材料として日本の森林をとっていることをあげ、新島・村山の『森林美学』の課題がフォン・ザーリッシュの『森林美学』と異なることを示唆している。

　フォン・ザーリッシュの森林美学の定義が「林業芸術」としているのに対して、新島・村山編著『森林美学』は森林美学を「森林に関する一切の美的活動に関する学問である」と定義していることが大きく異なる点である(新島・村山 1918)。新島・村山編著『森林美学』の課題は、明治期から大正期にかけて進行していた「天然林の保存、国設公園又は天然公園の設定、風致林、社寺林の造成」という現実を前にして、林学の立場から「此の現象の根底に横たわる原理原則」と「応用」に応える森林美学を確立しようとするものであった。新島・村山が対象とする森林は、当時の日本が台湾から樺太までの多様な森林であり、しかも原始林から天然施業林、人工林を含むものであった。新島・村山にとっては、フォン・ザーリッシュの森林美学は「何れかと云えば後者(術＝林業芸術)に傾き過ぎて居る様に見え」、フォン・ザーリッシュの定義の問題点は、第一に森林を施業林に限ったこと、第二に「学と術を甚だしく混乱している」と指摘して

いる。

　新島・村山のいうフォン・ザーリッシュの「学と術を甚だしく混乱」とはどういうことなのであろうか？　新島・村山は人間の森林の美に対する態度には二つの側面があると指摘する。一つは「純粋に感情的に見る場合であって森林の大観に接して覚えず足をとめて恍惚とする際に於ける状態」であり、「利己を離れて観照に耽」るが、それは「万人共通のもの」である。新島・村山が指摘しているこの側面は、現在の美学を一分野である「芸術の心理学」にいう美の三つの契機「創作、観照、解釈」のなかの観照を意味するので(ユイスマン 1992)、この側面を森林の観照と言おう。他の一つは「林業家又は林学者として森林に臨む場合で之を立派な美林にし誰にも美且つ快美に見えしめたいが夫には如何にすればよいか、又今森林を植設し様とするに当り如何なる森を如何様に仕立てむか」と考えることであり、先の「芸術の心理学」にいう美の三つの契機でいえば創作であり、フォン・ザーリッシュの林業芸術にあたると考えられる。この側面をフォン・ザーリッシュにならって林業芸術と言おう。そして、新島・村山に従えば、この二つの関係は美学としては「前者(森林美の観照)が……普遍的根本的」であって、「主要な位置」を占める。「此の経験(森林の観照)が後者の方法に基を与え」る原論に相当するものであり、「後者(林業芸術)は前者(森林美の観照)を目的にして始めて正当な結果を得る」ので、「此(森林美の観照)活動と結果を省いて森林美学が成立する筈がない」という。

　新島・村山が森林美学を「森林に関する一切の美的活動に関する学問である」と定義したことは、美学研究の中に自然の美をどのように位置づけるかという理論的課題を抱えることになったと考えられる。新島・村山の「森林美学」は680頁の大冊であるが、その2/3が第六章「美学の概説」、第七章「天然の美と風景」と第八章「樹木の美的価値」にあてられ、「此(森林美の観照)活動と結果」を論じ、先の理論的課題に応えようとした。第六章第一節「美学の概略」は新島・村山のいう森林美学の「普遍的根本的」で「主要な位置」をしめている美の観照が論じられている。第六章の第二節以下は19世紀後半から発達した実証主義美学の一分野であるWundt(ブント)等の実験心理学にもとづき観照活動の基本的な契機である感覚の分析から始め、美の内容、形式、そして観照活動の結果である美的感情を論じている。

第七章の第一節「芸術美と自然美」ではJohn Ruskin(1819-1900年、ラスキン)をもとにして芸術美も自然美も観照の対象としては優劣がないと解き、第二節以下では、第六章で獲得された美を構成する諸概念に基づき、「自然はあらゆるものを含むが此等が案配配置」され「統一され」ている「風景」と「其の要素」、そして、日本の風景のもっとも大きな要素である森林の美、第八章では樹木の美的価値が論じられている。こうしてみるならば、フォン・ザーリッシュの『森林美学』は国土の装飾などのために人工林施業に美を持ち込む「林業芸術」の建設を課題としていた。新島・村山編著『森林美学』は当時の日本を覆っていた森林のなかの自然の美を認め、森林の利用区分と保全の原理としての森林美学の建設を課題としていたと言ってよい。

5.3. 新島・村山の『森林美学』の特徴

フォン・ザーリッシュに比較すると、新島・村山著の『森林美学』の最大の特徴は、風景の要素として森林美を重視し、原生林の重要性、景観としての森林の配置と天然林の美を取り上げ、多様な樹種の美的価値を論じたことである。当時の日本は「熱帯の台湾」から「樺太・千島の寒帯地方」まで南北に長く、気候・風土の変化に応じて森林帯が形成され、多様な景観を構成していた。この時代には、台湾・北海道・樺太に大面積の原生林が残されているが、新島・村山は開発とともに原生林が急速に減少して絶滅していくことを憂慮し、原生林の保存・研究、そして、享楽を提案している。

森林と風景という点で見れば、国土に対する森林の比率は当時のドイツと日本ではそれぞれ25％、54％であり、今日でもドイツが約30％、日本は約70％を占めている。北村昌美が指摘するように(北村 1995)、日本では森林の分布が山地に片寄り、ドイツの森林分布は山地に集中することはない。それは、稲作農業を主体にする日本の生活空間は水平面で構成される必要があり、水平面を主体にする生活空間と森林には境界が明瞭にひかれている。農業の三圃制と家畜の放牧を基礎にしたドイツでは、生活空間と森林の境界は入り組んでいる。このためにドイツでは森林が中景と近景に配置されていて、景観の構成要素として強く意識されている。しかし、日本では森林は遠景としてとらえられ、中景、近景の構成要素として意識されてこなかった。こうしたことを強く意識し

た新島・村山の『森林美学』は、森林の中景・近景、至近景、森林の内部からの風景を国民が享受するために生活空間が形成される平地への森林の配置と保全を主張している。

　森林の作業種について「森林美学」の視点から択伐林作業、皆伐喬林作業、中林作業(上層は用材林、下層は薪炭用林の二段林)、矮林作業(薪炭用林)が取り上げている。択伐林については高山保安林、風致林、公園林に適切であるが、「極粗暴な択伐林」と「真の択伐林」との区別、択伐林と天然林の違いを強調していることは注目される。皆伐喬林作業、中林作業、矮林作業の長所と欠点を「森林美学」と「森林保護学」の視点から論じ、いずれの作業法にあっても保残木の配置と樹種選択の重要性を指摘している。森林の更新方法では人工造林法(植栽)と天然造林法(天然更新)についてのドイツでの18世紀から20世紀初頭までの歴史的な経験と、「森林美学」と森林保護学の視点から天然更新法を主張した。新島・村山の森林施業法は多様な作業種と天然更新法の組み合わせと考えられるために、今日でいう天然林施業法を意味していたと考えられる。

　新島・村山の『森林美学』は、フォン・ザーリッシュが触れていない「森林の間接的利益」に一章を割き、輪伐期論ではスイス林業を取り上げていることが注目される。それは、新島らが川瀬善太郎とは違って、必ずしも土地純収益説にとらわれていないことを示している。また、山岳林としての保安林機能ばかりでなく、観光産業の基盤や風景林として森林の多面的機能に注目している。新島・村山編著『森林美学』の特徴は、明治期から大正期にかけて進行していた「天然林の保存、国設公園又は天然公園の設定、風致林、社寺林の造成」という現実を目の前にし、開発されようとする平地林を含めた日本の森林のあり方や配置・保全などの実践的な課題に森林美学の視点から答えようとする実学的性格が強いところにある。

6. おわりに

　われわれが今日受け継ぐべき森林美学の方向は、田村が示した「風致保健林」造成の技術へと展開する方向だとしてよいのであろうか？　低炭素で持続的であり、景観や種の多様性、そして、生態系の保全が可能な社会への転換が求めら

れている今日、森林美学から受け継ぐべきものを「風致保健林」造成の技術に限定するのはあまりにも狭いように思う。

新島・村山から今田に至るまでの北大で展開された森林美学はこれまでみてきたように決して林学として「森林美学」の学問体系を確立する方向を目指したものではない。今田は「施業林の美」を主張したのでなく、ドイツの林学史のなかでの「森林、特に施業林の功利と美の関係論」を研究したのであり、次のようにいう。第一に「フォン・ザーリッシュ以後、森林美学は人為的画一の施業林の風景問題から、自然的に取扱はゝ施業林問題に移り発展し」た。第二に森林の風景問題は狭く限られた「特殊森林問題」ではなく、風景美が考慮される森林の範囲が経済林を含めて広げられた。第三に森林の経済目的と風景問題は根本的に相反するものではなく、適切な考慮のもとでは融和する可能性があり、とくに自然的取扱の森林では融和すると主張している。

新島・村山編著『森林美学』は、森林のなかの自然の美を認め、明治期から大正期にかけて進行していた「天然林の保存、国設公園又は天然公園の設定、風致林、社寺林の造成」という現実を目の前にし、開発されようとする平地林を含めた日本の森林のあり方や配置・保全などの実践的な課題に森林美学の原理・原則からこたえようとするものであった。

今日の日本だけをみれば、今後の数十年間では日本の人口が減少し、農山村の自治体や集落の再編さえ予想されている。だが、中国やインドなどの今後の経済成長のもとでは木材の需給が逼迫し、持続的森林管理が地球的な規模で取り組むべき課題になるであろう。こうしたことを視野に入れるならば、日本の森林や林業のあり方や人工林・天然生林の管理を農山村での働く場の確保、景観の美や種の多様性と山から海までをつなぐ生態系の保全という観点から今すぐに見直すことが必要なのではないだろうか？　新島・村山や今田にしても森林美学を「風致保健林」造成の技術に限定しようとしたわけではない。われわれが生活する空間のなかでの森林のあり方や配置、保全と経済林を含めた森林の美化の課題に答えようとした彼らの問題意識と視角こそ、今、われわれが受け継ぐべきものではないかと私は思う。

<注>

1) 小関隆祺(1991)解題．新島・村山(1991)の文献に所収．
2) 赤坂(1986、1987、1990、1992)．北山(1990)のほかにハーゼル(1996)、藤本(2001)がそれである．
3) 片山茂樹(1968：p. 209)によれば、「Handbuch der Forstwissenschaft（1887-1888）」として紹介されているものであり、フォン・ローレイの死後の1925年に第4版が出ている．
4) 輪伐期の問題領域全般の研究では平田種男・田中万里子(1984)、資本の所有形態別の最適輪伐期の研究では田中和博(1991)がある．
5) なお、藤本 武は次のように指摘している(藤本 2001)。ヨーロッパの中心思想はvon Carlowitzとは違う視点でタキトゥスの「ゲルマニア」に関心を抱き、フランスのモンテスキューは「ゲルマニア」の中にローマに屈しない自由人を発見した。それは、ローマに対抗する勢力であるこの自由人はローマからの自由を獲得していたとして、フランス革命に重要な理念的影響を与えたという。
6) 片山茂樹(1968)によれば林価算法は18世紀末までほとんど発達しなかったが、19世紀に入ってコッタによってその基礎がおかれ、ケーニッヒによって土地希望価による林価算法の理論と計算方法が創設された。このためケーニッヒは土地純収益説の先駆者とされている。だが、ケーニッヒの場合、輪伐期のはじめに造林し、第二輪伐期以降では天然更新が可能であるから造林費は要しないというものであった。1849年にMartin Faustmann(生年と死亡年不詳、ドイツの森林官、以下ではファーストマン)がケーニッヒの式の造林費の仮定を変えてu年(輪伐期)ごとに同額をu年の始に要するとした。ファーストマンの式は学会などの支持を集め、現在でも森林資源管理の理論的なキー概念であり、アメリカでは林業経済学の父といわれている(Roger 2003)．
7) クラウゼはイエナ大学でフリードリッヒ F. シェリング、ヘーゲル、フィヒテに学んだ哲学者．

<文　献>

赤坂　信(1986)ドイツの国土美化運動における美化協会の功罪．造園雑誌50(4)：256-267．

赤坂　信(1987)ドイツにおける19世紀後半の国土美化の衰退と郷土保護運動の影響．造園雑誌50(5)：54-59．

赤坂　信(1990)ドイツ国土美化の研究．千葉大園学報43：281-340．

赤坂　信(1991a)ドイツ林学における森林美学．(森林風致計画学．伊藤精晤編著、文永堂出版)．

赤坂　信 (1991b) 森林美学のその後.(森林風致計画学. 伊藤精晤編著, 文永堂出版).
赤坂　信 (1992) ドイツ郷土保護連盟の設立から 1920 年代まで. 造園雑誌 55(3)：232-247.
Cook Jr., W. L. and Wehlau, D. (2008) Forest Aesthetics. pp. 351, Forest History Society, Durham, NC, U.S.A.(翻訳 von Salisch, H. (1902) Forstästhetik, 2 Auflage. Publisher Julius Springer, Berlin).
藤本　武 (2001) ドイツ的景観に示された再生と継続の思想. 新潟青陵大学紀要 No. 1：129-142.
カール・ハーゼル 著, 山縣光晶訳 (1996) 森が語るドイツの歴史. 築地書房.
ドニ・ユイスマン著, 吉岡健二郎・笹谷純雄訳 (1992) 美学(文庫クセジュ). 白水社.
ヨースト・ヘルマント編著, 山縣光晶訳 (1999) 森なしには生きられない―ヨーロッパ・自然美とエコロジーの文化史. 築地書館.
平田種男・田中真理子 (1984) 輪伐期の研究. 東大演研報 73：1-95.
今田敬一 (1934) 森林美学の基本問題の歴史と批判. 北海道帝国大学演習林研究報告 9(2).
小池孝良 (2009) 環境変動下での森林美学考. 森林技術 2009(9)：34-37.
日下部甲太郎 (1996) 国立公園の父　田村 剛 (日本のランドスケープ　アーキテクト). ランドスケープ研究 60(2)：105-108.
片山茂樹 (1968) ドイツ林学者伝. 林業経済研究所.
北村昌美 (1995) 森林と日本人―森の心に迫る. 小学館.
北山雅昭 (1990) ドイツにおける自然保護・景観育成の歴史的発展過程と法. 比較法学 23(2)：25-119.
村串仁三郎 (2005) 国立公園成立史の研究. 法政大学出版局.
中島広吉 (1962) 新島善直先生.(林業先人伝. 日本林業技術協会編, 日本林業技術協会).
Roger A. Sedjo(2003) Economics of Forestry, Ashgate.
Stölb, W.(2005) Waldästhetik über Forstwirtschaft, Naturschutz und die Menschenseele. pp. 398, Verlag Kessel, Berlin.
下村彰男・小野良平・西村公宏 (1995) 本郷高徳　造園「学」の黎明期を支えた先駆者(日本のランドスケープ　アーキテクト). ランドスケープ研究 59(1)：1-4.
新島善直・村山醸造 (1991) 森林美学(復刻版). 北海道大学図書出版会.(初版は 1918(大正 7)年, 成美堂書店).
清水裕子・伊藤精晤・川崎圭三 (2006) 戦前における「森林美学」から「風致施業」への展開. ランドスケープ研究 69(5)：395-400.
島田錦蔵(1962) 川瀬善太郎先生.(林業先人伝. 日本林業技術協会編, 日本林業技術協会). 415-464.

鈴木太七 (1979) 森林経理学. 朝倉書店.

タキトゥス著, 泉井久之助訳註 (1979) 改訳／ゲルマーニア. 岩波文庫.

千賀裕太郎 (1996) "美しい村"をつくり守る確かな制度―旧西ドイツの田園景観の創造―.(全集 世界の食料世界の農村 9 地域資源の保全と創造. 今村奈良臣・向井清史・千賀裕太郎・佐藤常雄著, 農文協).

田中和博 (1991) The Form of the Capital Structure and Optimal Rotation―Consideration Based on the Present Value of Future Profits―(日林誌 73：106-117).

筒井迪夫(1996a) 森林美学考(1)森林美学の歩み(抄). グリーン・エージ 1996 年 1 月号, 265：38-40.

筒井迪夫(1996b) 森林美学考(2)森林美の倫理的意義を強調した学者たち. グリーン・エージ 1996 年 2 月号, 266：38-41.

筒井迪夫(1996c) 森林美学考(11)ドイツ林学が影響した森林美学. グリーン・エージ 1996 年 11 月号, 275：38-40.

3章 高性能林業機械を利用した森づくり

1. はじめに

　まず、高性能林業機械化の必要性から論じたい。地球温暖化の防止、国土の保全や水資源の涵養、林産物の供給など、今日の森林には多面的な機能の発揮が求められている。このような状況の中、森林の持続的な経営・管理とその多面的な利用を推進していくため、間伐などの施業を計画的に実施することが、以前にも増して重要となっている。
　ところが、林業においては採算性の低下や労働者の減少・高齢化により、適切な施業の実施が困難な状況にある。この状況を打開するためには、伐出作業の大幅な低コスト化や若手後継者の確保を図らなければならない。前者については、昭和30年代から続くチェーンソーとトラクタによる伐出作業システム(木幡ら 1993)の思い切った見直しが必要であろう。また、後者については、林業の持つ3Kイメージから脱却し、魅力ある職場環境を形成する必要がある。これらの課題に対処する上で、生産性や安全性が高く、労働強度を大きく軽減することの可能な高性能林業機械の導入は、もはや誰もが避けて通れないと認めるところであろう。

2. 機械化作業に適合した間伐方法の適用

　北海道に導入された高性能林業機械は、一般に建設機械であるエクスカベータを林業仕様とし、これをベースマシンとしてハーベスタヘッドやプロセッサヘッドなどの作業機を装着する形で使用されている(図3-1)。
　ところが、ベースマシンとなるエクスカベータは、通常バケットサイズ0.45 m^3、全幅約2.5 m、総重量12トン強の比較的大型の機械仕様となっている。こ

のため、高性能林業機械を用いて立木密度の高い林分において間伐作業を行う場合、作業効率や残存木の損傷被害防止の観点から、林内に機械走行路を確保する必要があることが指摘されている(対馬ら 1991)。

針葉樹人工林において、機械走行路は1伐あるいは2伐等の列状間伐によって確保することができよう。したがって、高性能林業機械の導入に際しては、従来のように初回から定性間伐を行うという保育方法を離れ、列状間伐を基本とする機械化作業に適合した施業法の適用を検討しなければならないと考えている。

3. 高性能林業機械によるトドマツ人工林の列状間伐

森林のもつ多様な機能を発揮させる施業を実施するために、高性能林業機械化や機械化作業に適合した施業法、すなわち列状間伐が必要となることは前述のとおりである。しかし、どのような列状間伐が機械作業の生産性や残存木の成長等の面で有利となるかについての研究事例は極めて少ない。

そこで、1997年7月に北海道空知総合振興局森林室(旧 空知森づくりセンター)管内58林班58小班の25年生トドマツ人工林において、フェラーバンチャ等の高性能林業機械を用いて、4種類の列状間伐試験を実施した(木幡 2001)。ここでは、同試験によって得られた機械作業の生産性、間伐作業に伴う林分構成の変化、間伐後5年間の残存木の成長と林分の回復状況について述べてみよう。

3.1. 適用した機械化作業システムと間伐方法

間伐作業に用いた高性能林業機械は、フェラーバンチャ(玉置機械工業製TM-50、図3-2)、グラップルスキッダ(イワフジ工業製 T-40 G、図3-3)、およびプロセッサ(イワフジ工業製 GP-35 A、図3-4)の3台で、通常、フェラーバンチャタイプと呼ばれる機械化作業システムである。これらの機械の主な仕様は表3-1のとおりで、作業構成はフェラーバンチャで伐倒・集積、グラップルスキッダで全木集材、プロセッサで枝払い・玉切り・はい積とした。

間伐対象林分は、傾斜5～12度の緩斜面上に位置し、林内には機械走行の障

3章　高性能林業機械を利用した森づくり　　　　63

図 3-1　高性能林業機械の例(ハーベスタ)　　　図 3-2　フェラーバンチャ(TM-50)

図 3-3　グラップルスキッダ(T-40 G)　　　図 3-4　プロセッサ(GP-35 A)

表 3-1　列状間伐試験で使用した高性能林業機械の主要仕様(機械カタログより)

機　種　名	仕　　様	
フェラーバンチャ TM-50	寸法 重量 鋸断形式 最大伐倒径	7,620 (L) × 2,490 (W) × 2,730 (H) mm 約 12.9 t 油圧チェーンソー 500 mm
グラップルスキッダ T-40 G	寸法 重量 走行速度 最大開口幅 最大吊上力	5,520 (L) × 2,140 (W) × 3,315 (H) mm 約 5.8 t 2.0 ～ 20.8 km/h 2,020 mm 約 1,000 kg
プロセッサ GP-35 A	寸法 重量 枝払い幹直径 切断幹直径 鋸断形式	6,890 (L) × 2,470 (W) × 2,815 (H) mm 約 12.8 t 30 ～ 420 mm 530 mm 油圧チェーンソー

「1伐2残」方式

「1伐4残＋定性」方式

「2伐2残」方式

「2伐4残＋定性」方式

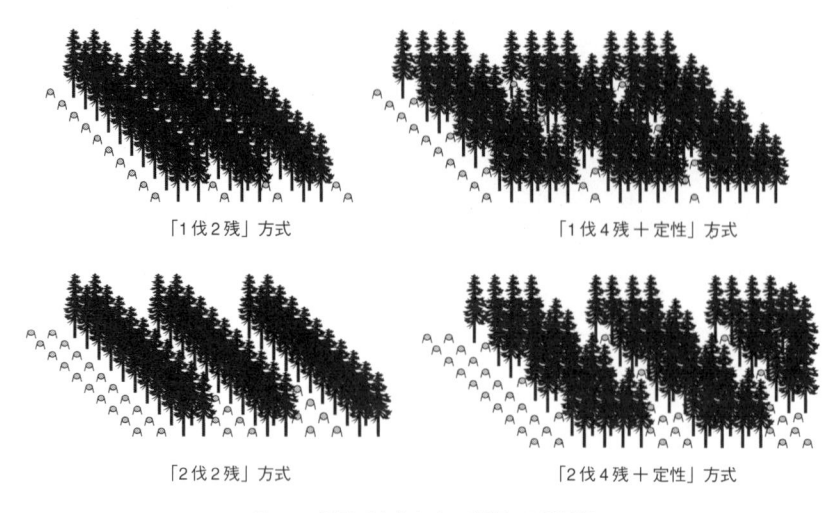

図 3-5 試験で実施した4種類の列状間伐

害となるような大きな伐根や転石がみられないことから、車両系機械作業の適地と判断された。本林分で実施した標準地調査の結果から、試験実施時の平均的な林況は、1 ha 当たり本数 1,860 本、材積 211 m^3、平均胸高直径 14.6 cm と把握された。

実施した列状間伐は、1伐2残、2伐2残、1伐4残＋定性、ならびに2伐4残＋定性の4種類で（図 3-5）、それぞれについて、面積約 0.1 ha の試験区を設定した。本林分における植栽列間隔は 1.7 m であり、1伐または2伐の列状間伐によって、それぞれ幅 3.4 m、5.1 m の作業空間が得られることになる。一方、用いたフェラーバンチャの全幅は約 2.5 m であり、前述の作業空間よりも狭い。したがって、機械走行だけについてみると、いずれの列状間伐でも十分な広さの空間、すなわち走行路が確保されたことになる。

ここで、残存列数を最大でも4列とした理由は、次の3点である。すなわち、①使用したフェラーバンチャはブーム・アームを伸ばしきった状態（約 6.7 m）ではスムーズな伐倒作業が困難なこと、②斜め前方へ腕を伸ばして定性間伐木を掴むため、走行路と間伐木を結ぶ最短距離とはならないこと、③立木配置などの状況により3列目に位置する立木も伐倒対象とする場合があることを考慮したためである。

なお、高性能機械作業と比較するため、チェーンソーで伐倒・枝払い・玉切りし、小型の車両系機械で短幹集材を行う従来型の作業システムによる定性間伐区、ならびに無間伐の比較対照区も同じ林分内に設定した。さらに、積雪の有無が車両系機械の生産性に及ぼす影響を明らかにするため、従来型も含め同じ方法による間伐作業を、夏季(7月)と冬季(2月)の2時期に実施した。

3.2. 機械作業への影響

間伐方法の違いが最も顕著に現われたのは、フェラーバンチャによる伐倒・集積作業であった。1伐2残区および1伐4残＋定性区では、1伐により幅3.4mの走行路が確保されたが、フェラーバンチャ作業の支障となるため、伐倒木を走行路内に集積することは困難であった。この結果、伐倒木は2残あるいは4残の残存列部分に、斜めに入れて集積されることとなった(図3-6)。残存部分に集積された伐倒木は、集材時に付近の立木と接触して損傷被害を発生させる状況がしばしば認められた。一方、2伐により幅5.1mの走行路が確保された2伐2残区および2伐4残＋定性区では、伐倒木を走行路内に集積することが可能であり、損傷木の発生状況も少ない結果となった(図3-7)。したがって、植栽列間隔が1.7m程度の林分では、高性能林業機械作業に伴う残存木の損傷被害を防ぐ上で、2伐の列状間伐を実施することが有効と考えられる。なお、損

図3-6　伐倒木の集積状況(1伐4残＋定性区)

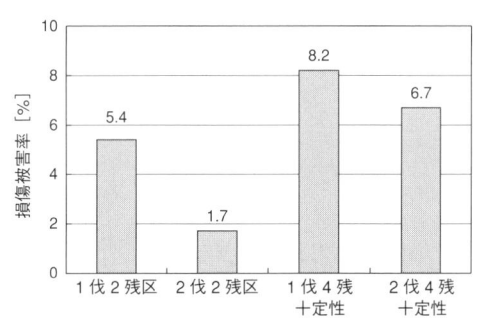

図3-7　間伐方法と損傷被害率
損傷被害率は損傷木の残存木に対する本数割合

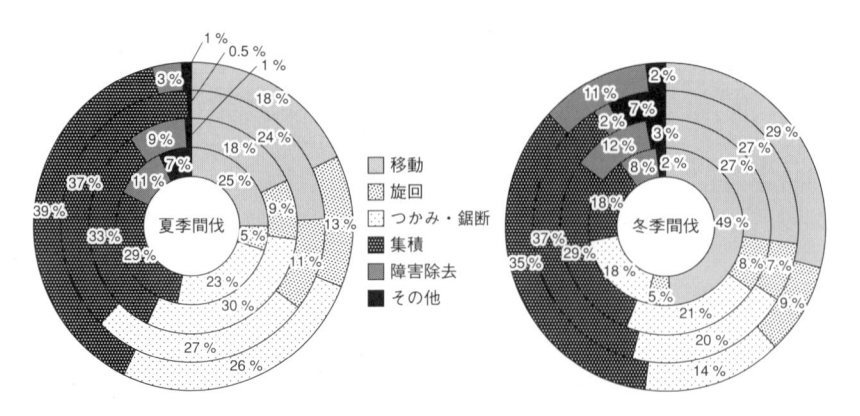

図 3-8 フェラーバンチャの要素作業別の時間構成割合
中心から外側に向かって、1 伐 2 残、2 伐 2 残、1 伐 4 残＋定性、2 伐 4 残＋定性を示す

傷被害率は、列状だけの場合よりも列状＋定性の方が 1.5～3.9 倍高くなっている。このことから、立木密度が比較的高い初回～2 回目程度までの間伐では、列状だけを実施する方法が残存木の損傷被害防止の上で有利といえよう。

次に、フェラーバンチャの要素作業時間の分析結果をみると、列状に加えて定性も行った場合は、列状だけの場合と比べて集積に要する時間の割合が大きくなる傾向が認められた（図 3-8）。この理由としては、定性間伐木を集める場合は、細かな移動や旋回、ならびにブーム・アームの頻繁な伸縮が要求されるためと考えられた。また、冬季間伐時には林内に深さ 1 m を超える積雪が存在したため、夏季と比べて移動時間の割合が増大した。特に、1 伐 2 残区においては、夏季では問題とならないような地表の凹凸が大きな走行障害となり、その結果、作業時間全体に占める移動時間の割合が 49％と高くなった。冬季の積雪はフェラーバンチャの作業に大きな影響を及ぼし、次節で述べるように生産性の低下を招くと考えられる。

なお、フェラーバンチャの移動跡や集材路の走行が主となるグラップルスキッダや、土場で枝払い・玉切り・はい積みを行ったプロセッサの作業には、間伐方法の違いはほとんど影響しなかった。

3.3. 機械作業の生産性

列状間伐試験の結果から得られた生産性は、フェラーバンチャが夏季間伐で

図 3-9 間伐時期・方法別の生産性

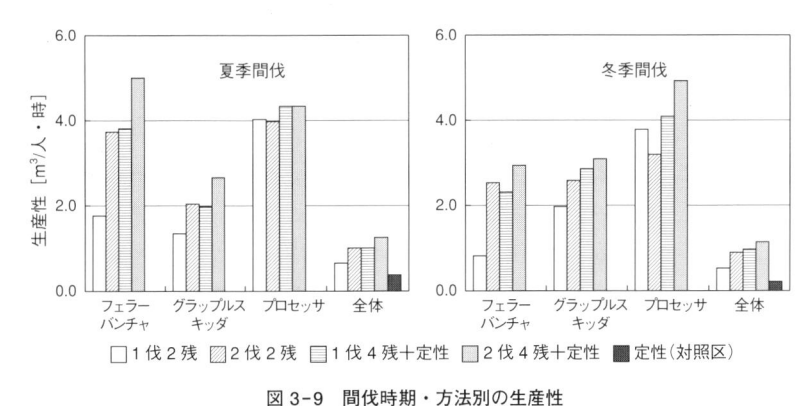

定性(対照区)では、チェーンソーによる伐木造材と車輌系の小型機械による短幹集材を行った

$1.76 \sim 5.02 \, m^3/$人・時、冬季間伐で $0.83 \sim 2.97 \, m^3/$人・時、同じくグラップルスキッダがそれぞれ $1.35 \sim 2.67 \, m^3/$人・時、$1.96 \sim 3.13 \, m^3/$人・時、プロセッサが $4.02 \sim 4.36 \, m^3/$人・時、$3.20 \sim 4.93 \, m^3/$人・時となった(図 3-9)。これらの結果から、フェラーバンチャは冬季には 1 m を超える積雪が移動の大きな障害となり、夏季より生産性が低下したこと、逆にグラップルスキッダでは踏み固められた走行路や集材路を支障なく走行できたため冬季の生産性が増大したこと、また移動をほとんど必要としないプロセッサは生産性が最も高かったことが明らかになった。したがって、移動や走行を必要とする機械作業では、それらが支障なく進行するか否かが生産性に大きく影響するといえよう。

間伐方法別の生産性を作業システム全体の値で比較すると、夏季・冬季とも 1 伐 2 残区＜2 伐 2 残区≒1 伐 4 残＋定性区＜2 伐 4 残＋定性区の順となった。すなわち、2 伐 4 残＋定性区における生産性は、他の間伐方法と比べて夏季で $1.2 \sim 1.9$ 倍、冬季で $1.2 \sim 2.3$ 倍の値であった。この理由として、何よりも 2 伐の列状間伐によって幅約 5 m の走行路を確保したことがあげられる。この走行路を利用して、フェラーバンチャやグラップルスキッダが効率的な作業を行う状況は、現地調査においても確認されている。また、2 伐 4 残＋定性区が 2 伐 2 残区の生産性を上回ったのは、前者の移動距離当たりの処理材積($0.10 \, m^3/m$)が後者($0.09 \, m^3/m$)よりも大きかったためと考えられる。

なお、いずれの列状間伐区においても、その生産性は従来型の定性間伐区を

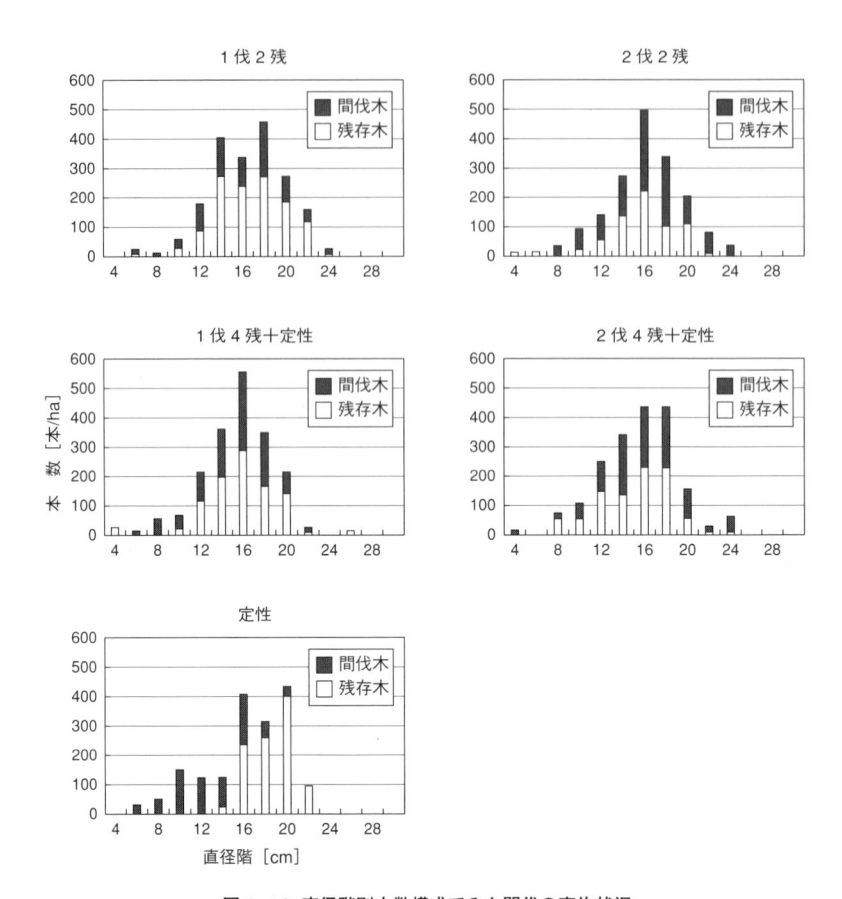

図 3-10 直径階別本数構成でみた間伐の実施状況

上回り、夏季で 1.8～3.5 倍、冬季で 2.3～5.3 倍となった。このことは、間伐作業を高性能林業機械化する意義の大きさを示すものである。

3.4. 間伐効果と残存木の成長

ここまで、機械作業の立場からみて、どのような列状間伐が有利となるかについて述べてきた。次に、間伐効果や残存木の成長の面から、列状間伐の有効性についてみてみよう。

列状間伐では、すべての直径階から間伐木が選ばれるため全層間伐となる。

表 3-2 間伐に伴う林分構成の変化と間伐率

間伐方法	間伐前			間伐後			間伐率	
	本数 (本/ha)	材積 (m³/ha)	平均直径 (cm)	本数 (本/ha)	材積 (m³/ha)	平均直径 (cm)	本数 (%)	材積 (%)
1伐2残	1,900	245.4	15.6	1,256	168.1	15.9	33.9	31.5
2伐2残	1,678	202.5	15.1	678	77.7	14.8	59.6	61.6
1伐4残+定性	1,893	210.4	14.6	1,013	116.9	14.8	46.5	44.4
2伐4残+定性	1,860	211.1	14.6	953	102.5	14.3	48.8	51.5
定性	1,690	217.3	15.5	1,024	167.1	17.6	39.4	23.1
無間伐	1,708	231.9	15.8					

間伐直後―開空度23.4%　　　　4年後―開空度17.2%

図 3-11　2伐2残区における間伐直後と4年後の全天写真
試験区内の中央に設けた定点で撮影した事例

　これに対して、従来方式の定性間伐では、成長や形質の不良な木を優先して間伐することが多いため、下層間伐となりやすい(図3-10)。また、列状間伐では間伐木が機械的に選定されるため、設計当初の間伐率に近い値となるが、定性間伐では一般に伐り控える傾向が強いため、結果的に弱度の間伐となりがちである。

　本試験地における列状間伐区の材積間伐率は、1伐2残区31.5%、2伐2残区61.6%、1伐4残+定性区44.4%、2伐4残+定性区51.5%であり、定性間伐区の23.1%と比べて全体に高いことが特徴となっている(表3-2)。最も強度の間伐となった2伐2残区では、やや規模の大きな林冠の破壊が発生した。魚眼レンズを用いて撮影した全天写真により、開空度の変化を調べたところ(図3-11)、間伐後は2伐2残区で22.9%(試験区内の5地点で測定した平均値、以下同様)、2伐4残+定性区で19.1%、1伐4残+定性13.8%となり、1伐2残区

表 3-3 開空度の変化

間伐方法	開空度	
	間伐後(%)	4年後(%)
1伐2残	9.0	7.8
2伐2残	22.9	19.8
1伐4残＋定性	13.8	10.7
2伐4残＋定性	19.1	12.4
定性	4.8	6.1
無間伐	2.9	5.7

注）開空度は、5地点で測定した平均値

表 3-4 相対照度の変化

間伐方法	相対照度	
	間伐後(%)	4年後(%)
1伐2残	11.4	4.4
2伐2残	37.0	19.2
1伐4残＋定性	16.3	6.5
2伐4残＋定性	38.4	19.4
定性	7.3	1.7
無間伐	3.7	2.5

注）相対照度は、5地点で測定した平均値

表 3-5 間伐後5年間における林分材積の成長状況

間伐方法	成長量 (m³/5年・ha)	成長率 (%)
1伐2残	81.2	48.5
2伐2残	47.7	64.4
1伐4残＋定性	74.8	65.3
2伐4残＋定性	63.0	65.3
定性	82.9	49.6
無間伐	70.1	30.2

注）成長率は、間伐後の材積に対する成長量の割合

の 9.0 % や定性区の 4.8 % を大きく上回った（表 3-3）。また、間伐後の相対照度も 2 伐 4 残＋定性区 38.4 %、2 伐 2 残区 37.0 %、1 伐 4 残＋定性区 16.3 % となり、1 伐 2 残区や定性区よりも明るい状況となった（表 3-4）。これらの結果から、間伐率が 40 % を超えた場所では、林冠の閉鎖が大きく破られたことが確認された。

一般に材積で 40 % を超すような強度の伐採を行うと、その後の林分成長に大きな影響を及ぼすとされている。本試験地における間伐後 5 年間の林分材積の成長量をみると、間伐率が約 32 % であった 1 伐 2 残区では 81.2 m³/ha で定性間伐区とほぼ等しく、成長率においても同様の値となっていた。これに対し、間伐率が 40 % を超えた試験区では、残存木が少ないこともあって、成長量は 47.7〜74.8 m³/ha と小さく、特に 2 伐 2 残区では定性区よりも 4 割ほど少ない状況となった。ただし、成長率をみてみると 2 伐 2 残区、1 伐 4 残＋定性区、2 伐 4 残＋定性区では約 65 % で、無間伐区を大きく上回るとともに、1 伐 2 残区の 48.5 % や定性区の 49.6 % よりも大きな値となっている（表 3-5）。

このように、40 % を超える強度の間伐を行った場所では、林分材積の成長量こそ一時的に少なくなったが、その一方で広い空間を得た残存木は良好な成長

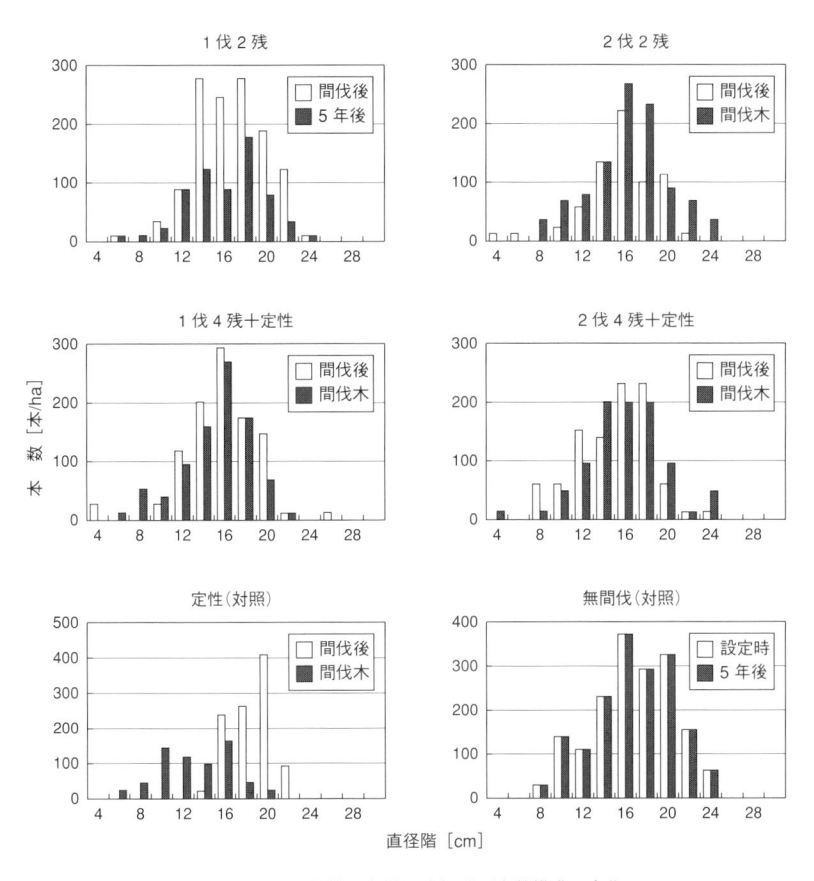

図 3-12 間伐後 5 年間の直径階別本数構成の変化

を示していることが明らかとなった。この様子は、間伐後の 4 年間において開空度や相対照度の低下(前出の **表 3-3**、**表 3-4**)をもたらした樹冠の拡張、ならびに残存木の高い直径階への順調な移行(**図 3-12**)からもうかがい知ることができた。

ところで、列状間伐を行った場合、すべての残存列に間伐効果が等しく行き渡るかどうかが疑問視される。そこで、1 伐 4 残＋定性区と 2 伐 4 残＋定性区を対象とし、4 残部分に位置する残存木を列状間伐部に面した外側列と面していない内側列に分け、それぞれについて胸高直径の相対成長率を調べてみた。そ

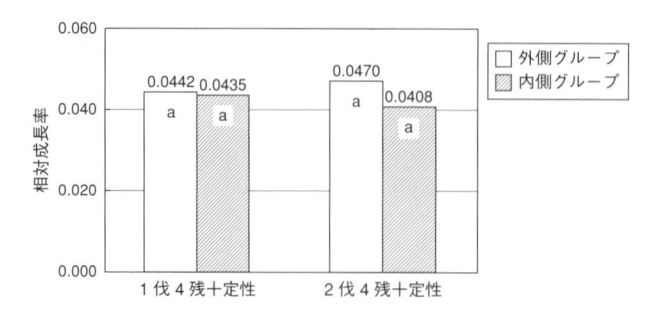

図 3-13 列位置と胸高直径の相対成長率
それぞれの間伐方法において、同じ記号を含むグループの間には、1％水準で有意差がないことを示す

の結果、1伐4残＋定性区では外側列と内側列の相対成長率はほぼ等しいことがわかった。また、2伐4残＋定性区では1伐4残＋定性区よりも、外側列と内側列の相対成長率の差は大きくなったが、その差は統計的に有意なものではなかった（図 3-13）。これらの結果から、ここでは残存部に対して定性間伐を行っていることもあるが、間伐列数が1伐あるいは2伐の場合、残存列数が4残程度であれば列位置による成長差は、大きな問題とはならないと考えられた。

以上述べてきたように、高性能林業機械を用いた間伐方法として、機械作業の効率化や残存木の損傷防止を図るため、ここでは2伐4残＋定性が望ましいことがわかった。この間伐方法では、材積間伐率が50％を超えたため、林分成長量が無間伐と比べて1割ほど低下するという問題も存在したが、間伐回数を減らすという経済的効果や大径木生産の面で有利というメリットで十分埋め合わせることが可能であろう。

4. 育林作業における高性能林業機械の利用

高性能林業機械を利用した森づくりの取り組みは、間伐や択伐等の伐出作業だけではなく、地拵え、植栽、下刈り等の育林作業においても進められている（木幡 1992）。そこで、最後に北海道における育林作業の高性能林業機械化の取り組みについて簡単に紹介しよう。

植栽に先立って行われる地拵え作業は、現在、手持ち式の刈払い機や、排土

板あるいはレーキ付きトラクタを用いて行われている。しかし、刈払い機による人力作業は労働強度が激しく、またトラクタ作業は大規模な地表の撹乱を招きやすいという問題がある。そこで、これらの問題を解決し、同時に労働生産性を向上するため、ブラッシュカッタの導入が進められている(山口ら 1992)。

図3-14 ブラッシュカッタによる地拵え作業

ブラッシュカッタは、ハーベスタなどと同様にエクスカベータをベースマシンとし、アタッチメントとしてロータリー方式の回転刃を持つ刈払い装置を装着するタイプが多い(図3-14)。ブラッシュカッタを用いて地拵え作業を行った場合、1時間当たり 0.042 ha の処理が可能で、刈払い機による人力作業と比べて約5倍の作業効率となったという事例(竹本 2002)もみられ、労働生産性の大幅な向上が期待されるところである。もちろん、こうした機械の能力を最大限に引き出すためには、機械操作や森づくりに関する技術と知識を有する優秀なオペレータの養成・確保が重要であることはいうまでもない。

＜文　献＞

木幡靖夫(1992)育林用高性能機械の開発と利用の現状．光珠内季報 86：1-6.

木幡靖夫(2001)高性能林業機械による列状間伐作業の生産性と残存木の成長．光珠内季報 124：10-13.

木幡靖夫・浅井達弘・由田茂一・対馬俊之・北川建雄(1993)従来型間伐作業の事例分析—短幹方式と全幹方式の比較—．日林北支論 41：252-253.

竹本　諭(2002)美瑛町森林組合の機械化の取組み．機械化林業 587：43-48.

対馬俊之・由田茂一・浅井達弘・木幡靖夫・戸田治信(1991)ハーベスタによる間伐作業—4条植栽のトドマツ林の場合—．102回日林論 707-708.

山口信幸・霜鳥　茂・坂本　武・工藤　隆(1992)ブラッシュカッター導入による更新作業の改革．日林北支論 40：125-127.

II

新たな時代の森林観

――森へのアプローチ――

4章　なぜ「木を伐る」のか
―― 学生の森林観から ――

1. はじめに

　戦後、森林の機能に対する国民の期待は大きく変わってきた。復興期と高度経済成長期のはじめでは国土保全機能（災害防止）とともに木材生産機能への期待が高かった。だが、1961年の木材輸入の自由化、1970年代の為替の自由変動相場制への移行、そして、1985年のプラザ合意に象徴される円高－ドル安によって木材の交易条件は激変し、現在の日本の木材市場は外材が8割を超え、森林の木材生産機能への国民の期待は大きく低下している。他方、木材の増産と拡大造林政策のもとでの天然林は大きく減少し、1千万haを超える人工造林地が造成されてきた。そして、1970年代の「列島改造論」や1980年代のリゾート開発による森林の乱開発への批判が高まり、自然保護や環境保全が注目され、森林の公益的機能へ期待が高まった。

　1976年以来、3年から6年ごとに実施している内閣府の「森林と生活に関する世論調査」（当初の「森林・林業に関する世論調査」から「みどりと木に関する世論調査」などにかわり、最近では「森林と生活に関する世論調査」が定着している）では、国民が期待する森林の機能についての項目の選択肢は1976年や1980年では木材の生産、災害防止、水資源涵養、大気浄化・騒音防止、保健休養、林産物生産であり、この中から3つを選択する回答方法で調査されている。1986年の調査では野外教育が選択肢に加えられ、「気候変動に関する国際連合枠組条約」と「生物の多様性に関する条約」が締結された翌年の1993年では野生動植物が、京都会議の2年後の調査では温暖化防止が加えられた。木材の生産機能に対する国民の期待は、1976年では第一位、1980年の第二位から2004年発表の内閣府の「森林と生活に関する世論調査」（2004年3月1日発表）では第八位に低下した。これに対し森林の公益的機能のうちでも災害防止が1980年か

ら一貫して一位を占めていたが、2007年の調査では、温暖化防止機能が第一位になり、水源涵養、大気浄化、保健休養、野外動植物、野外教育などの森林の公益的機能への期待が上位を占めている。

　森林科学やその関連分野を学ぶ学生たちは森林の機能の何に注目しているのか、そして、「木を伐る」ことをどのように考えているのかを知ることは、今後の日本の森林管理を占う上で重要である(アンケートでは「木を切る」と「木を伐る」の二つに表記されているが、ここでは「木を伐る」に統一する)。なぜなら森林科学やその関連分野を学ぶ学生たちは、将来、民間企業や各種団体の職員として森林管理を担い、場合によっては市民として森林管理のオピニオンリーダーなどになる。そして、中には国や地方自治体の公務員として社会や地域社会への森林管理の計画や政策(代替案を含めて)の立案と提示を担い、社会や地域社会で決定された後、政策や計画を執行し、実際に森林管理を担うからである。ここでは湊が1990年から1998年までの北海道大学(北大)での「林業機械」の講義の後に「木を伐る」ことについて提出を求めた感想文での「木を伐る」ことへの態度表明とその理由を表現するために使用されたキーワードを分析する。また、湊は札幌工科専門学校での講義で同様の感想文を求めており、北大の学生と対比して考察した。

2. 資料と分析方法

　湊は、1990年から1998年までの北大農学部の森林科学科での「林業機械」の講義で林業機械と伐採現場のビデオを利用し、そのあとに「木を伐る」ことへの感想文を求めた。2000年以降勤務した札幌工科専門学校の「花と緑の学科」での授業のあとに北大と同様に「木を伐る」ことへの感想文を求めた。

　北大の学生の感想文は1990年から1998年(1993年のみ欠損)までの林業機械の講義を受講した学生からのものである。感想文を提出した全受講者数は145名である。受講者数は年度によって大きく変動するものの、最小で11名から最大で25名、平均では18名である。このうち農学部の他学科の受講者が3名、他学部の受講者が2名であるから、ほとんどの受講生は2年半ほどの専門教育を受けた森林科学科の学生である。提出された感想文の中には、「林業機械」その

ものへの感想にとどまるものや、求められた課題とは異なることを論じた25名を除いて、残りの120名が「木を伐る」ことへの意見と森林についての考え方を記載している。札幌工科専門学校では「花と緑の学科」に在籍していた在学生のうち2000年は11名、2001年は7名の受講者が感想文を提出しており、全員が「木を伐る」ことへの意見と森林についての考え方を記載している。

提出された感想文の内容には個々人でばらつきが見られ、記載されている内容も多様であるから、感想文の内容に立ち入って分析するわけにはいかない。だが、提出された感想文にはある期間の専門教育を受けた学生の受講時点での「木を伐る」ことに反対するか、容認するか、あるいは、どちらの態度も表明しない不明であるかを表現している。感想文を読む限り、高校時代に「木を伐る」ことに反対意見を持っていた学生は、専門教育を受けた現在でも反対か、あるいは、容認する意見に変わった場合には積極的に表明している。だが、高校時代から「木を伐る」ことに肯定的な考え方や特別な意見を持たない学生たちは積極的に意見表明せず、結果としては不明の態度を示している。

学生たちの森林問題への意見は多様であるが、「木を伐る」ことと森林問題との関係や、森林に期待している機能についてどのように考えているのであろうか？ ここでは学生たちが感想文で使っているキーワードを手がかりにして「木を伐る」ことや森林問題にどのような視角から捉えているのかについて接近してみよう。だが、学生の感想文によっては使われているキーワードの数が異なり、それぞれの感想文から同数のキーワードを選べない。従って一人の感想文から最大で5個、最小で1個のキーワードを抽出した。学生たちの感想文の中に表れたキーワードは使い方が統一されているわけではないから、異なるキーワードで同じ内容を表現している場合や、類似した内容を示しているものは、一つのキーワードに置き換えて整理した。そして、これらのキーワードを学生たちの多くが注目している、1) 森林の機能、2) 森林の管理、3) 森林問題の原因と解決策に再分類して分析した。

注意すべきことは、学生が使っているキーワードが、北大生と札幌工科専門学校生との間で大きく異なる点である。札幌工科専門学校生が感想文を提出した時期では、彼らは樹木群の光合成による炭素吸収の結果である森林の温暖化防止機能を注目している。北大生が感想文を提出した時期が1990年から1998

年であり、森林の温暖化防止機能はそれほど注目を浴びず、むしろ生態系や森林そのものの保全や環境に焦点があっていたことに留意しなければならない。ここでは北大生と札幌工科専門学校生の二つの集団に分けて分析した。

3.「木を伐る」ことへの学生の意見

「木を伐る」ことについて両学生が感想文の中で表明した意見の分布を **表4-1** に示す。1990年から1998年の北大森林科学科の学生の感想文提出者は合計で145名であるが、まえに述べたように「木を伐る」ことに何らかの意見を表明した人数は120名である。高校時代には、この120名のうちの30名(25％)が「木を伐る」ことに反対していた。だが、120人中90人の学生は、高校時代には反対・容認でもない「不明」に分類できる。

次に、北大の在学生が高校時代に「木を伐る」ことに反対した理由は何かを問うた。そこでは自然・環境・森林破壊が第一位であり、反対理由の87％を占めていた。次いで多い理由は、学生の倫理観や哲学を暗示していると思われる生命の尊重、自然への畏怖、あるいは、樹木の寿命の尊重であり、反対理由の11.1％を占めていたことは注目される。北大の在学生が高校時代を過ごした時期では、まだ森林の温暖化抑制機能がそれほどの注目を浴びていなかったことが反映したと考えられる。

では、北大の森林科学科の学生の場合、学部の専門教育を受けることによって「木を伐る」ことへの意見はどのように変わったのか？ **表4-1** に見るように、北大の在学生では120名の中で高校時代に「木を伐る」ことに反対していた学生は30名(25％)であったが、2年半の専門教育を受けた在学生では「木を伐る」ことに反対している学生は4名(3.3％)へと急減した。「木を伐る」ことに反対する理由は上に見たものと変わらない。また、「木を伐る」ことに反対または容認という意見が表明されていない「不明」では、高校時代の90名(75％)から5名(4.2％)へと減少したことも大きな変化である。

北大の在学生でもっとも大きな変化は、高校時代には「木を伐る」ことを容認する意見を積極的に表明してはいなかったが、専門教育を受けることによって「木を伐る」ことを容認する意見は111名(92.5％)にも達したことである。「木を

表 4-1 学生の「木を伐る」ことへの意見

単位：人

	反　対	不　明	容　認	合　計
北大生高校時代	30	90	—	120
北大生在学中	4	5	111	120
札工専高校時代	2	16	—	18
札工専在学生	4	4	10	18

北大生、札幌工科専門学校生の感想文から作成

伐る」ことを容認する理由で最も多いものは「生活に必要」が81.1％、第二に木を利用することが日本文化であるということが8.5％、第三に森林管理のためにということが6.6％、第四に「循環型社会の形成」に必要ということが4.7％であった。上位三者は90年から98年まで恒常的に使われているキーワードであるが、「循環型社会の形成」は97年から出現したキーワードである。一方で、「木を伐る」ことは無条件に容認されてはいない。それは、森林、生態系、そして、環境の保全や持続性・計画性を前提にするという制約条件が付されていることである。

　札幌工科専門学校の学生の感想文提出者の合計は18名であり、全員が「木を伐る」ことに何らかの態度を表明している。高校時代では18名中2名が「木を伐る」ことに反対し、残りの16名は反対か容認するかは表明していないから「不明」に分類できる。当専門学校に進学し、森林に関する知識が増えるとともに18名中10名が「木を伐る」ことを容認する態度を積極的に表明している。容認する理由は、人間の生活に必要ということが最も多く、ついで木材が再生産可能な資源ということである。だが、専門学校生の特徴は、森林についての知識が深まり、自然保護や環境問題への関心が高まるとともに「木を伐る」ことに反対する態度に変わるものも見られることであり、受講生の中で高校時代に反対していたものは2名であったが、受講当時では2名増えて4名になっている。札幌工科専門学校の学生が「木を伐る」ことに反対する理由は、感想文を書いた時期が国際交渉の場で森林が炭素の吸収源としてとりあげられ、国内でも注目されたこともあって「木を伐る」ことは地球温暖化を促進するという考え方から反対している学生が最も多く、次いで生態系の破壊をあげている。

4. キーワードからみた学生が捉える森林問題

　ここでは学生たちが感想文の中で使っているキーワードを手がかりにして、学生の多くが言及している森林の機能、森林管理、そして、森林問題の原因、そして解決策について分析しよう。なお、これらのキーワードは感想文の中から抽出したもので、学生たちの多くが注目している 1) 森林の機能、2) 森林の管理、3) 森林問題の原因と解決策に再分類したものを使う。このキーワード分析では北大の森林科学科の感想文は、上述のように 1990 年から 1998 年までの 145 の感想文であり、札幌工科専門学校の感想文は 2000 年と 2002 年までの 18 の感想文を対象とする。

4.1. 森林の機能

　学生たちが注目する森林の機能にかかわるキーワードの出現件数の分布は**表4-2**に示す。北大の在学生では、森林の機能にかかわるキーワードの総出現件数は 118 件であるが、第一位が自然保護、生態系および森林の保全であり、50 件(42.4％)の学生の感想文に登場する。第二位は環境機能の保全の 33 件(28％)で、第三位は森林の多面的機能で、28 件(23.7％)である。なお、森林の多面的機能は環境機能の保全と重複する部分が多いが、森林の多面的機能には、森林のレクレーション利用、教育機能、観光林業などのキーワードを含めた。そして、地球環境機能は第四位であるが、その出現件数は 7 件(5.9％)に過ぎない。しかも、地球環境機能にかかわるキーワードが出現するのは地球気候変動枠組み条約が締結された前後の 1990 年から 1994 年にかけて 6 件(そのうち 1 件は酸性雨問題)であり、もう 1 件は京都会議が行われた後の 1998 年に再度出現している。

　北大の在学生の場合、「木を伐る」ことに反対する意見は少数であるものの、大多数の在学生は、木材の生産機能よりも森林や生態系の保全を優先順位の高いものと評価し、そうした優先順位のもとで森林の木材生産機能との両立が可能だと考えていると推定される。札幌工科専門学校生では、森林の機能にかかわるキーワードの総出現件数は 18 件であるが、第一位は森林の炭素吸収機能を

表 4-2 学生が注目する森林の機能のキーワード

単位：件数

	札幌工科専門学校生	北大生
自然保護、生態系・森林保全	6	50
環境機能	1	33
多面的機能	3	28
地球環境機能	13	7
合　　　計	22	108

北大生、札幌工科専門学校生の感想文から作成

意味する地球環境機能で13件(72.2％)に達し、圧倒的に多い。それに自然保護、生態系・森林保全、多目的機能、環境が続いている。

　これまで触れてきたように、北大と札幌工科専門学校の在学生との間では森林の公益的機能のうちで地球環境機能の位置づけに違いがある。それは感想文が作成された時期の違いによると考えられる。また、内閣府「森林と生活に関する世論調査」の2004年の調査結果では、災害防止が第一位であるが、この機能は北大と札幌工科専門学校の在学生ではおそらく環境の中に類型化され、その位置づけは低い。それは、内閣府の「森林と生活に関する世論調査」でも20歳代では災害防止の位置づけが低いことから考えて、実生活経験の少なさに由来する、いわゆる若者特有の現象ではないかと思われる。

4.2. 森林管理

　感想文の中で多くの学生たちが森林管理に触れているのは、森林の現状が適正に管理されていると認識しているからではない。それは、多くの感想文の中で熱帯林やシベリアの森林の破壊と乱伐を列挙し、そして、国内の森林管理の現状を憂えていることからも理解できる。学生たちが森林管理にかかわって使っているキーワードは**表4-3**のとおりである。

　森林管理に関するキーワードの総出現件数は、北大の在学生で73件、札幌工科専門学校の在学生で6件である。札幌工科専門学校の在学生は森林管理のうちで森林の保全、持続性・計画性のキーワードに集中している。

　北大の在学生では、森林の保全、持続性・計画性にかかわるキーワードが最も多く使われ、30件(41.1％)である。このキーワードには本来は施業法の構成

表 4-3　学生が使用する森林管理のキーワード

単位：件数

	札幌工科専門学校生	北大生
森林管理	—	13
森林区分	—	8
森林の持続性	6	30
施業法・種の多様性	—	22
合　　　計	6	73

北大生、札幌工科専門学校生の感想文から作成

要素であると考えられる成長量、伐採量、そして、量的規制などの3件のキーワードを含めた。というのもこれらのキーワードによってかつての森林経理学の重要な概念であった木材生産の保続性ではなく、森林そのものの持続性を表現していると考えられるからである。これらのキーワードによって意図していることは、森林管理の現状が決して望ましいと考えているものでなく、木材の生産に森林を利用するにしても、森林が保全され、持続的で計画的な範囲に保たれていなければならないという制約条件を示めし、学生たちが考えている今後の森林管理の望ましい方向性を暗示していると思われる。

　二番目に多く使われているキーワードは(森林)施業法である。このキーワードには作業種(皆伐、択伐)と造成される森林の林型(人工林、複層林、天然林)、作業方法(大型林業機械など)、種の多様性を含めたが、このキーワードの使用件数は22件(30.1％)である。このキーワードで示されているものは、木材を利用するために伐採することは容認するが、現存する天然林などを皆伐して人工造林地に作り変えることには批判的であり、大型林業機械の利用は経済的効率性がよいとしても、生態系の保全との関連で疑問を提示する学生が多く見られた。そして、人工林、複層林そして天然林などの林型にふれる在学生も見られるが、かなり多くの在学生が種の多様性について触れていることも明記しておかなければならない。

　三番目に多く使われているキーワードは森林管理で、使用件数は13件(17.8％)に達する。このキーワードはこれまで見てきた森林の持続性と施業法を包含する意味で使われているから、森林の持続性への関心が極めて強いと考えられる。

　森林区分は8件(11％)ともっとも使用頻度が少ないキーワードであるが、原

表 4-4 学生が注目する森林問題の原因をめぐるキーワード

単位：件数

	札幌工科専門学校生	北大生
資源問題	—	3
人口問題	1	3
南北問題	—	8
木材市場・貿易	5	15
林地転用	—	8
倫理問題	—	12
合　　計	6	48

北大生、札幌工科専門学校生の感想文から作成

生林の保存や天然林(天然生林も含む)の保全との関連で使われていることから考えて、森林計画や施業計画などに使われている林地区分とは異なるレベルのキーワードと受け取らなければならない。それは、おそらく森林を保安林や森林公園などに分類するレベルの概念で、木材の生産機能などとは両立しえない原生林の保全などの公益的機能を重視するキーワードと考えられる。

4.3. 森林に関する問題の原因と解決策

　北大と札幌工科専門学校の在学生が森林問題の原因と考えているキーワードは 表 4-4 に示すとおりである。感想文の提出者のすべてが森林問題の原因に言及しているわけではないが、学生たちが考えている森林問題の原因を探索する手がかりとして考えられる。

　ここでは感想文の中に現れているキーワードのうち森林問題の原因と考えられているものを抽出し、資源問題、人口問題、南北問題、木材市場・貿易問題、林地転用(森林開発)問題、倫理問題の6項目に分類した。資源問題と人口問題はここで改めて触れる必要はないだろう。南北問題では先進国と発展途上国の関係から生ずる森林問題であり、木材市場・貿易問題は、木材市場、国産材、外材、木材価格のいずれかのキーワードが使われている場合をカウントした。林地転用(森林開発)問題はスキー場やゴルフ場開発のための森林開発問題であり、このキーワードは主に 90 年代前半に在学した学生で多く使われ、90 年代の後半から使われなくなるのが特徴である。倫理問題は、樹木・木の寿命、森

林＝生命体、森林・自然への畏敬、人間の責任、価値判断というキーワードを含めた。

　北大の在学生の場合には、森林問題の原因にかかわるキーワードでは48件が感想文に使われている。このうち最も多いものは木材市場・貿易問題であり、15件(31.3％)を占めている。それに次いで倫理問題であり、12件(25.0％)を占めている。第三位はスキー場やゴルフ場への林地転用(森林開発)と国際社会の南北問題の二つであり、第五位に古くて新しい資源問題と人口問題が続いている。札幌工科専門学校の在学生では18名が提出した感想文の中で6件が森林問題の原因に触れている。6件のうち5件は木材の市場・貿易問題を揚げ、残りの1件は人口問題を挙げている。

　こうしてみると北大や札幌工科専門学校生に共通して見られる森林問題の原因は、木材市場・貿易問題、林地転用(森林開発)と南北問題を挙げていることからも分かるように、自由貿易が深く進行する現代にあって国際的にも国内的にも複雑に絡み合う経済問題に起因していると考えている学生がもっとも多いと言える。ついで多い倫理問題では、自然への畏怖という自然観ばかりでなく、森林利用の世代間の公平性や循環型社会の形成にかかわる問題を含むと同時に、長期的な森林管理に携わる森林技術者に求められている倫理観の確立を指摘しているように思われる。人口問題は別として資源問題は森林資源の維持管理の科学的な基礎理論の構築とその教育を要求していると考えられる。

　これに対して、学生たちの考える解決策についてキーワードを中心に見ていこう。北大の在学生では森林問題の解決策にかかわるキーワードは総計で24件である。そのうち木材の利用にかかわるものが最も多く、半数の12件に達し、その内訳は木材の有効利用が10件、生活の改善が2件である。その他では、森林管理の費用負担が3件、国際的合意形成が3件、森林の多目的利用が2件である。これと同時に、市場原理の完全な実現を意味する民営化・競争によって森林利用の最適化を図るべきだという意味のキーワードが4件を占めていたのが注目される。

　札幌工科専門学校の在学生では、解決策を示唆するキーワードは7件が上げられ、木材の利用にかかわるものが4件であり、そのうち木材の有効利用が3件、地域で生産された木材は地域で消費することを意味する地産地消が1件で

ある。残りは、都市と農村交流、森林管理の費用負担（補助金など）、国際的合意形成（たとえば森林条約や持続的森林経営から生産されたことが認証された木材の利用に関する合意形成）などにそれぞれ1件ずつキーワードが使われている。

5. 専門教育への展望

　森林や自然、環境問題に関心をもって北大や専門学校に入学する学生たちは、高校卒業時に「木を伐る」ことに反対するものが25％に達していた。大学で森林科学に関連する教育を受けると「木を伐る」ことを容認する学生が増加し、反対する学生は数％に激減している。しかし、学生たちは手放しで「木を伐る」ことを容認しているわけではない。森林の木材生産機能よりも森林、生態系、そして、環境の保全や持続性・計画性に高い優先順位が与えられていることに注目しなければならない。学生たちの森林問題の認識はこうした優先順位が保たれていないことにあり、その原因は、木材市場・貿易問題、倫理問題、林地転用（森林開発）と国際社会の南北問題、そして、資源問題と人口問題にあると考えている。

　学生たち全体が考える森林問題の解決策は、保存すべき森林と利用すべき森林の区分を明確にし、木材生産の機能を認めるものの森林への負荷を軽減するために木の無駄使いを止め、生産された木材の有効利用、森林の多目的利用、都市と農村の交流、そして、森林管理の費用負担制度の改善によって適切な森林管理を実現しようとするものであり、国際的には森林管理と木材利用の国際的合意を形成すべきだと主張していると考えられる。これに対して、少数ではあるが、市場（民営化・競争）によって森林利用と管理の最適化を図るべきだという意見も共存していることは注目される。

　これまで述べてきた学生の志向を考慮すると、森林の機能の科学的評価とともに、林分レベルや流域レベルでの種の多様性と生態系の保全を考慮した森林の保全や森林資源の維持管理の科学的な理論の専門教育が求められている。これと同時に、森林管理と市場経済の限界、森林管理の国際的な合意形成や森林の利用や森林管理の現状を評価し、望ましい方向へ誘導するための制度設計す

る能力を高める知識と考え方についての専門教育を強化することが求められている。

5章　景観生態学の展開

1. なぜ今、景観生態学が必要か──近年の景観構造の変化──

　日本において明治以降、森林や河川、湿地の景観が最も変貌した時代は、1950年～1960年代の高度経済成長の時期であると思われる。北海道で森林と川、そして土地利用のつながりを研究するようになってから、北海道の多くの森や川が1960年代から急激に変化することがわかった。それまでの北海道には、まだ天然の針広混交林、そして蛇行した自然河川が残っていた。ちょうどこの時期は、日本のみならず世界の発展国で天然資源の収奪と自然環境の悪化が顕著になった時期であり、1970年代に入ると大気や水質汚染などの公害問題が浮上してくる。日本でも水俣病、四日市ぜんそく、イタイイタイ病に代表される公害病が発生している。こうした公害は、1962年に出版されたレイチェル・カーソンの「SILENT SPRING (沈黙の春)」に代表されるように、食物連鎖と生物濃縮という負の連鎖を通じて我々人間にも襲いかかることが予言され、近年、内分泌攪乱物質(環境ホルモン)として注目を集めた。

1.1. 生態系の分断化

　北海道・標津川流域の変貌を 図 5-1 に示す。標津川は、その源を知床連山の一つである標津岳に発し、根釧台地を流れながら武佐川と合流してオホーツク海に注ぐ流域面積 671 km^2 の河川である。戦前の標津川流域は、上流水源地が天然林に覆われており、河川は自然蛇行し、その背後には後背湿地が発達していた(図 5-1)。河川にはイトウやアメマスが生息し、ハルニレやヤチダモなどの大径木で構成される河畔林にはシマフクロウなどの鳥類も多く棲んでいた。戦後、この地域は国営開拓の適地として着目され、1956年に集約酪農地域に指定されて以降、経営規模の拡大と近代化が進められた。また、水源地天然林も

90　　　　　　　　　　　Ⅱ　新たな時代の森林観

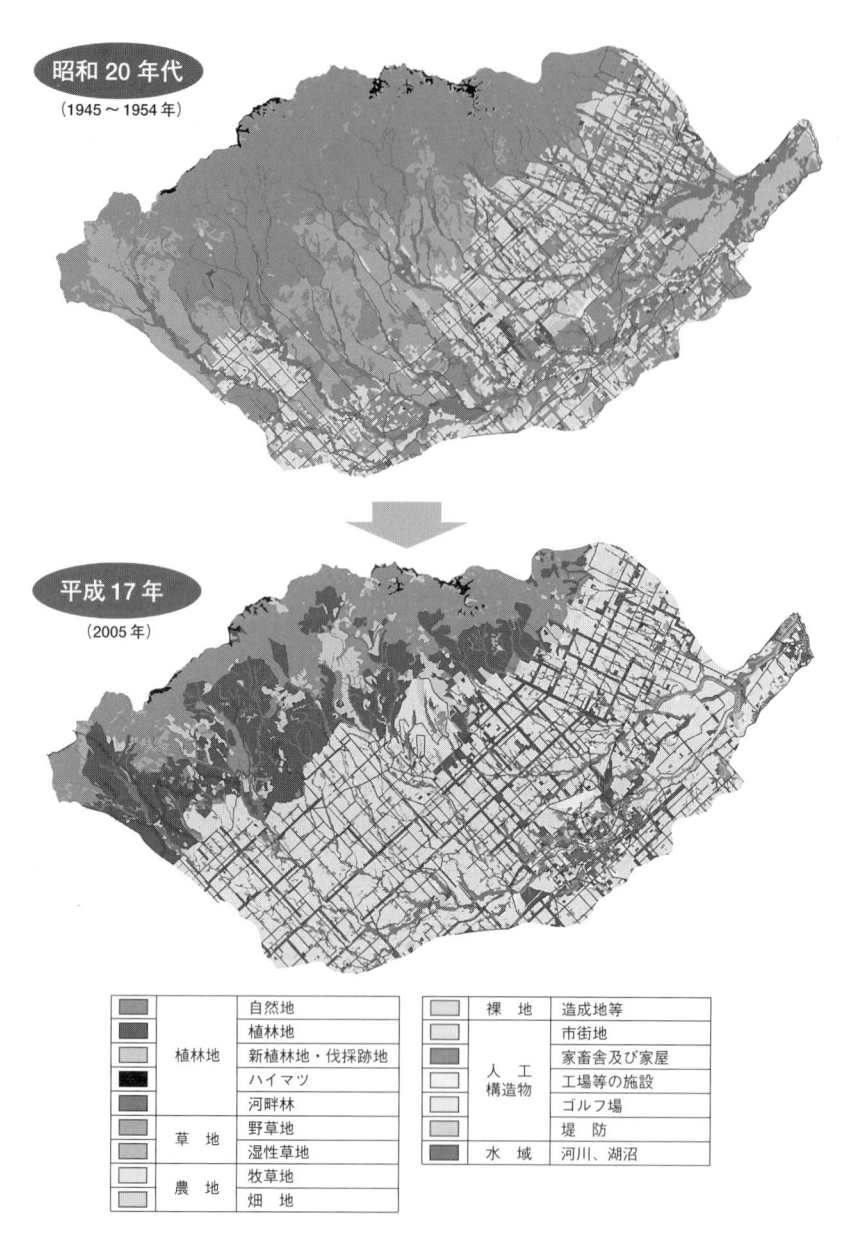

昭和20年代
(1945〜1954年)

平成17年
(2005年)

	自然地	
	植林地	
植林地	新植林地・伐採跡地	
	ハイマツ	
	河畔林	
草　地	野草地	
	湿性草地	
農　地	牧草地	
	畑　地	

裸　地	造成地等	
	市街地	
人工構造物	家畜舎及び家屋	
	工場等の施設	
	ゴルフ場	
	堤　防	
水　域	河川、湖沼	

図5-1　北海道標津川流域の変貌(北海道開発局提供)

拡大造林事業によって伐採され、カラマツを中心とした単一樹種人工林に転換されていった。結果的に、蛇行河川は直線化され、後背湿地や氾濫原は明暗渠排水路工事によって乾燥化され農地転換された。水源域では、尾根部の森林を除いて水源地森林のほとんどが単純な人工林に樹種転換された(図5-1)。現在、標津川は、酪農業の発展と人間活動に伴い水質悪化が起こっており、さらに流域保水機能の減少により洪水時の流量が増加する一方、平常時の流量は減少する傾向が認められている。直線化によって連続した大径の河畔林を失った水辺域では、道東の自然を代表するシマフクロウを見かけることはなく、イトウの産卵と稚魚の成育も確認されていない。

　米国西海岸でも1988年頃から、老齢の原生林伐採とニシアメリカフクロウ(*Strix occidentalis* caurina)保護の問題が、国有林伐採中止訴訟も含めてワシントン州、オレゴン州、カリフォルニア州を舞台に議論されるようになった。1989年ニシアメリカフクロウは「絶滅の危機に瀕する種についての法律(Endangered Species Act 1973年制定)」によって「絶滅の恐れのある種」に指定され、法的な保護を受けることになった。この法律は伐採などの施業行為の規制のみならず、保護管理計画の策定や実施を義務づけており、生息環境を破壊したり変化させたりすることを禁じている抑止力の強い法律である。これにより、生息地指定にともなう原生林伐採禁止区域が大面積におよんだ。ニシアメリカフクロウは、周辺伐採区から環境変化の影響を受けない中央部分の森林(interior forest)を大面積必要とする種であり、これを保護することは、すなわち大面積の原生林を保護することにつながる。米国西海岸ダグラス・ファー(*Pseudotsuga menziesii*)を主体とする針葉樹林分の伐採方法は皆伐であり、これまではチェッカーボードのように、伐採区をランドスケープ全体に分散させて伐採してきた。伐採が進むにつれて、これまで大面積あった原生林は細切れになり、伐採区に囲まれる島状に孤立していくことになる。島状に残された森林は内部面積に対する周囲長の割合が高くなり、皆伐区の影響を強く受けることになる。いわゆる生態系の分断化(fragmentation)といわれる問題がこれである(図5-2)。こうした森林の伐採や配置の問題は、「島の生物地理学」の理論をベースに議論され、SLOSS (single large or several small)問題としてよく知られるようになった。すなわち、全体の種数や特定の種を維持するためには、生息地として大面積の保護

図5-2 米国オレゴン州における生態系の分断化

区を維持すべきか、それとも合計で同じ面積の複数の小面積保護区を確保する方が有利か、という議論である。こうした問題に単純に答えることは難しく、分断化は林縁種を増やしたりする一方、移動能力が高く開発圧力に強い種のみを増加させ、保全の必要性が高い希少種の生息には役立たないケースが多い。ニシアメリカフクロウの事例もこのケースであり、大面積の保護区設定なくして生息環境を維持することはできない事例であった。

生態系の分断化は、日本でも各地で発生している。分断化をもたらす要因は森林伐採だけでなく、道路開設や土地開発などさまざまである。また、分断化は陸域だけにとどまらず、河川などの水域を含めて現在問題になっている。知床・白神山・ヤンバル(沖縄県国頭村)に代表される森林伐採問題、日本各地で実施されたリゾート開発に伴う林地開発問題、さらに長良川河口堰に代表される河川改修問題、ナキウサギの生息地を分断する士幌高原道路問題など、例を挙げれば枚挙にいとまがない。

1.2. オフサイトインパクト

生態系の分断化以外に、はっきり現れている環境問題のもう一つの様相に、流域からの汚濁負荷による湿原域、沿岸域生態系の破壊があげられる。米国では1969年の国家環境政策法(National Environmental Policy Act)の通過以降、連邦資源管理者は土地利用に伴う環境への累積的影響(cumulative effects)さらに長期的影響(long-term effects)を把握することが義務づけられている。

流域の最下流端にかまえ、1987年に28番目の国立公園に指定された釧路湿原では、流域の森林伐採、農地開発、明渠排水路造成等によって上流域から土砂が生産され、湿原に入る入り口で堆積し、約2ｍの河床上昇を引き起こして

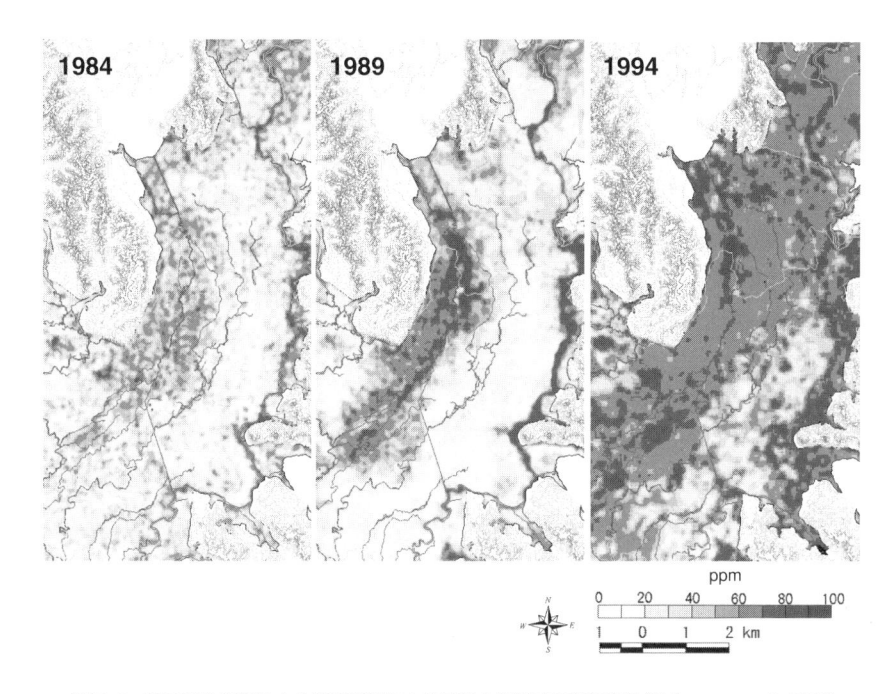

図 5-3 衛星画像解析による釧路湿原における濁水氾濫域の経年変化(Nakamura et al. 2004)

いる．その結果，湿原内に細かな粒子の土砂が堆積し，湿原が陸地化している．さらに，微細な粒子には窒素やリンなどの栄養塩が吸着されており，家畜糞尿などの流域からの負荷の増加に伴い，もともと貧栄養状態で維持されていた湿原は栄養化しつつある．衛星画像解析によると，これら濁水の氾濫は1970年代から顕著であり，流域の土地利用が変貌し，河川が本来の姿を消した1960年代からやや遅れて現れている（図 5-3）．湿原の土砂堆積と栄養塩の集積は，最終的に湿原植生を変化させ，もともとあったスゲやヨシの低層湿原植生が，湿原の周辺から樹林化しハンノキやヤナギ類の群落に変化している．国土交通省の調査によると，1947年に245.7 km^2 あった湿原面積は1996年には194.3 km^2 に縮小し，1947年に8.6％を占めたハンノキ林は1996年には36.7％に増加している．

北海道常呂川は，漁民が最初に植林した流域として有名である．2001年9月に来襲した台風15号によってもたらされた豪雨は3日間雨量で211 mmにの

図5-4 常呂川沿岸域における濁水の拡散

図5-5 常呂川流域における森林伐採の状況

ぼり、農地が冠水し濁水が沿岸域に流出した(図5-4)。その結果、沿岸域に養殖されていたホタテは全滅し、10億円に近い被害が発生した。濁水の発生原因は、農地土壌の流出や河岸浸食などさまざまな要因が複合して発生していると考えられるが、流域にはいまだ大面積皆伐地も分布しており、森林の取り扱い方の問題点が指摘されている(図5-5)。

以上、北海道と米国の西海岸での事例を紹介し、近年の景観構造の変化と環境問題の発生について概略を述べてきた。これらの事例からわかることは、近年の顕著な景観構造の変化は「分断化」によって特徴づけられ、その結果、稀少生物の生息環境が悪化もしくは消失していることである。さらにもう一つは、景観構造の変化がひいては機能劣化を引き起こしており、流域上流域における景観構造の変化が下流域もしくは沿岸域に影響を与える「オフサイトインパクト」が顕著になってきていることである。景観生態学が扱う領域は、これら環境問題の本質である生態系間の相互作用にある。人間の土地利用によって生まれた生態系と自然生態系のバランスをいかにうまくとりながら、流域保全・管理計画を策定し実行するか、その命題に具体的に答えることができる学問分野が景観生態学である。

2. 景観生態学と今までの生態学は何が違うのか

　土地改変に伴う生態系の分断化や生活史を考慮した生息場環境の配置、さらに一つの生態系における物質の流れが周辺生態系に及ぼす影響(オフサイトインパクト)を扱う分野は、Landscape Ecology、すなわち景観生態学である。ここで定義される"景観"とは、森林や湿原、干潟など異なる生態系の集合を意味する。これまでの生態学研究の多くが、特定の生態系における物質循環や生息場環境を議論してきたのに対し、景観生態学では物質や生物の移動を介して生態系間の相互作用を議論することに特徴がある。これによって景観構造がもつ生態学的機能を評価することも可能になる。また、複数生態系の相互作用を扱うことは多くの場合、大面積の空間スケールを扱うことになる。もちろん、こうした空間スケールは対象とする生物種によって変化するものと考えるべきであるが、流域の保全や管理計画に資することができる景観生態学の空間スケールはおよそ100 km^{2}程度で、空中写真で判読できる景観のモザイク構造である。

　したがって、景観生態学とは「景観(生態系の集まり)の構造と機能、そしてその変化に焦点をあてる学問分野」(Forman and Godron 1986)と定義でき、流域生態系に当てはめると、「自然攪乱、土地利用等によって形成される景観の不均質性が、物質や生物そしてエネルギーの流れにいかなる影響を与え、結果として景観の構造と機能が時系列的にどのように変化するかを明らかにする分野」と解釈できる。ここで"景観の不均質性"とは、山火事や農地利用などによって、ササ地や草原のなかに、森林がパッチ状に残され、遠方から見るとモザイク状になっている光景を意味する。したがって、この景観の不均質性は先の定義にしたがえば、"景観の構造"を意味する。さらに"物質や生物そしてエネルギーの流れ"とは、農地や森林から栄養塩や落葉リターが流出したり、野生動物が森林から草原へ移動したりすることを意味する。ある湿地帯が栄養塩や落葉リターを貯留したり、タンチョウの生息場を提供したりする事例からわかるように、こうした物質や生物の出入りを観測することにより、ある景観単位の"機能"を明らかにすることができる。

3. 保護と保全、そして再生

　冒頭に述べたように、1960年代、世界の先進諸国は、農業生産、工業生産の需要をまかなうために天然資源を開発し、生産効率を向上させるため様々な土地開発を実施してきた。天然林は木材生産のために伐採され、成長量も高く利用価値の高い針葉樹の単一樹種一斉造林が実施された。また、農地生産性をあげるために河川氾濫原・湿地は、排水事業によって農地化され、化学肥料や農薬の投入、機械化による生産効率の向上が求められた。高度な土地利用を可能にするため、河川上流域は水利用・発電目的のダムによって分断化され、河川下流域は築堤、護岸工事によって直線化された。天然林や湿地の消失は全世界で今も進行中であり、生存していた数え切れないほどの生物種を絶滅させている。こうした背景から、先進諸国を中心に生物多様性の保全、生態系の保全が叫ばれるようになり、1992年リオデジャネイロで開催された国連環境開発会議では、地球温暖化対策の推進、生物多様性条約、持続可能な開発、森林の保全などが合意された。日本でも1997年の河川法改正、環境影響評価法の成立、1999年新農業基本法の制定、2001年森林・林業基本法の制定により「環境の整備と保全」を事業目的の一つとした内容が、国土交通省、環境省、農水省の施策に盛り込まれることになった。こうした情勢を受けて、2002年12月に「自然再生推進法案」が議員立法で成立した。

3.1. 残存する自然生態系の保護・保全
　自然環境の再生を考える前に、全国もしくは地域ごとに早急に実施しなければならないことは、未だ残っている自然生態系の抽出と保護・保全政策の立案である。保護なくして再生はなしといっても過言ではない。人為的に再生する生態系は、現在残存している自然生態系にくらべれば必ず劣るといっても良く、再生には多大な時間とコストがかかる。
　釧路湿原の東部3湖沼では、夏季にアオコの発生が確認されており、水質も急激に悪化している。その結果、水生植物、マリモ、水生昆虫の現存量ならびに種数ともに、急激に減少している。ここでも流域からの負荷の増大と堆積に

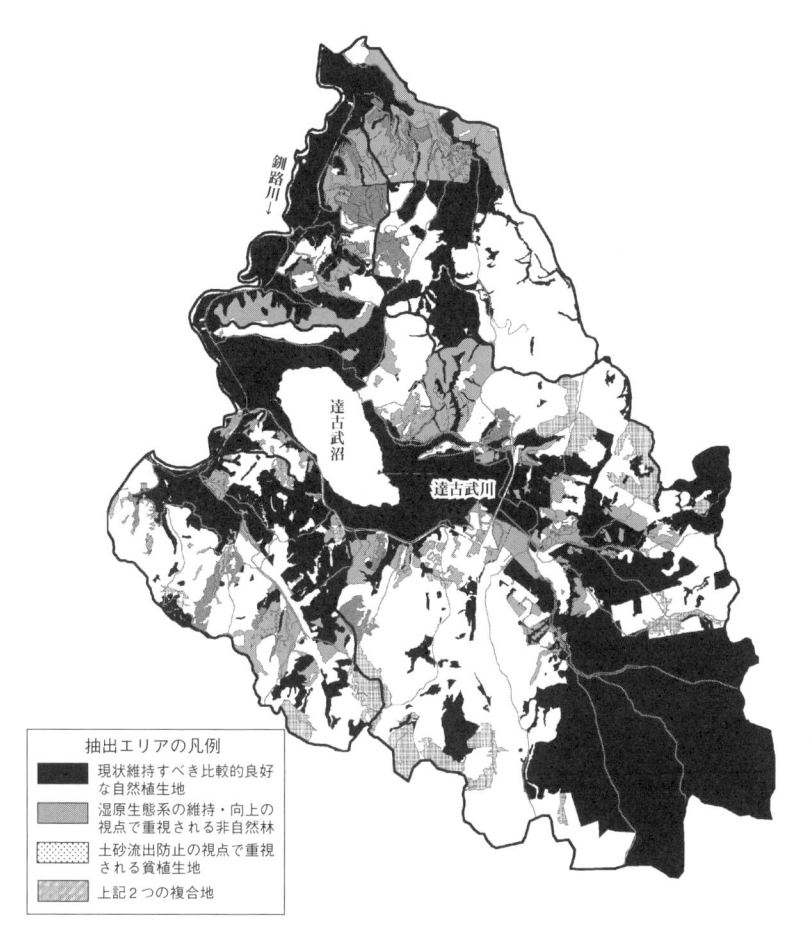

図5-6 達古武沼流域のGIS解析概要（中村ら 2003）

伴って、湖沼水質と水生生物の多様性が劣化傾向にあることはほぼ明らかである。達古武沼の集水域では、こうした観点から自然林の抽出や、土砂流出等の危険エリアの抽出が行われている。

達古武沼の集水域約42 km²を対象として、(1)優先的に保全すべき自然植生、(2)湿原ならびに湖沼生態系に影響を与えている可能性のある非自然林植生、(3)土砂流出の可能性がある貧植生の3つをGIS解析により抽出している(図5-6)。(1)については、過去の自然林と同様な組成をもち比較的成熟した林分(サイズ、

うっ閉度）と残存する湿原もしくは湿地林を、(2)については、人工林、若齢の林分、二次草本のうち、湿原植生の縁から300 mのバッファ内に一部でも含まれるパッチを、さらに(3)については裸地・作業道、伐採跡地、またはそれに隣接する幼齢造林地や農地のうち、5°以上の傾斜をもち、沢や湿原植生の縁から25 mのバッファ内に一部でも含まれるパッチを抽出している。

(1)で抽出された区域は全域の43.4％にあたる1822 haで、貴重な生態系というほど質が高いわけではないが、現状を維持することが望ましく、今後は社会条件なども考慮しながら、できる限り改変行為を避けて現状を保全する区域である。(2)の区域は、全域の13.1％にあたる550 haで今後人工林については樹種転換、二次草原や耕作放棄地については植林・湿原再生といった方向性が求められる。(3)の区域は全域の6.4％にあたる269 haで、土砂流出を防止するための樹林帯整備が求められる緊急性の高い区域である。こうして区分された林分のうち、(1)に属する残存自然生態系は、再生事業を実施するうえでの手本（リファレンスサイト）となるばかりか、再生地への移入・定着を可能にする生物種の供給場所としても機能する。

達古武沼流域のGIS解析は、まだまだ抽出基準の見直しなどを行わなければならない段階だが、ひとまず流域レベルで保護と再生の優先順位を客観的に表したことは高く評価できる。

3.2. 劣化した生態系の復元

景観生態学の立場から言えば、生態系の復元は、生態系の健全化による景観機能の回復と解釈できる。第1節で述べた釧路湿原の現状を改善するために、1999年から「釧路湿原の河川環境保全に関する検討委員会」が北海道開発局の協力のもと発足し、2001年3月に12にわたる施策を提案した。それらは①水辺林、土砂調整地による土砂流入の防止、②植林などによる保水、土砂流入防止機能の向上、③湿原の再生、④湿原植生の制御、⑤蛇行する河川への復元、⑥水環境の保全、⑦野生生物の生息・生育環境の保全、⑧湿原景観の保全、⑨湿原の調査と管理に関する市民参加、⑩保全と利用の共通認識、⑪環境教育の推進、⑫地域連携・地域振興の推進、である。さらに特筆すべきことは、対策を実施する前に具体的な数値目標を掲げたことと、その対策内容を具体的に提

水源地：森林再生　　　中流域：河床低下の防止、水辺林の造成

下流域：土砂調整地

図 5-7　釧路川流域における再生事業の概要(北海道開発局提供)

示したことである。

　まず、釧路湿原の長期的目標として、ラムサール条約登録(1980)当時の河川環境へ回復させることを掲げた。そのためには、湿原へ流入する土砂および汚濁負荷量を、流域の土地利用が急速に展開した以前の水準に戻す必要があると考え、当面20〜30年以内に達成する目標として、2000年現在の湿原の状況を維持・保全するために、20年前の負荷量に戻すことを第一の目標に掲げた。20年前の流域からの負荷量については、過去のデータやモデルから流域負荷量を算出し、現状との増加分を様々な方策によって低減させることを宣言した。検討の結果算出された数値目標は、年平均1400 m^3 の湿原へ流入する掃流土砂量を800 m^3 に下げる約40％減であり、農地からの全窒素流出についても30％減の目標を提示している。これらの軽減負荷量は、河道沿いおよび農地排水路末端部に設置された沈砂地や越流方式による氾濫、さらに上流水源地の植林によって達成しようとしており、その具体的な対策や場所の検討も地域の合意と周辺への影響評価を試験的に確かめながら、一歩ずつ現実化される予定である(図5-7)。

図 5-8　標津川旧川連結実験区（中村ら 2006）

　現在、サケ・マスの水揚げ高日本一を誇る標津川でも、漁業の振興に結びつくような川づくりが求められ、地域住民からもイトウやシマフクロウが棲め、サケ・マスの自然産卵がみられるかつての標津川をとりもどしたいという要求が出され、国土交通省がこれに応じる形で蛇行河川と氾濫原復元を目的とした自然再生事業が検討されることになった。

　2001年末より始まった実験箇所を 図5-8 に示した。河跡湖が本川と連結され、低水時には蛇行河川に流量の大部分が流れ、洪水時には流量の多くが直線河道を流れるように堰の高さは決定されている。連結前の調査の結果、水深が浅く流速の早い本川の魚類採捕量は、旧川とくらべて著しく少なかった。本川ではサクラマスやシマウキゴリ、フクドジョウなどが低密度で生育しており、旧川ではイトヨやイバラトミヨ、ヤチウグイ、フナ類などの閉鎖水域特有の魚類がきわめて多く生息していることが明らかになっている。2002年度より、連結後の調査が実施されているが、サクラマスの群れと 40 cm 程度の大型個体が、蛇行によってできた深掘れ部分で樹木カバーがある場所で確認されている。蛇行によって形成されたハビタットが機能していることは確かである。問題点は河床低下していた本川河道に蛇行流路の河床高をあわせたために、蛇行流路内の

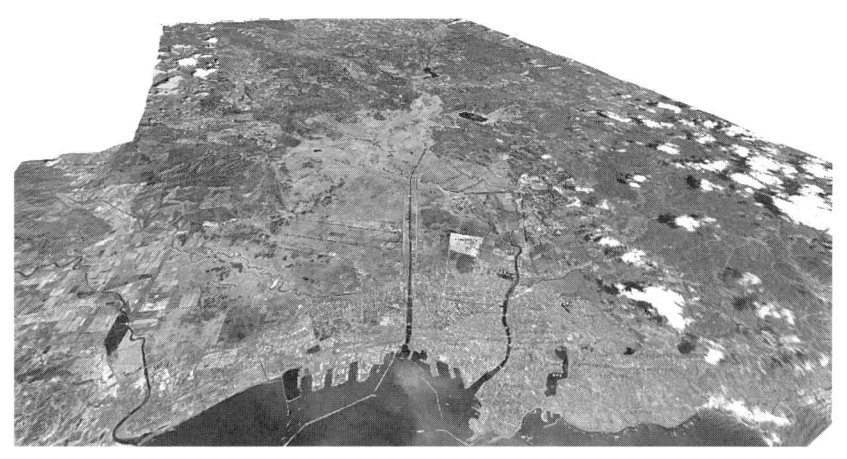

図 5-9 釧路湿原の 3D イコノス画像

氾濫原と流路の落差が 5m 以上もあり、河川と氾濫原生態系が完全に分離してしまったことにある。洪水時における氾濫原との一体化が起こらない条件では、効果は限られたものになるし、現状のままでは氾濫原の復元は不可能である。

4. 広域環境情報の構築

　全国各地ではさまざまな研究機関や研究者により、数多くの自然環境調査が実施されているにもかかわらず、そのデータは個々の研究機関や研究者が保持しており、ほとんど公開もしくは共有されていないのが現状である。全国的に注目されている釧路湿原も例外ではなく、調査・研究実績は埋もれたままである。そこで環境省と協力して、希少種や個人情報などを除いて公開できるデータは全面公開する方向で自然環境情報図の構築を急いでいる(**図 5-9**)。

　構築しようとする自然環境情報システムでは、①空間情報：既存の地質・地形、植物・動物分布、植生図等の情報を GIS データベースとして整備し、地域を指定すれば空間的串刺し検索が可能になる、②時系列情報：過去に国土地理院が発行した旧版地形図や、戦後米軍が撮影した空中写真をデジタル化し、土地利用状況や植生分布等を判読し、時系列変化を解析できる、③データの公開：特定情報(個人や希少種の分布など)を除いて、すべて公開する方向で進める、

を目標としている。GISデータファイルとしてダウンロードできる機能や、ユーザーが GIS データを加工・解析できる機能、また新たな情報をホームページへ登録できる双方向機能を整備し、情報の共有化を図る。こうした情報は地域の合意形成、科学的な情報に基づく再生事業の実施を行う上のいわば情報インフラと言え、第2節で述べた保護や再生地域の抽出もしくはスクリーニング(予備選別)プロセスで威力を発揮すると考えられる。

<文　献>

Nakamura, F., Kameyama, S. and Mizugaki, S. (2004) Rapid shrinkage of Kushiro Mire, the largest mire in Japan, due to increased sedimentation associated with land-use development in the catchment. Catena 55：213-229.

中村太士・中村隆俊・渡辺　修・山田浩之・仲川泰則・金子正美・吉村暢彦・渡辺綱男(2003) 釧路湿原の現状と自然再生事業の概要．保全生態学研究 8：129-143.

中村太士・中野大助・河口洋一・稲原知美 (2006) 地形変化に伴う生物生息場形成と生活史戦略：人為的影響とシステムの再生をめざして．地形 27-1：41-64.

6章　森林の景観評価と保全管理

　国民の価値観が多様化する中で、森林に対する国民の期待も多様化してきており、森林の有する多面的機能の高度発揮が求められている。適正な規模や配置に基づく林内路網が、森林を将来にわたって有効に利用していくために、不可欠な手段であることは言うまでもないが、その一方、自然環境の維持保全との不調和を生み出していることも事実である。なかでも、森林の風致・景観は、社会的・経済的諸活動に直接与える影響が少なかったために、その機能は過小評価されてきたといえよう。しかしながら、社会活動の「量」から「質」への意識の変化は、森林の風致・景観諸機能への正当な評価と具体化を促してきている。本章では、森林地域の風致・景観機能の保全管理という観点からこれまでおこなってきた研究のうち、
　1. 森林内での景観構成要素の選好度評価と被視条件要素の判別
　2. 中・遠景的森林景観条件の評価
　3. コンピュータグラフィックシミュレーターCGSによる森林景観と伐出作業計画への応用
の3つのテーマについて論述する。なお、本研究は三重大学生物資源学部在職中に実施したものであり、一部は報告書等(芝 1993)で公表した。

1. 階層化分析法(AHP：Analytic Hierarchy Process)を導入した森林内景観構成要素の選好度評価と被視条件要素の判別

1.1. はじめに
　森林の景観条件の善し悪しを客観的に評価するためには、森林空間を構成する景観要素と人間の知覚機能によって得られる選好度を、何らかの計量的な手法で推定しなければならない。しかし、この感覚的な選好度は、対象要素との

相対的な関係においてのみ評価されるものであり、その意志決定過程は曖昧な状況下で展開されることになる。本研究では、このような曖昧な状況下での意志決定法の手法として利用される階層化分析法AHP(Analytic Hierarchy Process)を導入し(刀根・眞鍋 1990)、行動空間としての森林内での景観構成要素の判別と被視条件としての定量評価を試みた。具体的には、現地でのイメージ調査と各種の景観写真を併用させた一対比較法による選好度調査を実施し、林内景観の構成要素と被視条件としての選好度の関係を分析した。さらに、現地でのイメージ調査と景観写真での評価結果の違いについて考察を加えた。

1.2. 調査方法

1.2.1. 調査対象地およびデータ

三重大学生物資源学部附属演習林を調査対象地として、当該演習林内のスギ、ヒノキの人工林10カ所と、モミ、ツガ、アセビ、ヒサカキ、ミズナラ、カエデ類を主とする針広混交の天然生林6カ所を選定してプロットを設定した。各プ

表6-1 調査対象地の特徴

林・小班	プロット 1*	水系	巨木	歩道	傾斜 2*	照度 3*	樹種/樹高/胸高/林齢 4*	
8・は	人A	無	無	有	普通	0.56	スギ/H 13/D 25/A 43	ヒノキ/H 11/D 12/A 25
8・に	人B	無	無	有	普通	22.8	スギ/H 9/D 20/A 26	ヒノキ/H 7/D 12/A 20
8・ろ	人C	無	有	有	急	0.95	スギ/H 18/D 28/A 76	
7・は	人D	無	無	有	急	1.44	スギ/H 8/D 15/A 20	
9・は	人E	無	無	無	急	3.62	スギ/H 15/D 20/A 25	
8・は	人F	無	有	有	普通	5.33	スギ/H 16/D 25/A 33	
7・ろ	人G	有	有	有	急	8.08	スギ/H 28/D 58/A 177	
7・に	人H	有	無	有	緩	0.66	スギ/H 15/D 20/A 34	
16・ろ	人I	有	無	有	緩	0.51	スギ/H 10/D 18/A 27	
7・は	人J	無	無	有	緩	17.8	ヒノキ/H 3/D 5/A 8	
11・ろ	天A	無	有	無	急	1.40		
7・は	天B	有	有	有	緩	4.06	モミ、ツガ、ミズナラ、カエデ、	
11・ろ	天C	無	有	無	緩	0.29	ヒサカキ、アセビ等の針広混交林	
11・ろ	天D	有	無	無	緩	1.15	平均樹齢：150〜300年	
11・ろ	天E	無	有	無	急	0.19		
11・ろ	天F	無	有	有	普通	19.5		

1* 人：人工林　天：天然生林　　2* 傾斜区分　緩：〜20°　普通：20°〜30°　急：30°〜
3* 照度：相対照度（%）　　4* H：平均樹高（m）　D：平均胸高直径（cm）　A：林齢（年）

表 6-2　景観選好度調査の対象者内訳

区分	性別		年齢		専門・職種別	
	男	女	～35才	36才～	林学関係	その他
該当数	32	18	40	10	30	20

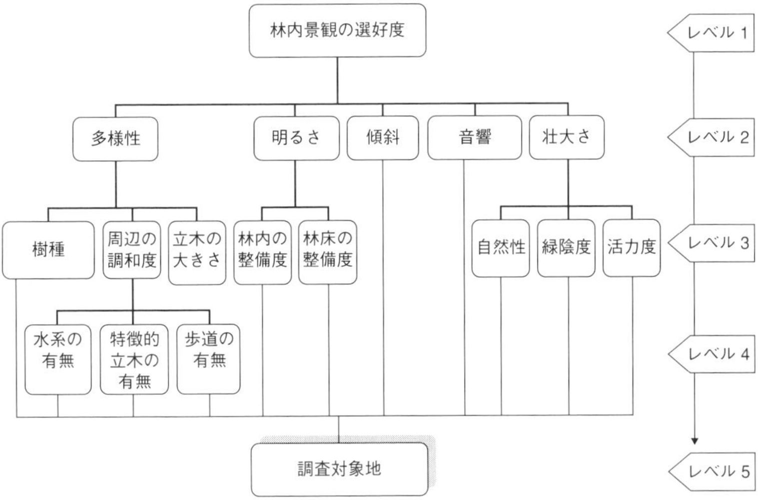

図 6-1　林内景観選好度の階層構造

ロットは、後述する景観選好度の評価基準に対応する条件を備えたものとして、現地調査によって決定した。各プロットの特徴は、**表6-1**に示す通りである。林内の景観選好度評価に用いた森林景観写真は、16カ所の各プロット内で広角・魚眼レンズを使用して撮影した。ここでは、プロットの持徴や場所の再現性を考慮して、林内空間を「上層部の樹冠部分」、「幹と下枝からなる中層部分」、「林床と地床の下層部分」に大略分割し、各部分での写真を一組として代表させた。一方、被験者として、**表6-2**に示したように、年齢・性別・専門職種別に50名を選定した。

1.2.2. 景観構成要素の選好性構造と目的組織表

森林内の最観構成要素の選好性について、林学部門の有識者(教官・学生)に対してデルファイ法によるアンケート調査を行い、**図6-1**に示した階層構造の

林内景観選好度組織表を作成した。この組織表は、最上位に総合目標である「林内景観の選好度」を置き、中位から下位レベルに向かって具体性のより高い評価基準をピラミッド型に積み上げたものであり、最下位レベルに比較代替案である各対照プロットが置かれる。

1.2.3. 景観選好度調査票

調査地の各プロット内で、景観選好度調査票（掲載省略）を被験者に配布し、質問1～3の各項目について回答を求めた。質問1は、対象とする森林内の景観の好ましさを達観的に評価するもので、その選好度に応じて7段階の評点（＋3～－3）を与える。質問2は、林内景観選好度組織表で示された景観構成要素について、その好ましさの度合いを答えさせ、全体を評価する項目である。質問3は、相対比較による景観要素間の重要度の判定項目を示している。

1.3. 解析方法及び評価方式

解析法及び評価方式について、以下に簡単に説明を加える。

1.3.1. AHP法による評価過程

比率尺度に基づく評価基準項目毎の一対比較により、全体目標に対する各項目重要度（重み・寄与率）を決定する。一般に、以下に示す3段階の評価過程より成り立つ。

第一段階：問題解決のための目的・目標を設定し、それらを階層的に構造化した目的組織表を編成する。上位、中位、下位レベルとして系統樹木化された目的・目標は、具体的な測定指標を設けることによって定量化される。

第二段階：各レベルの目的・目標間の重み付けを行う。この場合、ある一つのレベルにおける目的・目標間のペア比較を、その上位レベルにある関係目的・目標を評価基準として行うことで、例えば、Nの比較目的・目標数に対して、$N(N-1)/2$個のペア比較をすることになる。なお、このペア比較に用いる測定尺度は、その重要度に対応して**表6-3**のスケールを与える。以上のようにして得られた各レベルのペア比較マトリックスから、各レベルの目的・目標の重みを計算する。これには、線形代数の固有値の考え方を用いる。なお、このペア比較マトリックスは逆行列であるが、意志決定者の答えるペア比較において、首尾一貫性のある答を期待するのは一般に不可能である。そこで、この曖昧の

表 6-3 重要度評価尺度とその定義

尺度	定義
1	同程度に重要
3	やや重要
5	かなり重要
7	非常に重要
9	極めて重要

ただし、中間尺度として2、4、6、8を用いる

表 6-4 ペア比較基準表

重要度尺度	平均値の差
1	0～0.24
2	0.25～0.74
3	0.75～1.24
4	1.25～1.74
5	1.75～2.24
6	2.25～2.74
7	2.75～3.24
8	3.25～3.74
9	3.75～

表 6-5 理想の森林像に対するスコアー配分

林内景観選好度の評価基準						
	傾斜	音響	樹種	立木の大きさ	林内の整備度	林床の整備度
人工林	0.571	1.600	0.571	1.750	1.000	0.750
天然生林	1.250	2.000	1.444	0.875	0.111	0.750
	自然性	緑陰度	活力度	水系	特徴木	歩道
人工林	1.200	1.000	1.250	1.750	2.200	1.800
天然生林	1.750	1.778	1.222	2.222	1.778	0.875

尺度として、コンシステンシー指数($C.I.$)を定義する。

第三段階：各レベルの目的・目標間の重み付けが計算されると、この結果を用いて階層全体の重み付けがなされる。これにより、総合目的・目標に対する各代替案の選好度が決定する。

1.3.2. AHP 法による景観選好性評価

森林内において実施した調査票の質問2の集計で得られた各項目の平均値を、表 6-4 の基準に基づいてペア比較する。この時、人工林、天然生林、対象全体（人工林＋天然生林）の3グループに分けて行うが、人工林と天然生林については、理想の森林景観像を含めたペア比較を行う。なお理想の森林景観像とは、各評価項目に対して、最も高い評点を与えたプロットの値を一つの目標値として設定することで定義した。理想とした森林景観に対する評価項目別の評点を表 6-5 に示す。また、調査票の質問3の集計結果から算定された各評価基準毎の重要度（重み）を 表 6-6 に示す。

表 6-6　林内景観選好性に対する重要度評価結果

		人工林	天然生林	森林全体
評価基準（上位）	多様性	0.250	0.206	0.233
	明るさ	0.246	0.268	0.254
	傾　斜	0.156	0.178	0.164
	音　響	0.173	0.201	0.183
	壮大さ	0.175	0.146	0.165
評価基準（中位）	樹　種	0.325	0.339	0.330
	調和度	0.371	0.430	0.393
	立木の大きさ	0.304	0.231	0.276
	林内整備度	0.542	0.493	0.524
	林床整備度	0.458	0.507	0.476
	自然性	0.345	0.393	0.363
	緑陰度	0.312	0.274	0.298
	活力度	0.343	0.333	0.339
評価基準（下位）	水　系	0.428	0.482	0.448
	特徴木	0.289	0.279	0.285
	歩　道	0.283	0.236	0.266

1.3.3.　数量化Ⅰ類による評価

数量化Ⅰ類は、質的データから量的に測定される外的基準に対する予測・説明を目的として用いられるが、本研究では、図 6-1 の目的組織表の評価基準の内、水系・歩道・特徴的立木の有無（レベル 4）、林床の整備度（レベル 3）及び傾斜・明るさ（レベル 2）を説明変数、景観選好度（前述の AHP 法から算定された％換算の選好度値）を外的基準とした解析を行う。

1.3.4.　一対比較法による評価

比較対象となるペアのサンプルの選好性を評定させ、その統計処理により各サンプルの選好尺度値を構成する手法であるが、ここでは、Thurstone の比較判断法則の CaseV モデル（判断分布の等分散性を仮定するモデル）を導入した（増山・小林 1989）。

1.4.　解析結果

1.4.1.　AHP 法による解析結果

目的組織表の各レベルの景観構成要素に対する評価結果を 表 6-7 に、人工林・天然生林別の評価結果を 表 6-8 に示す。

表 6-7 中位評価基準別の評価結果

	評価基準	多様性				壮大さ			
		樹種	調和度	立木の大きさ	総合点	自然性	緑陰度	活力度	総合点
人工林対象	重要度	0.325	0.371	0.304		0.345	0.312	0.343	
	プロットA	0.027	0.019	0.019	0.065	0.020	0.046	0.037	0.103
	B	0.061	0.026	0.012	0.099	0.042	0.046	0.024	0.112
	C	0.029	0.055	0.038	0.122	0.067	0.046	0.043	0.156
	D	0.008	0.031	0.008	0.047	0.024	0.018	0.014	0.056
	E	0.011	0.010	0.021	0.042	0.007	0.006	0.009	0.022
	F	0.031	0.035	0.043	0.109	0.031	0.018	0.039	0.088
	G	0.046	0.042	0.064	0.152	0.044	0.046	0.064	0.154
	H	0.020	0.040	0.012	0.072	0.018	0.018	0.024	0.060
	I	0.019	0.027	0.018	0.064	0.010	0.011	0.014	0.035
	J	0.011	0.011	0.006	0.028	0.014	0.010	0.009	0.033
	理想像	0.061	0.075	0.064	0.200	0.067	0.046	0.064	0.177
天然生林対象	重要度	0.339	0.430	0.231		0.397	0.274	0.333	
	プロットA	0.038	0.030	0.015	0.083	0.028	0.020	0.026	0.074
	B	0.065	0.082	0.044	0.054	0.081	0.072	0.069	0.222
	C	0.023	0.042	0.017	0.082	0.036	0.020	0.016	0.072
	D	0.065	0.072	0.046	0.183	0.089	0.043	0.696	0.201
	E	0.018	0.049	0.015	0.082	0.020	0.017	0.026	0.063
	F	0.065	0.055	0.046	0.166	0.051	0.030	0.059	0.140
	理想像	0.065	0.099	0.046	0.210	0.089	0.072	0.069	0.230

	評価基準	明るさ			調和度			
		林内整備	林床整備	総合点	水系	特徴木	歩道	総合点
人工林対象	重要度	0.542	0.458		0.428	0.289	0.283	
	プロットA	0.022	0.051	0.073	0.018	0.016	0.018	0.052
	B	0.059	0.040	0.099	0.034	0.010	0.026	0.070
	C	0.074	0.019	0.093	0.026	0.067	0.054	0.147
	D	0.028	0.019	0.047	0.019	0.010	0.054	0.083
	E	0.043	0.043	0.086	0.011	0.009	0.007	0.027
	F	0.043	0.038	0.081	0.035	0.033	0.026	0.094
	G	0.066	0.027	0.093	0.058	0.048	0.007	0.113
	H	0.074	0.065	0.139	0.082	0.016	0.010	0.108
	I	0.048	0.071	0.119	0.056	0.016	0.011	0.073
	J	0.010	0.013	0.023	0.007	0.006	0.016	0.029
	理想像	0.074	0.071	0.145	0.082	0.067	0.054	0.203
天然生林対象	重要度	0.493	0.507		0.482	0.279	0.236	
	プロットA	0.041	0.031	0.072	0.017	0.035	0.017	0.069
	B	0.098	0.064	0.162	0.109	0.065	0.017	0.191
	C	0.049	0.069	0.118	0.025	0.042	0.030	0.097
	D	0.055	0.064	0.119	0.109	0.017	0.041	0.167
	E	0.055	0.040	0.095	0.075	0.021	0.017	0.113
	F	0.098	0.119	0.217	0.038	0.032	0.057	0.127
	理想像	0.098	0.119	0.217	0.109	0.065	0.057	0.231

表 6-8 上位評価基準に対する評価結果

		明るさ			調和度			
	評価基準	林内整備	林床整備	総合点	水系	特徴木	歩道	総合点
人工林対象	重要度	0.542	0.458		0.428	0.289	0.283	
	プロットA	0.022	0.051	0.073	0.018	0.016	0.018	0.052
	B	0.059	0.040	0.099	0.034	0.010	0.026	0.070
	C	0.074	0.019	0.093	0.026	0.067	0.054	0.147
	D	0.028	0.019	0.047	0.019	0.010	0.054	0.083
	E	0.043	0.043	0.086	0.011	0.009	0.007	0.027
	F	0.043	0.038	0.081	0.035	0.033	0.026	0.094
	G	0.066	0.027	0.093	0.058	0.048	0.007	0.113
	H	0.074	0.065	0.139	0.082	0.016	0.010	0.108
	I	0.048	0.071	0.119	0.056	0.016	0.011	0.073
	J	0.010	0.013	0.023	0.007	0.006	0.016	0.029
	理想像	0.074	0.071	0.145	0.082	0.067	0.054	0.203
天然生林対象	重要度	0.493	0.507		0.482	0.279	0.236	
	プロットA	0.041	0.031	0.072	0.017	0.035	0.017	0.069
	B	0.098	0.064	0.162	0.109	0.065	0.017	0.191
	C	0.049	0.069	0.118	0.025	0.042	0.030	0.097
	D	0.055	0.064	0.119	0.109	0.017	0.041	0.167
	E	0.055	0.040	0.095	0.075	0.021	0.017	0.113
	F	0.098	0.119	0.217	0.038	0.032	0.057	0.127
	理想像	0.098	0.119	0.217	0.109	0.065	0.057	0.231

表 6-9 景観選好度を外的基準とした場合の数量化 I 類分析結果

要因	カテゴリー	サンプル数	与えるべき数量	偏相関係数	レンジ
水系	有	5	5.67506	0.447037	8.25463
	無	11	−2.57957		
歩道	有	11	7.71933	0.853655**	24.70183
	無	5	−16.9825		
傾斜	急	6	−3.91822	0.811085**	29.83838
	普通	7	−6.60058		
	緩	3	23.2378		
林床密度	疎	7	0.508888	0.438647	10.00568
	中	5	−4.84277		
	密	4	5.16291		
相対照度 (%)	～1	7	−0.73901	0.808414**	54.2257
	1～10	7	1.14831		
	10～20	1	−28.5454		
	20～	1	25.6803		
特徴木	有	8	0.614838	0.0962687	1.229676
	無	8	−0.614838		

定数項：51.8282　重相関係数：0.944959**　＊＊：1％水準で有意

1.4.2. 数量化Ⅰ類による解析結果

6つの景観構成要素を説明変数、景観選好度を外的基準とした評価結果を**表6-9**に示す。

1.4.3. 一対比較法による解析結果

ThurstoneのCase Ⅴモデルを用いて算定した人工林・天然生林別の選好尺度値を**表6-10、11**に示す。ただし、表中のM_jおよびαは、

$$M_j = \sum_{k=1}^{n} P_{jk} / n \ \{n: サンプル数\} \qquad \alpha = 負の最大尺度値の絶対値$$

表6-10 人工林に対する景観選好性に関する比率行列

j/k	No.1	No.2	No.3	No.4	No.5	No.6	No.7	No.8	No.9	No.10
No.1	0.50	0.86	0.10	0.82	0.64	0.54	0.58	0.24	0.36	0.46
No.2	0.14	0.50	0.12	0.54	0.22	0.30	0.34	0.14	0.26	0.32
No.3	0.90	0.88	0.50	0.92	0.74	0.78	0.78	0.46	0.62	0.86
No.4	0.18	0.46	0.80	0.50	0.30	0.44	0.40	0.16	0.26	0.34
No.5	0.35	0.78	0.26	0.70	0.50	0.54	0.50	0.40	0.34	0.50
No.6	0.46	0.70	0.22	0.56	0.46	0.50	0.52	0.18	0.36	0.50
No.7	0.42	0.66	0.78	0.60	0.50	0.48	0.50	0.16	0.44	0.56
No.8	0.76	0.86	0.54	0.86	0.96	0.82	0.84	0.50	0.64	0.78
No.9	0.64	0.74	0.38	0.74	0.66	0.64	0.56	0.36	0.50	0.66
No.10	0.54	0.68	0.14	0.66	0.55	0.50	0.44	0.22	0.34	0.50
ΣP_{jk}	4.90	7.12	3.12	6.90	5.48	5.54	5.46	2.46	4.12	5.48
j/k	No.1	No.2	No.3	No.4	No.5	No.6	No.7	No.8	No.9	No.10
No.1	0.00	1.08	−1.28	0.92	0.36	0.10	0.20	−0.71	−0.36	−0.10
No.2	−1.08	0.00	−1.18	0.10	−0.77	−0.52	−0.41	−1.08	−0.64	−0.46
No.3	1.28	1.18	0.00	1.41	0.64	0.77	−0.77	−0.10	0.31	0.80
No.4	−0.92	−0.10	1.41	0.00	−0.52	−0.15	−0.25	−1.08	−0.64	0.41
No.5	−0.36	0.77	−0.64	0.52	0.00	0.10	0.00	−1.75	−0.41	0.00
No.6	−0.10	0.52	−0.77	0.15	−0.10	0.00	0.05	−0.92	−0.36	0.00
No.7	−0.20	0.41	0.77	0.25	0.00	−0.05	0.00	−0.99	−0.15	0.15
No.8	0.71	1.08	0.10	1.08	1.75	0.91	0.99	0.00	0.36	0.77
No.9	0.36	0.64	0.31	0.64	0.41	0.36	0.15	−0.36	0.00	0.41
No.10	0.10	0.47	−1.08	0.41	0.00	0.00	−0.15	−0.77	−0.41	0.00
ΣP_{jk}	−0.21	6.05	−5.79	5.48	1.77	1.52	−0.19	−7.76	−2.31	−0.44
M_j	−0.21	0.61	−0.58	0.55	−0.18	0.15	−0.02	0.78	−0.23	0.04
$M_j+\alpha$	0.76	1.38	0.20	1.32	0.95	0.93	0.76	0.00	0.54	0.82
割合(%)	55	100	14	96	69	67	55	0	39	59
	〈〈			$\alpha=0.7756$			〉〉			

表6-11 天然生林に対する景観選好性に関する比率行列

j/k	No.1	No.2	No.3	No.4	No.5	No.6
No.1	0.50	0.60	0.68	0.62	0.90	0.84
No.2	0.40	0.50	0.50	0.50	0.96	0.86
No.3	0.32	0.50	0.50	0.44	0.84	0.66
No.4	0.38	0.50	0.56	0.50	0.90	0.70
No.5	0.10	0.04	0.16	0.10	0.50	0.24
No.6	0.16	0.14	0.34	0.30	0.76	0.50
ΣP_{jk}	1.86	2.28	2.74	2.46	4.86	3.80

j/k	No.1	No.2	No.3	No.4	No.5	No.6
No.1	0.00	0.25	0.47	0.31	1.28	0.99
No.2	−0.25	0.00	0.00	0.00	1.75	1.08
No.3	−47	0.00	0.00	−0.15	0.99	0.41
No.4	−0.31	0.00	0.15	0.00	1.28	0.52
No.5	−1.28	−1.75	−0.99	−1.28	0.00	−0.71
No.6	−0.99	−1.08	−0.41	−0.52	0.71	0.00
ΣP_{jk}	−3.30	−2.58	−0.79	−1.65	6.02	2.30
M_j	−0.55	−0.43	−0.03	−0.28	1.00	0.38
$M_j+\alpha$	0.00	0.12	0.52	0.28	1.55	0.93
割合(％)	0	8	69	34	100	60
	〈〈		$\alpha=0.5502$		〉〉	

1.5. 考　察

1.5.1. 森林内景観構成要素の選好性

　AHP法による解析結果を見ると、重要度の値は、明るさ：0.233、多様性：0.254、傾斜：0.164、音響：0.183、壮大さ：0.165となっており、林内の景観構成要素として、「明るさと多様性」といった知覚的条件が最も重要視されていることがわかる。また、「明るさ」の下位評価基準に対して、「林内の整備度」の重要度が「林床の整備度」の重要度より高い評価が与えられたことは、数量化Ⅰ類の解析結果で、相対照度20％以上の林内が高い評価を得ていることと共通している。このことより、林内のうっ閉度に関係した透過陽光の大小が、林内景観の選好度に大きく影響していることが推測される。次に、「多様性」について見ると、下位評価基準の「周辺の調和度」が、「樹種」や「立木の大きさ」に対する重要度より高くなっている。このことは、林分（人工林・天然生林）や樹齢（樹高・胸高直径）の違いよりも、最下位評価基準である「水系・歩道の有無」の方

が、景観構成要素として重要であることを意味している。特に、これらの中でも「水系」の存在に対する重要度が高いことは、水系が林内の生物圏のイメージと強く結びつき、時間的・空間的に変化に富んだ移行性の景観要素であるとみなされることを想起させる。「傾斜」については、緩傾斜ほど好まれる傾向があるが、斜面との距離として知覚される圧迫感、歩行に伴う生理的負担感等のイメージが、数字として現れているものと考えられる。「音響」についても、比較的高い評価がされた。特に、沢沿いのプロットにおいてその傾向が顕著である。当然のことながら、この結果は、水系の存在との関係から類推されるが、水系に対する選好度は、視覚と聴覚との同時反応的な相互作用によるものと言える。「壮大さ」は、林内の相対照度とも関係していると考えられるが、林内空間の見通しの良さに左右される傾向がある。

次に、数量化Ⅰ類による評価結果を見ると、偏相関係数の高い方から順に、「歩道の有無：0.8537」、「傾斜：0.8111」、「相対照度：0.8084」となっており、これらが景観選好性に対して重要な構成要素であることがわかる。以下、「水系の有無：0.4470」、「林床の整備度：0.4386」と続き、この2構成要素もかなり影響している。これに対して、「特徴的立木の有無」は、偏相関係数0.0963とほとんど影響していない。説明変数の各カテゴリーに付与する数量を見てみると、歩道・水系の要素とも、「有り」の方が好ましいという結果を示している。傾斜については、「緩」が最も好ましく、「普通」より「急」の方が若干好ましいという結果が得られた。林床の密度は、「中」、「疎」、「密」の順で、相対照度は、「10％〜20％」、「〜1％」、「1％〜10％」、「20％〜」の順で選好度が高くなっている。傾斜や林床密度のカテゴリー評価結果は、林内景観の選好性として、ある程度の、いわゆる「森林度」が求められることを意味している。

1.5.2. 現地調査及び景観写真評価結果の比較

調査票による現地での景観選好性評価、及び景観写真による評価結果を対比させたものが表6-12である。まず、現地を対象としたAHP法による結果と達観的な選好度判定（質問1）を比較すると、評価の高いものと低いものに対しては、類似した傾向が見られる。しかし、中間に位置しているものに対しては、若干の違いが認められた。この理由として、達観的判定では、一般に選好性のイメージが先行してしまい、具体的な評価項目との不整合が生じるためである

表 6-12 人工林／天然生林におけるプロット・分析方法別評価

人 工 林										
プロット 分析法	A	B	C	D	E	F	G	H	I	J
I	1.375	1.571	1.400	0.0	−0.375	0.875	1.625	1.125	0.625	−0.750
(％)	89	98	91	32	16	68	100	79	58	0
II	0.070	0.117	0.107	0.081	0.043	0.077	0.106	0.101	0.089	0.044
(％)	36	100	86	51	0	46	85	78	62	1
III	0.177	0.548	−0.231	0.152	−0.776	0.044	−0.019	−0.021	0.605	−0.579
(％)	69	96	39	67	0	59	55	55	100	14

天 然 生 林						
プロット 分析法	A	B	C	D	E	F
I	0.125	1.778	−0.375	1.750	−0.375	1.000
(％)	23	100	0	99	0	64
II	0.068	0.195	0.108	0.179	0.063	0.149
(％)	4	100	34	88	0	65
III	−0.275	1.003	−0.030	0.384	−0.430	−0.550
(％)	34	100	69	60	8	0

I：感覚的判定
II：現地調査判定
III：写真判定
(％)：最高点を100％とする

と考えられる。景観写真による評価は、「景観の見通し」と「水系等の変化」を与える構図が選好性に左右することを示している。一般に、伐採跡地は景観構成要素としてマイナスのイメージを与えるが、見通しの良好な構図の写真上では、必ずしも低い評価を与えてはいない。一方、林分については、森林景観らしさの強いと思われる複層林よりも、林層が整然とした一斉林の方が高い評価を与える傾向があった。これらの結果は、景観構成要素の選好性が、静的な視覚空間のみを媒体として評価される時と、動的な行動空間での聴覚や嗅覚を含む総合知覚で評価される時とで、若干異なることを意味している。

2. デルファイ法による中・遠景的森林景観条件の評価

2.1. はじめに

森林景観は、立地条件やその森林構成、施業法や収穫・伐採方式等により多様な様相を呈し、その景観構造も時間的・空間的(四季の移り変わりに伴う周期

的景観変化、経年的な保育作業・主間伐作業に伴う中・長期的林分構造変化)に推移するという時系列的な変化特性を持つ。一方、この被視対象としての森林景観の選好性は、見る者の主観や個人差に大きく影響され、その景観評価は一義的に決定されないという問題がある。前章では、この問題に対して、主として森林内景観(林内行動空間)を対象とした景観構成要素とその被視条件としての選好性について議論した。本節では、さらにその景観構造をマクロ的に把握し、中・遠景の視覚空間スケールで知覚される森林景観の被視条件の選好性について、デルファイ法(Delphi method)を応用した森林景観写真解析を試みた。

2.2. 森林景観写真を用いた中・遠景スケールでの被視条件評価

中・遠景的な森林景観を解析するに当たって用いられる手法として、スケッチ(風景画)を用いた方法、スライド・景観写真を用いた方法、PREVIEW(Myklestad 1976)、PERSPECTIVE PLOT(Twito 1978)、PLANS(Twito et al. 1987)といったコンピュータ・グラフィック・シミュレーションを用いた方法などがある。本研究では、①相互に比較対照可能な多種多様な景観要素を含む森林景観ができるだけ多く得られること、②地形図や航空写真を用いた被視条件についての図上解析・評価が行えること、③現地踏査による現場の再現性が確実に実行出来ること等を考慮して、景観写真を用いた被視条件の解析法をとった。なお、中・遠景の視覚スケールで捉えられる森林景観の広がりは、眺望地点からの距離によってその範囲が与えられるが、ここでは、数百メートルから数キロメートルの距離で撮影される視界領域を、中・遠景の一つの目安とした。解析に用いた景観写真は、上述の条件を満たすいくつかの候補地について、現地での景観調査(林分、森林区画、水系、道路・建物等の人工構造物、伐区・保護樹帯等)及び地形図・航空写真による図上判読(眺望点、視界領域等)から決定された対象地点で撮影されたもので、各対象地点十数枚の写真の中から、その景観の特徴を最も良く再現していると思われるものを選定した。

2.3. デルファイ法による被視条件の選好性評価

デルファイ法(相川 1990)は、不確実性問題に対する将来の予測や指針、あるいは何らかの達観的判断を求めたいといった場合の意志決定法の一つであり、

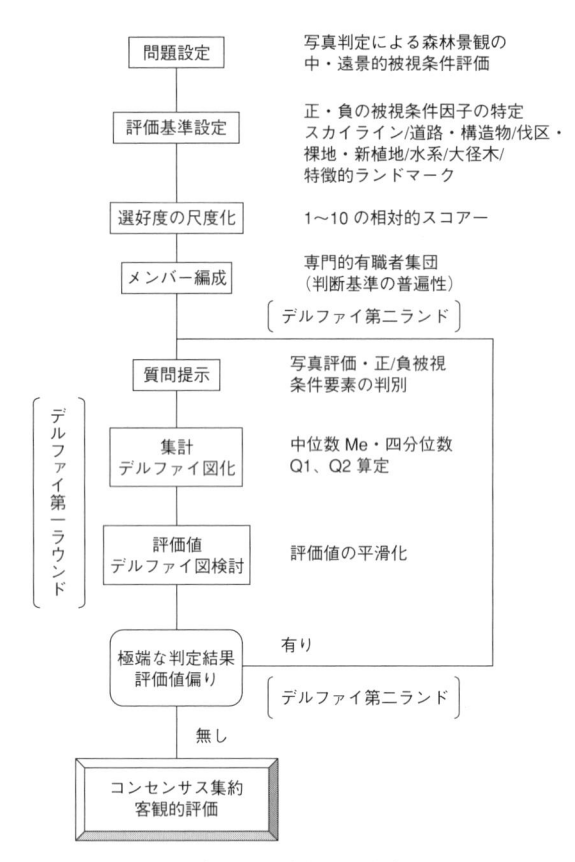

図6-2 デルファイ法を用いた解析のフロー

```
問題設定 ── 写真判定による森林景観の
           中・遠景的被視条件評価

評価基準設定 ── 正・負の被視条件因子の特定
              スカイライン/道路・構造物/伐区・
              裸地・新植地/水系/大径木/
              特徴的ランドマーク

選好度の尺度化 ── 1～10の相対的スコアー

メンバー編成 ── 専門的有識者集団
              (判断基準の普遍性)
              [デルファイ第二ランド]

質問提示 ── 写真評価・正/負被視      ┐
           条件要素の判別            │
                                    │
集計                                 │
デルファイ図化 ── 中位数Me・四分位数   │ デルファイ
                Q1、Q2算定           │ 第一ラウンド
                                    │
評価値                               │
デルファイ図検討 ── 評価値の平滑化    ┘

極端な判定結果 ── 有り
評価値偏り        [デルファイ第二ランド]
    │
    無し
    ↓
コンセンサス集約
客観的評価
```

専門家や有識者の意見を、初めに質問書に対する回答の形式で引き出し、次いで、その回答及び理由を統計的に処理・集計(中位数と四分位数表示)したものを、新たな情報として与え、同一質問に対する再考・修正を促し、極端な意見や判断を段階的に排除していくものである。このプロセスを繰り返すことにより、複数の専門家の意見を出来るだけ収斂させ、意志決定を客観的な方向へ導くことが可能となる。本研究でデルファイ法を応用したのは、森林景観の被視条件要因に対して、出来るだけ個人差や選好性の偏りを排除し、比較的共通の認識や基礎知識を持つ専門分野からの安定した評価を求めたからである。そのため、ここでは被験者として、森林資源学部の教官・院生・学生を対象として、

デルファイ法によるアンケート調査を行った。解析に用いた森林景観写真は41枚で、写真番号を記した別紙にそれぞれ貼付した。アンケートの質問内容として、質問1は、各景観写真に対して被験者が感じた選好性の評価を、最も好ましいものから好ましくないものまで10段階の評点を与えるもので、質問2は、その評価をするにあたって最も重点を置いた要因について記述してもらい、それが選好性としてプラスに作用したか、あるいは、マイナスに作用したかを区分してもらった。集計処理は、各景観写真に対して与えられた評点を大小順に並び変え、回答の頻度が丁度総数を2分する所の回答値を中位数(メジアン：Me)、回答の頻度が上下4分の1になる所の回答値を四分位数(Q1, Q3)とする方式である。このようにして得た第一回目の集計結果を被験者に提示し、再度同じ質問に回答してもらった。通常、デルファイ法の繰り返し回数は二回以上行われるが、本研究では、このプロセスを二回行った所で、ほぼ意見の収束があった。以上のデルファイ法を用いた解析方式の流れを**図6-2**に模式的に示す。

2.4. 評価結果

まず、被験者を11人とした場合のデルファイ第一ラウンドの評価結果を示したのが**表6-13**であり、その違いをデルファイ図によって比較したものが**図6-3**である。次に、被験者を18人に増やした場合の結果をラウンド別にデルファイ図化したものが**図6-4**で、第二ラウンドの集計評価が**表6-14**である。表及び図より、各景観写真の評価結果に対する被験者数の違いによる差はほとんど認められないこと、**図6-4**のデルファイ図から、第二ラウンドでは各景観写真の四分位数の変動幅が絞られ、その評価が中位数に集中してくることが理解される。さらに、各景観写真をその中に含まれる被視条件因子毎にグループ化し、被験者18人の場合の評価結果をデルファイ図化したものが**図6-5**である。ここでは、A：道路・建物等の人工構造物、B：伐開線・伐区、C：A～Eの因子を含まないもの、D：水系、E：特徴的大径木の5グループに大別した。この図より、グループ毎の選好性の違いが評価値に良く反映していること、評価の低いグループほどバラツキも多いことがわかる。以上の評価結果については、次の考察部分でさらに詳細に検討する。

表6-13　11人のメンバー編成の場合の評価結果

サンプル写真番号	中位数 Me	四分位数 Q1	四分位数 Q3	平均 μ	標準偏差 σ	変動係数 CV(%)
1	5	3	6	4.64	1.63	35.13
2	5	4	7	5.64	1.69	29.96
3	7	6	8	7.27	1.01	13.89
4	5	4	6	5.18	1.47	28.38
5	7	5	8	6.00	2.19	36.50
6	7	7	8	7.09	1.87	26.38
7	5	4	7	5.55	1.37	24.68
8	7	5	7	6.27	1.56	24.88
9	3	3	4	3.73	1.49	39.95
10	5	3	6	4.82	1.60	33.20
11	6	5	8	6.45	1.21	18.76
12	7	6	8	6.73	1.01	15.01
13	8	7	8	7.82	1.08	13.81
14	5	4	7	5.18	1.47	28.38
15	4	3	5	4.18	2.04	48.80
16	4	2	5	3.82	1.99	52.09
17	4	2	4	3.36	1.57	46.73
18	6	4	7	5.45	2.21	40.55
19	7	6	8	7.00	1.61	23.00
20	8	6	9	7.45	1.57	21.07
21	5	4	6	5.27	2.00	37.95
22	6	5	7	6.27	2.20	35.09
23	3	2	6	3.91	2.02	51.66
24	6	5	7	6.00	1.48	24.67
25	6	5	7	5.82	1.33	22.85
26	6	4	6	5.27	1.35	25.62
27	5	4	7	5.00	1.90	38.00
28	7	7	8	7.36	1.03	13.99
29	7	5	8	6.36	1.57	24.69
30	9	8	9	8.82	0.75	8.50
31	5	3	6	4.46	2.06	44.40
32	4	3	6	4.36	1.50	34.40
33	4	4	5	4.18	1.33	31.82
34	5	3	6	4.91	1.81	36.86
35	7	6	7	6.64	1.36	20.48
36	7	7	8	7.64	1.12	14.66
37	7	6	8	7.09	1.22	17.21
38	5	5	6	5.18	1.33	25.68
39	7	5	8	6.73	1.49	22.14
40	4	4	6	4.73	1.10	23.26
41	7	6	9	7.00	2.00	28.57

図 6-3　被験者 11 人の場合のデルファイ図

図 6-4　被験者 18 人の場合のデルファイ図

2.5. 考　察

　デルファイ図で示される図形パターンは、評価の曖昧さの程度を示しており、中位数の位置と四分位数の変動幅により選好性の特徴を模式的に把握できる。まず、被視条件因子別にグループ化した評価結果は、A グループと B グループは一様に評価が低くなっており、C グループは両者に比べてかなり高い評価が

表 6-14　18人のメンバー編成の場合の評価結果

サンプル写真番号	中位数 Me	四分位数 Q1	Q3	平均 μ	標準偏差 σ	変動係数 CV(%)
1	5	4	5	4.78	1.06	22.18
2	5.5	5	6	5.56	1.25	22.48
3	7	6	8	7.11	1.02	14.35
4	5	4	6	5.11	1.18	23.09
5	6	5	7	6.17	1.34	21.72
6	7	6	8	6.89	1.41	20.46
7	6	5	7	5.89	1.32	22.41
8	7	6	7	6.78	0.81	11.95
9	3.5	3	4	3.61	1.42	39.34
10	5	4	7	5.44	1.58	29.04
11	6.5	6	7	6.44	1.10	17.08
12	7	6	8	7.00	1.03	17.71
13	7.5	7	8	7.44	1.42	19.09
14	5	4	6	4.72	1.36	28.81
15	4	3	5	3.61	1.50	41.55
16	4	3	5	4.11	1.75	42.58
17	4	3	5	3.83	1.25	32.64
18	6	5	8	6.22	1.63	26.21
19	7	6	8	7.00	1.61	20.03
20	7.5	6	8	7.33	1.14	15.55
21	5.5	4	7	5.33	1.50	28.14
22	6	5	7	6.11	1.68	27.50
23	3	2	4	3.28	1.45	44.21
24	5.5	5	7	5.78	1.40	24.22
25	5	4	6	5.17	1.51	29.21
26	5	4	6	5.06	1.35	26.68
27	4	4	5	4.00	1.41	35.25
28	7	6	8	7.22	1.35	18.70
29	6	5	7	6.11	1.13	18.49
30	8.5	8	9	8.33	1.14	13.69
31	4	3	5	3.89	1.49	38.30
32	4	4	6	4.72	1.18	25.00
33	4	3	5	3.89	0.96	24.68
34	4	4	5	4.39	1.09	24.83
35	6	6	7	6.56	0.98	14.94
36	7	7	8	7.11	0.83	11.67
37	7	6	7	6.89	0.76	11.03
38	5	5	6	5.218	0.67	12.69
39	6	5	7	6.06	1.47	24.26
40	5	4	5	4.83	0.92	19.05
41	7	6	9	7.28	1.53	21.02

されている。特に、Dグループは最も高い評価を得ている。Eについて対象景観写真が一枚のみであり、一般的な傾向については言及されない。各グループ別の景観写真中の被視条件因子を、さらに細かく分類してみると、比較的面積の大きな皆伐区はかなりマイナスの影響を及ぼし、次いで、鉄塔や高圧線等の人工構造物も同様に影響している。山肌に見える道路に関しては、引き裂き線が長く見えるものは、前者の人工構造物と同様な評価を受けているが、比較的短い引き裂き線については、小面積の伐区の場合と同様、その影響は顕著ではない。森林のみの景観写真では、山の稜線の重なりが多く、稜線そのものの起伏が大きいものほど好まれる傾向がある。これは、いわゆる奥行きを感じさせる景観を意味している。水系（沢や谷）を含む景観写真に対しては、特に高い評価が与えられており、この場合、デルファイ図の変動幅も何れの写真でも狭い。この結果は、前節で議論した森林内の景観構成要素の選好性の分析結果とも一致しており、水系が森林内外の景観の選好度を大きく左右することがわかる。

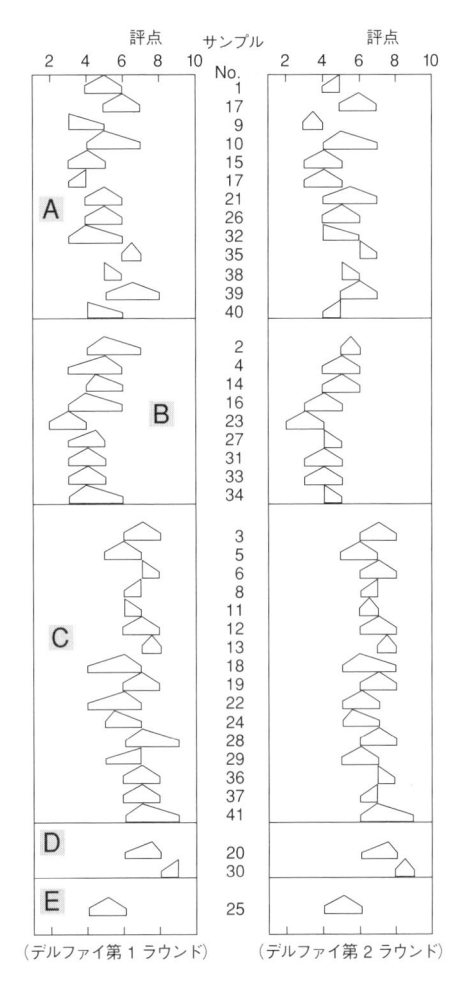

図 6-5 被視条件因子のグループ化によるデルファイ図

次に、表 6-13 及び表 6-14 で示した統計量について検討する。何れの景観写真についても、平均値−中位数、標準偏差−四分位数は良く対応しており、等

質の評価特性を与えている。これに対し、変動係数は写真毎にかなり異なった傾向を示している。18人の被験者のデルファイ第二ラウンドの結果をプロットした図 6-6 は、その変動係数のバラツキ状態から、3つのグループに大略区分することが出来ることを示している（Ⅰ：30％～Ⅱ：20～30％　Ⅲ：～20％）。Ⅰグループは、Ⅱ、Ⅲグループに比べて変動係数の散らばり具合が大きく、これに対して、Ⅲグループはその集中度が高く、Ⅱグループは両者の中庸を示している。さらに、これを横軸の平均値で区分してみると、Ⅰグループは平均値が3～4.5付近に、Ⅱグループは4.5～6.5付近に、Ⅲグループは6.5～8.0付近に集中していることがわかる。このことから、評点平均の低いもの、すなわち、被視条件としてマイナスのイメージを与えるものほど個人差や選好性が大きく反映しており、その認知に曖昧さを生じ易いこと、逆に、評点平均の高いもの、すなわち、プラスのイメージを与えるものほど選好性の偏りが小さくなり、共通的な認知度が高まることが理解される。

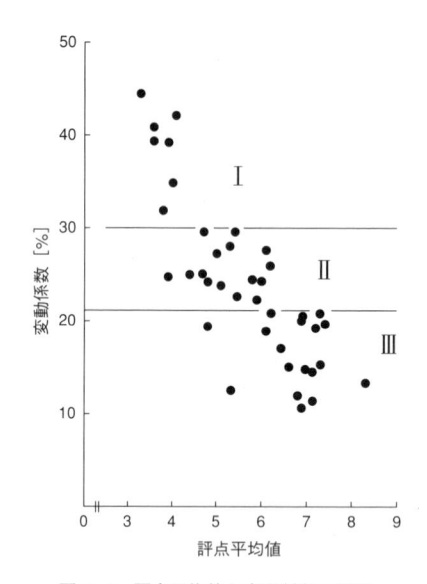

図 6-6　評点平均値と変動係数の関係

　以上、デルファイ法を応用した中・遠景の森林景観の被視条件について、景観写真評価による解析を試みた。写真イメージで表現される森林景観は、静的な対象物の空間構造として知覚されるものであり、極めて限られた一視点の映像である。それ故、本研究の被視条件の評価結果を一般化するには問題があろう。しかし、森林景観の風致的保全や改良を目指した技術的側面に対して、基礎的な情報を提供するものであると言える。

3. コンピュータグラフィックシミュレーターCGS による森林景観と伐出作業計画への応用

3.1. はじめに

パソコンやその周辺機器の普及に伴い、コンピュータグラフィックシミュレーターCGS 技法を導入した様々な景観解析法が提案されて来ており、林道網や伐採作業等の生産活動と連携した伐出作業領域での森林景観・評価法についても、近年、いくつかの試みがなされている。PREVIEW(Myklestad 1976)は、地形データと植生データの数値情報をベースに、伐採前後の森林景観変化を透視図によって表現するもので、プロッタ描画によって視覚効果のビジュアル化を図っている。Perspective Plot(Twito 1978)はこれらの機能をさらに統一的に発展させ、人工構造物を含む森林景観をカラーグラフィックにより対話的に3次元表示出来るシステムであり、景観計画の予測プロセスにおける解析技術をより実用的なものにしている。一方、森林資源の総合利用・多目的管理という観点から、GIS(Geographical Information System)を媒体とし、森林施業計画、林道網計画、伐出作業計画等に景観条件を組み込んだ新たな処理システムの開発も進められている。特に、米国の USDA の PLANS(Preliminary Logging Analysis System)(Twito et al. 1987)は、林地・林分の森林情報をデータベース化して統一的に処理し、林道開設や伐出作業に伴う様々な景観環境インパクトを、グラフィック・シミュレーションによって解析するシステムである。著者等も、林内路網による細部基盤整備計画の最適化をテーマとして、景観条件をその技術的評価基準に組み込んだ代案路網の策定法について研究を進めている(Shiba et al. 1990)。特に、TERDAS(Terra-database system)と名付けた地理・地形データ処理システムを導入した制限領域の自動判定やゾーニング法に力点を置いている。本節では、こうした経緯の中で試行錯誤的に行ってきた一連の解析方法を整理し、モデル森林を解析した事例を紹介する。

3.2. モデル森林の概要

面積457 ha の三重大学演習林は、東西4 km、南北1.7 km のほぼ長方形の一

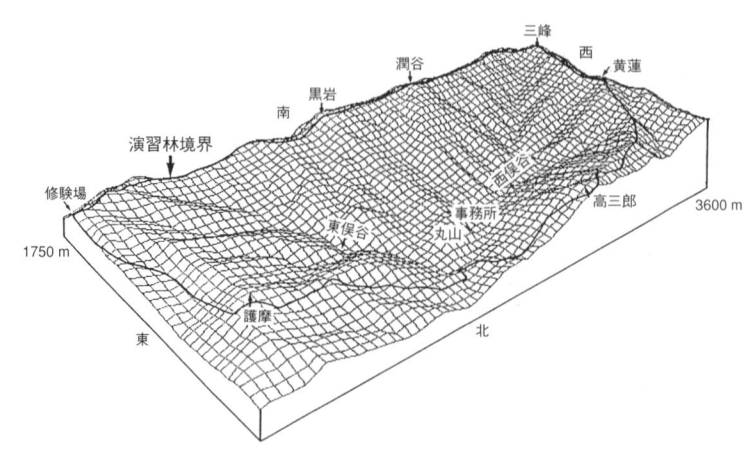

図 6-7 数値地形図より作成した当該演習林の地形ブロックダイアグラム

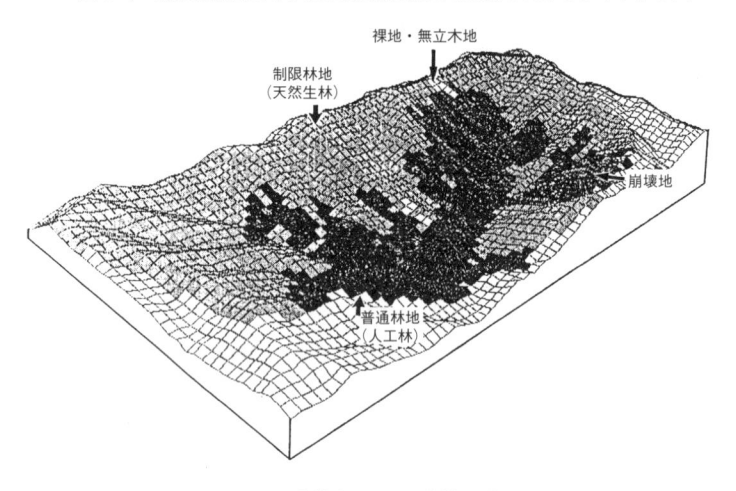

図 6-8 立体表現による森林の利用区分

団地を形成し、周囲を 1,000 m 内外の尾根に囲まれた盆地状の地形を呈している。中央部を南北に走向する丸山の尾根で、東俣・西俣の二集水域に分かれている。平均傾斜 71％ と地形は急峻で、全体の 35％ が傾斜 80％ 以上の地域である（図 6-7）。全林地面積の 57％ を占める天然生林は、人工林の一部を含めて制限林地に指定されている。一方、34％ を占める人工林は、普通林地として、その大部分がスギ・ヒノキの一斉林の若い林分である（図 6-8）。林内路網による

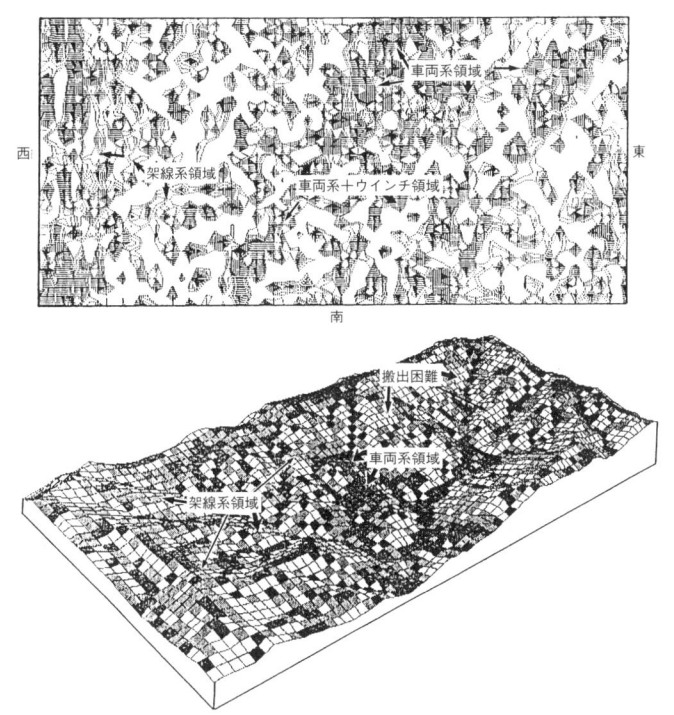

図 6-9　ボロノイ図および立体図による技術的傾斜利用区分
(−40％：車両系　−60％：車両系＋ウインチ　−80％：架線系)

基盤整備は、最近になってその進展を見せているが、西俣・東俣の両土場を基地として流域単位の生産経営領域を設定し、林道から事務所、両土場までの林道 2,060 m、林内幹線路網計画(延長：9,539 m、路網密度：20.87 m/ha)に従う西俣道の一部 800 m が開設されている。東俣の木馬道(1,190 m)を含む林内歩道 26,950 m が、現在の作業全般の主要な交通手段である。山腹傾斜に従う搬出方式別の利用面積は、車輌系 30 ％(傾斜：0〜60 ％)、架線系 35 ％(傾斜：61〜80 ％)、と算定され、基盤整備の方式が両者の組み合わせを基本とすることを示している(図 6-9)

3.3. TERDAS システムとソースデータ

TERDAS は、代案路網の配置計画の技術的支援システムとして開発してきた

評価基準	技術計画	代案計画
森林資源状況	(X)	X
施業・利用方式	(X)	X
所有形態・細分割状況	X	(X)
地形・林況条件	X	—
現状の基盤整備状況	X	X
基盤整備要求・制約条件	X	(X)
基盤整備手段・規模	X	(X)
費用・収益条件	—	X
外部交通との連結性	X	—
生態系・自然環境的条件	X	X
森林風致・景観条件	X	X

( )：不確定性条件

【リモートセンシング】　【航空写真】モノクロ・カラー・赤外線　【地形図】各種主題図 経営図・林相図・地質図・土壌図等

ラスターデータ → 地形・林況データの数値化

数値地形図　数値林相図

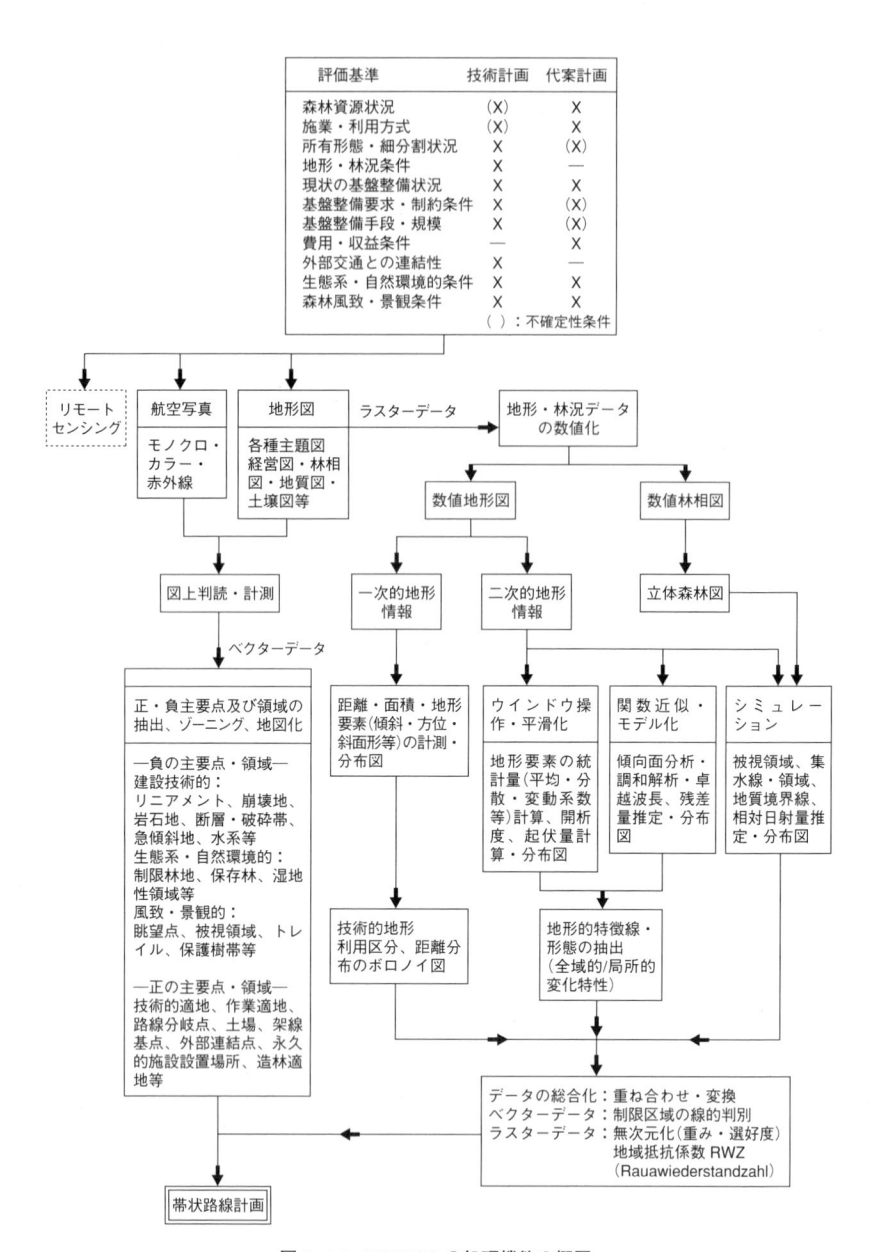

図上判読・計測　　一次的地形情報　二次的地形情報　立体森林図

ベクターデータ

正・負主要点及び領域の抽出、ゾーニング、地図化

―負の主要点・領域―
建設技術的：
リニアメント、崩壊地、岩石地、断層・破砕帯、急斜面地、水系等
生態系・自然環境的：
制限林地、保存林、湿地性領域等
風致・景観的：
眺望点、被視領域、トレイル、保護樹帯等

―正の主要点・領域―
技術的適地、作業適地、路線分岐点、土場、架線基点、外部連結点、永久的施設設置場所、造林適地等

距離・面積・地形要素（傾斜・方位・斜面形等）の計測・分布図

ウインドウ操作・平滑化
地形要素の統計量（平均・分散・変動係数等）の計算、開析度、起伏量計算・分布図

関数近似・モデル化
傾向面分析・調和解析・卓越波長、残差量推定・分布図

シミュレーション
被視領域、集水線・領域、地質境界線、相対日射量推定・分布図

技術的地形利用区分、距離分布のボロノイ図

地形的特徴線・形態の抽出（全域的/局所的変化特性）

データの総合化：重ね合わせ・変換
ベクターデータ：制限区域の線的判別
ラスターデータ：無次元化（重み・選好度）
地域抵抗係数 RWZ
（Rauawiederstandzahl）

帯状路線計画

図 6-10　TERDAS の処理機能の概要

もので、数値地形図、数値林相図、数値地形シミュレータからの地況・林況情報を基に、地形的特徴線や形態の判別、流水線モデルによる集水域のゾーニング、相対日射量分布による陰影区域の判定、任意方位の地形断面に基づく視界領域の決定、林相図の3次元表示等の機能を持つ。**図6-10**にその処理機能の概要を示す。

解析には当該演習林の1/5,000地形図、林相図、及び航空写真を用いて作成した数値地形・林相データを、TERDASのソースデータとして利用した。数値地形図は、対象地域をカバーする50 m×50 mの正方格子の交点での標高を読み取り、東西方向をX軸、南北方向をY軸とする74×36の標高マトリックスとして表し、数値林相図は、林相図及び航空写真を用いて、数値地形図と同一座標系で判読した林種を数値コード化して作成した。なお、航空写真の判読は、モノクロ・カラー写真を併用してほぼ3 mm×3 mmの単位面積で行い、3単位格子が数値地形図の1格子に対応するように設定した。一方、演習林の外周境界線、林小班、既設路網、崩壊地・裸地・構造物等は、デジタイザーを用いて自動入力し、その位置を(X, Y)座標値、地目・地種区分を(Z)座標で与えるベクターファイル方式のデータベースを編成した。

3.4. 被視条件因子の判別とゾーニング

前節で明らかになったように、森林景観の被視条件として、傾斜・起伏量分布、可視領域・頻度、日射量分布(陰影分布)、水系分布等が大きく影響する。そこで、まずこれらの条件因子をTERDASにより判別・地図化することを試みた。**図6-11**は、数値地形図に、ウインドウ処理(数値フィルター：4×4格子単位)を施して地形面を平滑化し、起伏量分布で表される地形的連続面を判別し、濃淡ドットと等値線(40 m)でゾーニングしたものである。図より、対象領域での跳望点や領域の広がり・方向等の空間表現が良く把握されることがわかる。さらに、地上の任意点(数値地形図上の格子点)からの視界領域を推定する方式を示したのが**図6-12**及び**図6-13**である。これは、選定した地点から任意方向の地形断面を作成し、一定の仰角(通常8～9°)で捉えられる視界範囲をレーダチャートにとって表現する方法である。本システムは、眺望点を数値地形図上の任意点に設定することが可能であり、眺望点を全ての格子点でスキャ

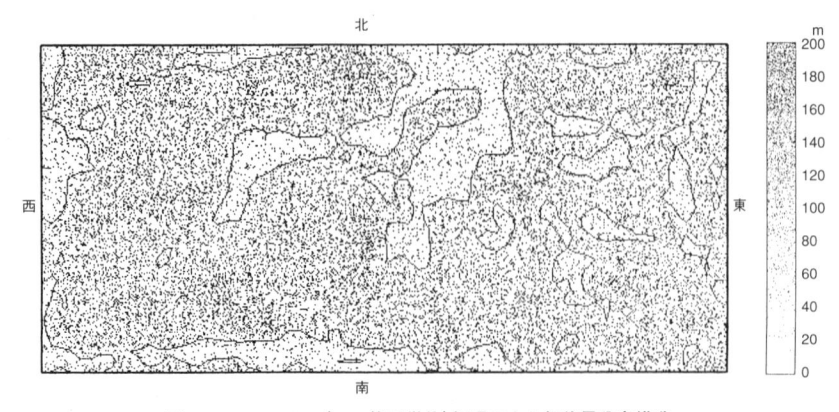

図 6-11　Window(4x4 格子単位)処理による起伏量分布構造
（等高線内：起伏量 40 以下の地域）

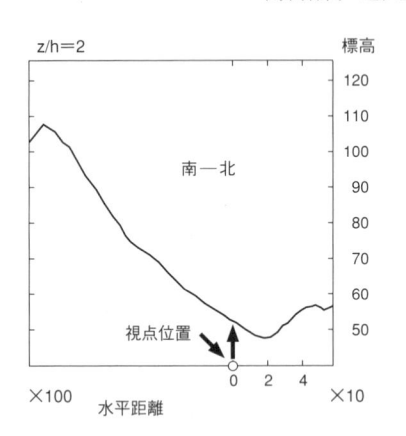

図 6-12　任意の視点位置からの地形断面
（南―北方向）

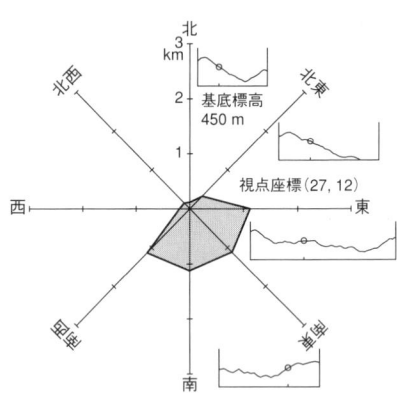

図 6-13　視界領域のレーダチャート

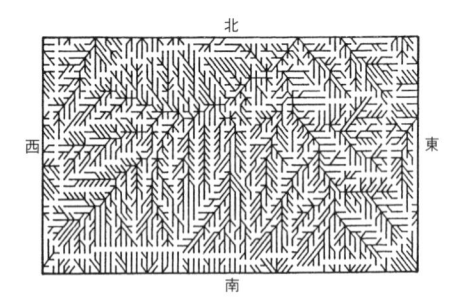

図 6-14　流水線モデル

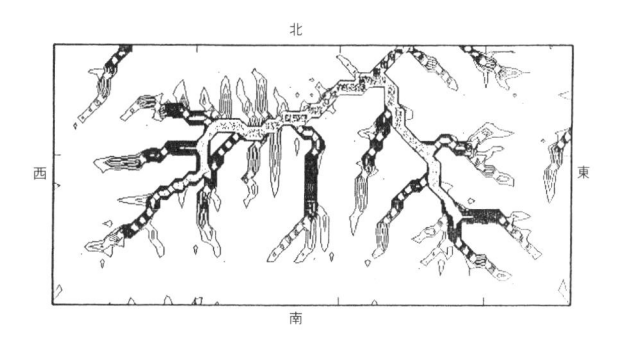

6章　森林の景観評価と保全管理　　　　　　　　　　　　　　　　129

図 6-15　1 ha 集水域のボロノイ図

1 ha 集水域

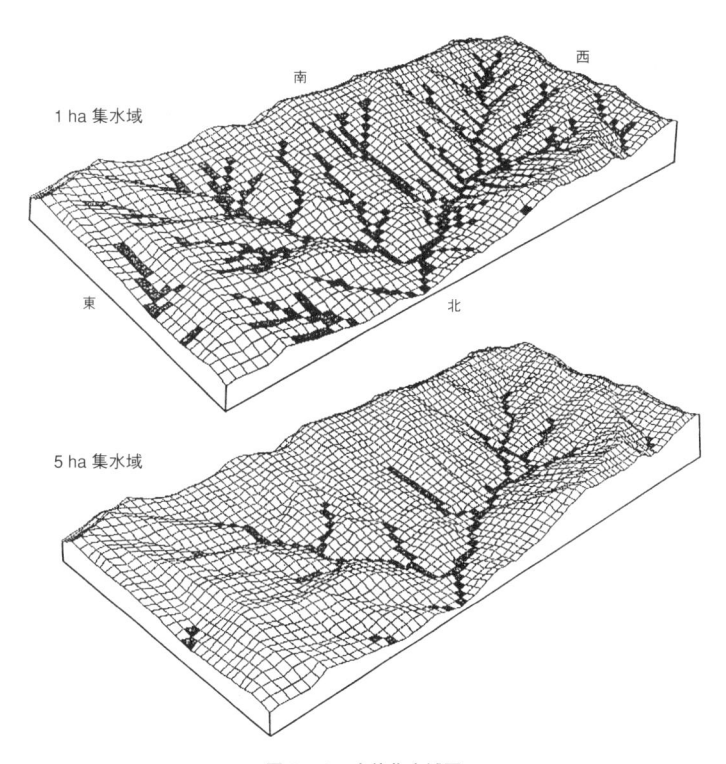

5 ha 集水域

図 6-16　立体集水域図

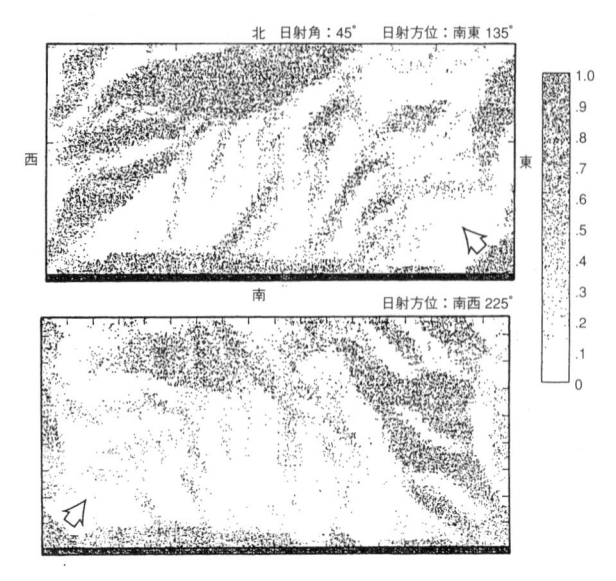

図 6-17 相対日射量分布の濃淡図化

ンすることによって、対象領域内の被視領域ポテンシャルの自動評価が行える。流水線モデル(図 6-14)から集水域をボロノイ図化し(図 6-15)、さらに、3次元の立体集水図として表したのが 図 6-16 である。測地情報としてのボロノイ図の効果に対して、立体集水図は水系分布の空間配置・構造を視覚的により把握し易いという結果を示している。次に、任意方位・高度に設定した太陽位置から地上の相対日射量を算定し、濃淡ドットで陰影分布をゾーニングしたのが 図 6-17 である。これらの図より、森林内外の陽光選好性に関した被視条件を、場所的・時間的に判定追跡することが可能である。

以上、TERDASによって解析した被視条件因子のいくつかの出力結果を示した。平面的な測地情報を立体的に表現することで、視覚的な細部空間構造を捉え易くなることかわかる。

3.5. 伐出作業空間の景観イメージモデル

当該地域の全域的な景観イメージを創出するために、ここでは二つの表現方式を試みた。一つは数値地形・林相図を格子単位で重ね合わせ、3次元的な立体

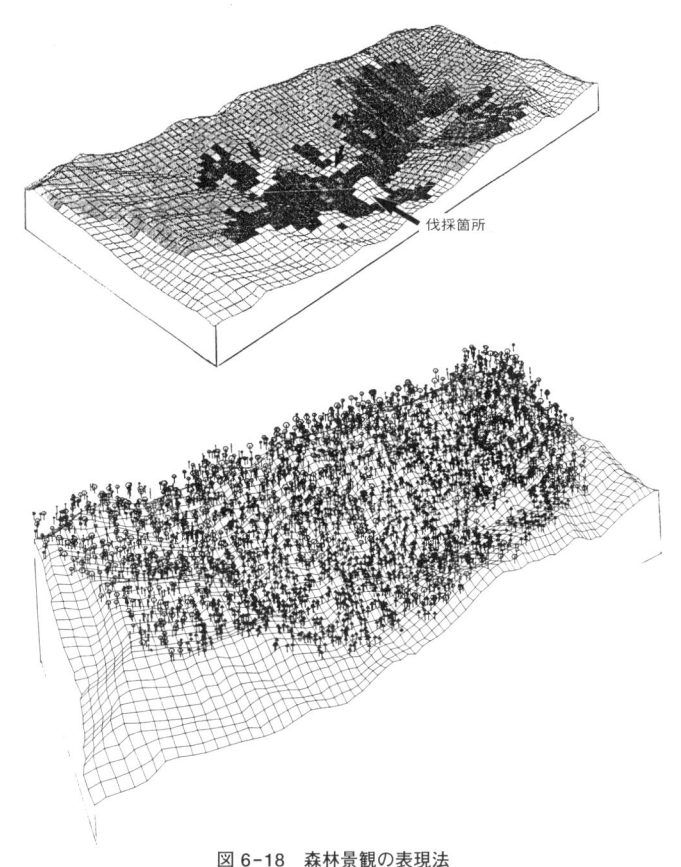

6章　森林の景観評価と保全管理　　　　　　　　　　　　131

伐採箇所

図 6-18　森林景観の表現法
(上：立体林相図　下：ブロックダイアグラム＋シンボルマーク)

森林像として、ディスプレイ上に出力させる方式であり、他はプロッタを用いて地形ブロックダイアグラム(ワイヤーフレーム)上に、樹種・地目区分で模擬的にシンボルマークでイメージ化した森林を描画する方式である。これらの景観モデル上で、上述した被視条件因子を考慮しながら、路網配置や伐区、架線や土場位置を変化させ、伐出作業空間のモデル化を試みた。**図 6-18〜21**にその解析結果のいくつかを例示する。なお、ここで導入した路網や伐出方式に関する諸条件は、当該演習林で策定されている細部基盤整備計画に基づいたものである。

林道開設前

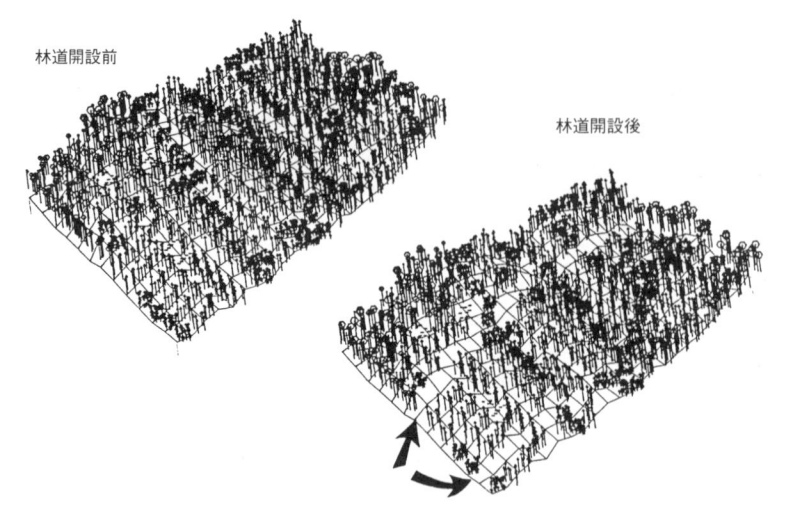

林道開設後

図6-19 シンボルマークによる森林表現
（林道開設前後の比較）

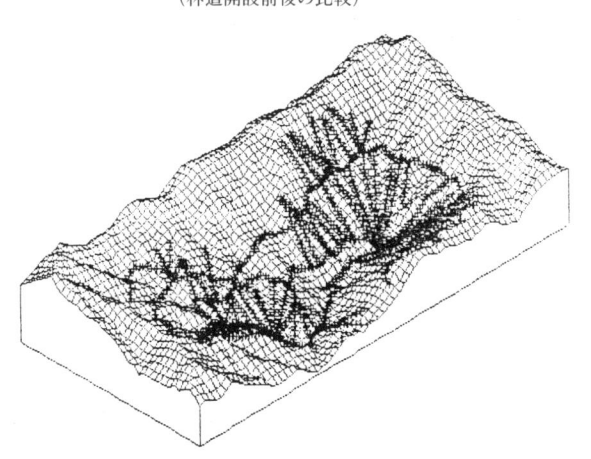

図6-20 立体地形上の路網・架線位置

　以上の結果から明らかなように、ディスプレイ上での出力方式は、地形の起伏変化に対応した森林の立体的構造や空間的位置特性が視覚的に認知しやすく表示される。また、路線位置や伐区形状を変化させながら検討する場合のように対話型の中間解析に効果的である。ここで用いている隠線処理法は、視点から最も離れた格子から順に陰面を消去する方式をとっているので、可視領域の

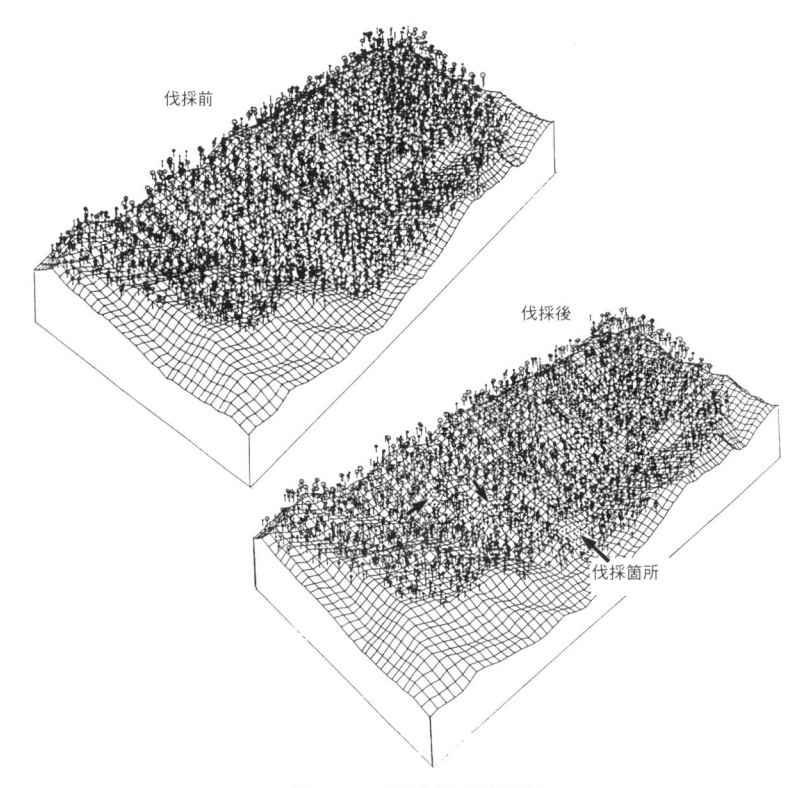

6章 森林の景観評価と保全管理　　　　　　　　　　　　　133

図 6-21　伐採前後の景観比較

格子情報の表現力が高められる。ただし問題点は、データが格子単位でのレンダリングに基づいているので、等高線型のベクターデータの処理や森林そのものの写実性が充分ではないことである。これに対して、プロッタによる出力方式はシンボルマークによる樹木の疑似的描画により、森林景観のイメージをかなり高めており、路線・伐区・土場等のプレゼンテーションもほぼ実用的なものとなっていることがわかる。一方、作業パターンや踏線位置を変化させながら比較検討する場合のような解析途中の処理や出力は不可能である。また、プロッタによる線画出力は時間がかかるという問題もある。

　最後に、ここで示した二方式による伐出作業空間の森林景観のモデル化は、その表現性や写実性という点で検討の余地が多く残されているが、景観を含む

森林資源の多目的利用という目標に対して、収穫作業計画と景観計画を同一次元・軸で評価するための基礎段階として有効なものであると思われる。

<文　献>

相川哲夫 (1990) 地域整備のシステム計画手法．農林統計協会．東京．180-186．

増山英太郎・小林茂雄 (1989) センソリー・エバリリュエーション．垣内出版，東京．168-173．

Myklestad, E. (1976) PREVIEW：Computer Assistance for Visual Management of Forested Landscapes. 12 pp, USDA Forest Service Research Paper NE-355.

Shiba, M., Loeffler, H. und Ziesak, M. (1990) Der Einsatz moderner Informationstechnologie bei der forstlichen Erschliessungsplanung. FORSTARCHIV 61(1)：16-21.

芝　正己 (1993) 森林風致を考慮した伐出作業空間の最適レイアウト法に関する研究．平成4年度科学研究費補助金（一般研究(C)）03660152 研究実績報告書：1-37．

刀根　薫・眞鍋龍太朗 (1990) AHP 事例集．日科技連，東京．3-248．

Twito, R. H. (1978) Plotting Landscape PERSPECTIVES of Clearcut Units. 26 pp, USDA Forest Service General Technical Report PNW-71.

Twito, R. H., Reutebuch, S. E., McGaughey, R. J. and Mann, C. N. (1987) Preliminary Logging Analysis System (PLANS)：Overview. 24 pp, USDA Forest Service General Technical Report PNW-GTR-199.

7章　地域活性化における大学演習林の可能性
―――エコツーリズムと精密林業の視点から―――

1. はじめに

　日本の産業構造の変化によって、人件費が高騰し一次産業が衰退していくなかで、国内の森林は産業原料の供給場所としての魅力を失ってきた。人工林の保育・生産利用は少なくなり、木材供給量は著減し、また薪炭林としての広葉樹林の短い時間サイクルでの利用は無くなり、天然の二次林である再生林が広がった。わが国の過疎地域を活性化するという課題は、それらの地域の多くが森林率の高いところにあり、さらに木材価格が低いために資源である森林の利用を進めることが難しい状況にあることに起因している。しかしながら、国土保全や、保健休養、大気浄化など、森林の多面的機能とその発揮に関心が高い今日においては、木材資源としての森林の利用ではなく、森林があること、その空間の持つ機能や、そこで得られる環境そのものが大きな機能を提供する。森林そのものを活用して地域を活性化できれば、過疎問題の一端は解消できると期待される。

　わが国の国土の約2/3は森林であり、世界でも森林の割合の高い国である。林野庁国有林野事業にかかる国有林は760万ha、森林面積の約30％を占める。過疎山村にも国有林野があり、木材資源利用の不活性が地域の経済活動を鈍くしている。他の民有林を含めて、森林のほとんどは木材資源の共有の場として利用されてきたが、大学の演習林（あるいは研究林など）では、教育ならびに試験研究のための利用が主として行なわれてきた。森林生態系の長期的観測や観察、人工や天然の森林成長の観測、分析ならびに、森林利用技術の研究開発などが重ねられてきた。図7-1に大学演習林の所在地を示す。計画的な木材生産計画の中で、大学、文部省へ収入を納めていたのは、林野庁国有林と同様である[1]が、教育、観測・観察を主とするために、森林の撹乱程度は小さく、特有

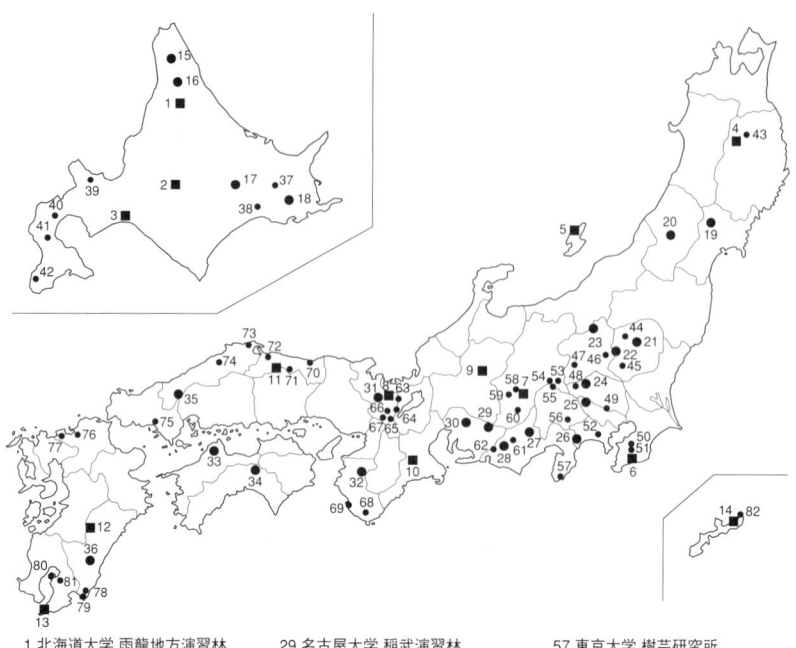

1 北海道大学 雨龍地方演習林	29 名古屋大学 稲武演習林	57 東京大学 樹芸研究所
2 東京大学 北海道演習林	30 東京大学 愛知演習林	58 信州大学 構内演習林
3 北海道大学 苫小牧地方演習林	31 京都府立大学 大野演習林	59 信州大学 西駒演習林
4 岩手大学 御明神演習林	32 京都大学 和歌山演習林	60 信州大学 上久堅試験場
5 新潟大学 佐渡演習林	33 愛媛大学 米野々森林教育センター	61 静岡大学 中川根演習林
6 東京大学 千葉演習林	34 高知大学 嶺北演習林	62 静岡大学 引佐演習林
7 信州大学 手良沢山演習林	35 島根大学 匹見演習林	63 京都府立大学 久多演習林
8 京都大学 芦生演習林	36 宮崎大学 田野演習林	64 京都府立大学 鷹ヶ峰演習林
9 岐阜大学 位山演習林	37 玉川大学 弟子屈演習林	65 京都大学 本部試験地
10 三重大学 平倉演習林	38 京都大学 北海道演習林(白糠)	66 京都大学 上賀茂試験地
11 鳥取大学 蒜山演習林	39 北海道大学 忍路試験地	67 京都府立大学 大枝演習林
12 九州大学 宮崎演習林	40 日本大学 長万部演習林	68 北海道大学 和歌山地方演習林
13 鹿児島大学 佐多演習林	41 日本大学 八雲演習林	69 京都大学 白浜試験地
14 琉球大学 与那演習林	42 北海道大学 檜山地方演習林	70 鳥取大学 湖山演習林
15 北海道大学 天塩地方演習林	43 岩手大学 滝沢演習林	71 鳥取大学 三朝演習林
16 北海道大学 中川地方演習林	44 宇都宮大学 日光演習林	72 鳥取大学 溝口演習林
17 九州大学 北海道演習林	45 東京農工大学 唐沢山演習林	73 島根大学 松江試験地
18 京都大学 北海道演習林(標茶区)	46 東京農工大学 大谷山演習林	74 島根大学 三瓶演習林
19 東北大学 農学部附属農場	47 東京農業大学 群馬演習林	75 京都大学 徳山試験地
20 山形大学 上名川演習林	48 東京農工大学 埼玉演習林	76 九州大学 福岡演習林
21 宇都宮大学 船生演習林	49 東京大学 田無試験地	77 九州大学 早良演習林
22 東京農工大学 草木演習林	50 東京農業大学 千葉演習林	78 宮崎大学 串間演習林(大納)
23 日本大学 水上演習林	51 日本大学 上総演習林	79 宮崎大学 串間演習林(崎田)
24 東京大学 秩父演習林	52 日本大学 藤沢演習林	80 鹿児島大学 桜島溶岩実験場
25 東京農業大学 奥多摩演習林	53 筑波大学 川上演習林	81 鹿児島大学 高隈演習林
26 玉川大学 箱根演習林	54 筑波大学 八ヶ岳演習林	82 琉球大学 奥試験地
27 筑波大学 井川演習林	55 信州大学 野辺山演習林	
28 静岡大学 上阿多古演習林	56 東京大学 富士演習林	

図 7-1　全国大学演習林位置図

の生態系、群落を保存してきた演習林は少なくない。

　世界的な環境意識の高まりの中で、森林の多面的機能を高度に発揮することを求められるとともに、豊かな森林環境で安らぎ、休養を求める人々の動きが多くなっている。保全してきた、また、教育、意見研究の成果として維持されてきた森林の利用を背景として、地域と連携して大学演習林の事業展開を考えることによって、活性化、事業の高度化の可能性について考えてみる。

　本稿は、筆者が秩父演習林長として在籍時に展開した地元との取り組みを基に、その後大滝村をフィールドとしてエコツーリズムならびに原生林観測技術、および素材生産技術の高度化に関して大滝村[2)]と取り組んでいる事業を軸として取りまとめたものである。

2. 大学演習林の現状と教育研究

　大学で林学科を設置しているところは、教育利用のフィールド等として演習林が設置されていたものであり、近年教育システムの中心組織が学部から大学院へと高度化される中で、森林科学専攻へと組織、名称が変わり、演習林も国立大学においては大学院附属施設や大学・学部の共同利用施設となり、科学の森教育研究センター(東京大学の例)などの新たな呼び名を付しているところが多い。

　演習林・研究林は全国合計で約13万haであり、北は北海道から南は沖縄まで広く全国にあり、主に所管大学の教育研究利用に利用されている。また各大学の総演習林面積は、設置の時期、所管にいたった背景などが異なり、所有する面積の差が大きい。2～3万haの演習林(北海道大学では研究林)を道内で複数所有する北海道大学の所有面積が大学別ではもっとも大きく、東京大学、九州大学、京都大学と続き、これら四校でほとんどの面積を占める。それらの管理は、持続的な利用のための責任ある組織体制によって継続的に維持するために、また生態系のまとまった空間規模での連続した管理を可能とするために、歴史的に組織されてきた各大学の体制に則って行なわれている。所有面積に応じて、管理上必要な組織も大きくなり、また、設置されてから長年にわたって積み上げてきた調査、研究成果による適切な管理技術や利用技術は、連綿とし

て、組織的な意識を伴って継続される必要があって、組織の変更になじまない側面があり、容易に組織的な改変、所管の変更が難しいということであった。また、森林の多様性を背景とした共同利用、共同研究が進められてきている。

　北海道においては、東京大学も演習林を所有し、北方の針広混交林を主とする森林帯である十勝岳南西方面に、地域の生態系を連続的に利用するために、水平的な広がり、垂直的な変化を考慮して、約2万haの天然林・天然生林を主体とする森林を管理している。東京大学では、その他千葉県天津小湊町、清澄寺周辺に約2千ha、埼玉県大滝村に約6千ha、愛知県瀬戸市、静岡県南伊豆町、東京都西東京市、山梨県山中湖村に演習林や試験地を所有し、教育研究に利用している。他大学や教育研究関連の他組織による利用も多く、森林科学関連のフィールドとしての、植物相や植物生態、鳥類、クマ・サル・シカなどの大型動物、昆虫類や、河川生態系と絡んだ魚類についてなど、多岐にわたる自然、環境に関わるものや、森林の育成と管理利用技術に関するものなど、幅広い教育、研究利用が行なわれている。

　教育試験研究のフィールドとして、林内各所には試験地が設定されており、定期的に詳細に観測調査されている。試験地は、人工林の品種ごとの成長速度や、天然林生態系における植物相の動態や生息する動物相の動態など、目的を持って長期にわたって設定されるので、森林の維持管理や資源利用などの計画と齟齬をきたさないように、調整して設定されている。他大学による演習林利用は教員の連携、共同研究をベースとして広がっており、全国の大学演習林によって構成される協議会においても共同で課題を設定して研究を進めるなど、利用者は広がり、利用形態は多様である。

　古くから、水土保全機能など森林の機能は重視されてきており、保安林制度などに表現されているが、木材資源としての単純な資源としての見方は過去のものとなり、国土の保全はもちろん、水空気の環境浄化や、保健休養、さらには遺伝資源を保全する空間としての多面的な機能を高度に発揮することが求められている。演習林は、森林を教育、研究の目的から科学的に取り扱っており、広く演習林内の森林各所に設置した試験地はその成果としての様相を示している。気候帯、地形、地質や標高などの自然環境に適応して成立している原生の森林のダイナミズム、変化の動態、を追跡している多くの試験地では、樹種の

変化、樹種ごとの成長の変化、それらの成長戦略などなどを、現地で他の林と比べながらその実際の雰囲気に触れることが出来、その特性をデータで見て、メカニズムを垣間見ることができる。人工林では、人が手をかけて林を植え、育てて、利用する技術を知ることが出来る。針葉樹の、単純で暗く保水性も批判されている一斉林と異なる、複相林や広葉樹も導入した森林作りの方法も知ることが出来る。二次林では、森林の天然力による土地にあった回復のメカニズムを目の当たりにし、さらに、天然力を利用して、環境的に質が高く、産業的にも有用な林へ誘導する技術の可能性と実際について知ることが出来る。

演習林・研究林は、大学施設の中では所有する面積が大きく、地域に対してその規模での影響力は大きい。天文台や臨海実験所、各種観測所等の施設は、教育研究の施設として機能しているが、広がり、面積として地域に存在影響をあたえるのは演習林がもっとも大きい。長年かかって生育する林木を観察してデータを得て動態を観測する森林科学においては、機構や地質、地形などの違いによって異なる生育状況や天然の林の状況を知るために、多くのサンプル、試験地を設定できるように広大な面積の森林を必要とする。大学がこの教育研究フィールドを維持してきたことによって、人口稠密な日本においても、貴重な原生状態を保全してきた森林があり、原生、人工、二次のどの状態においても試験地から積み重ねられた森林の変化の様子が記録されており、持続的な森林環境・資源の利用を目指した、保全的利用によって守られてきた森林が存在している。まさに、これらは地域、国家の資産であって、大学の教育試験研究のために設置された施設ではあるものの、地域の自然資源、環境保全のために有効な装置ともなっている。

3. 地域と東大演習林のかかわり

高等教育や研究に限らず、一般の方を対象とした社会教育も、世界的な環境意識の高まりの中で、森林の仕組みや環境、人間活動とのかかわりなどについて、公開講座を催すようになっている。地域の住民や、児童、生徒、学生など、森林とのかかわり方を体験する行事においても演習林は事業を展開している。とくに大面積を管理利用する演習林では、地元に対して及ぼす影響も大きく、

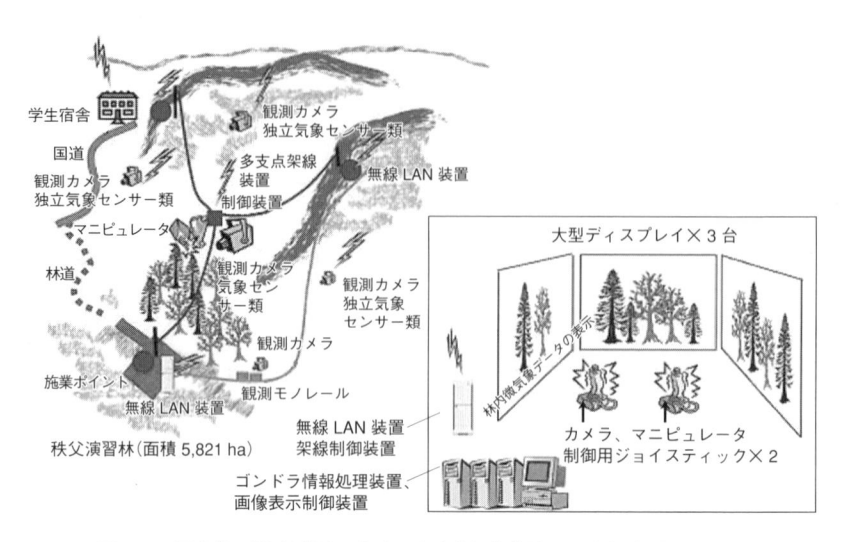

図7-2 原生林の観測と観察に役立つ多支点架線装置および映像観察システム

　木材関連産業が盛んな頃には木材収穫や森林手入れの雇用の場として関連が深く、今日では、森林利用基盤や森林景観の維持管理などで関わりが発生している。これまでも地域的な連帯を背景として、演習林と地域とは連携してきた。土地所有境界や山火事予防・消火、土地利用の権利関係などについて、難しい問題を抱えながら、また解決しながら連携を強めていくことになろう。

　教育研究における利用が主たる設置目的ではあるが、国内の木材資源利用が盛んであった頃は、演習林は木材の販売によって大学の収入を得る資産という性格も強く合わせ持っていた。施設設置などの財源として利用された大学もある。森林の木材資源の利用という性格において、林野庁の国有林と同様な側面も有していたのである。そこでは、地元労働力の雇用や、素材・立木の売り払いにおいて、地元地域と社会的、経済的な連関を継続してきた。

　演習林においても、木材関連の販売収入は減少し、数万ha規模で森林の維持管理が健全に行なわれているところでも、年間に数万 m^3、数億円の販売額であって人件費相当に過ぎず、教育、研究プロジェクトを展開するゆとりは無い。一方、広がる森林の環境とそこを構成する多種多様な森林、典型的な林相を示す試験地を利用し、森林体験や植物、動物など個別項目においての学習会など

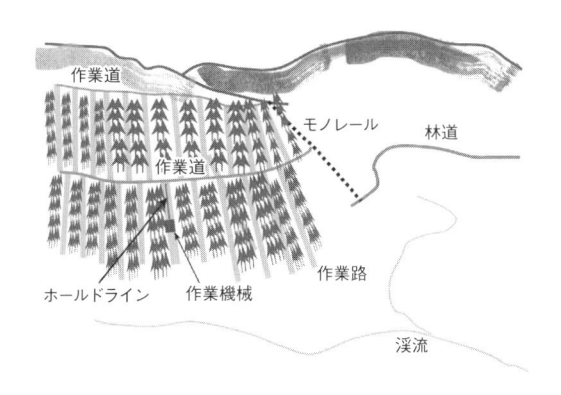

図7-3 複合規格の路網による基盤整備と素材生産システム

を軸とした森林ツアーを一般の方々を対象に提供するなど、非営利な事業として近年頻度が多くなっている。

環境に対する関心の向上の中で、森林の空間と環境の利用としての、エコツアーという形態での利用は、試験研究などの成果を示すとともに、厳正に保存してきた原生林の環境を体験するという他では得られないポイントがある(図7-2)。

木材資源の利用については、大学で研究開発している各種新技術機械の適用やシステム構築技術を活用して、地域と連携して当該地域に根ざした作業システム、基盤整備の考え方を構築することが可能であり、有効である。急傾斜山岳林においては、土工量の大きい自動車道路だけによる基盤整備ではなく、作業道、歩道やモノレールを取り入れた、複合規格の路網による整備が有効である。また、路網基盤と適合した木材生産の機械システムを導入し、効率的な木材生産作業システムを構築する。傾斜地に対応する機械作業システムによって、従来の10倍程度の作業生産性を実現することが期待される(図7-3)。

4. 森林科学と基盤整備

地形急峻な山岳に広がるわが国の森林は、山腹傾斜が厳しく、自由に歩いて入れるところはほとんどない。ましてや自動車が進入できるものではなく、道

路を整備して走行できるようにしている。未舗装の低規格の道路が山林につけられているが、林道と呼ばれる農林水産省の管轄の道路である。斜面勾配がきつい山腹に自動車が走れる空間を作るのであるから、土を削ったり、盛ったりする作業が多く必要で、さらに崩れやすいところはコンクリートで擁壁をつくって保護するために、経費がかかる。急傾斜地では、道路延長 1 m 当り約 20 万円もかかる。民有林エリアにおけるこの林道には行政の補助制度があり、地元の負担は 2 ～ 3 割で済む場合が多いが、木材価格が低い今日では、それでも容易には道路を作ることが出来ない。

　森林科学の教育研究においても、試験地へ、また観察対象地へ迅速に到達することが有効だが、道路網が対象となる森林エリアに整備されていないと、徒歩で山道を登り、到達するために貴重な時間を浪費してしまう。国立大学法人所管の演習林は、林道を開設するにあたっての経費への補助金は無く、全て自力で賄わねばならない。東京大学秩父演習林においては、毎年 100 m 前後の林道が新たに開設されているが、計画した道路網、約 3 km、を完成させるために 30 年もの時間をかけることになる。約 6 千 ha の秩父演習林には、現在 10 km の林道があり、到達利用の基盤となっているが、多くの試験地は道路から徒歩で平均 1 時間以上かかり、奥地では日帰り調査が出来ないエリアも少なくない。人件費のロスは、1 時間千円として、1 人日当り少なくとも 2 千円、年間に 4 千人の教育研究利用者がある現状では、800 万円もが見えない形で浪費されていることになる。利用のサポートや維持管理にたずさわる職員については、技術職員 20 人が年間 100 日林内へ入るとして、400 万円の浪費と計算される。道路によって到達が容易になった箇所を中心に、人手による植栽や撫育作業が行なわれ、結果として手入れのされた人工林は道路周辺に集中している。また、観測用試験地を設定した原生林も林道を挟んだ山腹に広がる。以前に植えられて、到達の便が悪いために、適切に手入れがなされなかった林は、異常に密な状態のままで、成長が悪く、枯死して間引かれるとともに広葉樹が侵入して、二次林的様相を呈している。そこでは、倭性の林木しかなく、刈り出しなどの手を入れて質が向上する見込みが無く放置せざるを得ない。地形急峻な森林の到達性を良好にするためには、徒歩では登っていかなければならない山腹の標高差を克服する基盤が必要であり、山林用乗用モノレールがその機能を提供する（図

7-4)。モノレールは、地表に打ち込んだ金属パイプによって地上 50 cm ほどの高さに設置された単軌のレール上を機関車とそれに牽引される乗用台車が走行するもので、時速 2 km 程の低速で山腹傾斜方向に直登する。この施設を林道や公道を基点として設置することによって、道路網からの森

図 7-4　森林での移動、登坂を改善するモノレール

林内への到達性が飛躍的に向上する。既存の道路網の配置を考慮して、地形に応じた路線配置と間隔でモノレールを設置すれば、森林の利用効率は平地林に劣らないほどに改善される。設置経費は、レールと機関車、乗用台車を含めた全体で、林道の約 1/10、1 m 当りでは約 1 万 5 千円である。観察などの徒歩移動をしながらの作業は、一旦登坂した後に、くだりを歩きながら行なうのが得策で、観察者、作業員の肉体的負担はきわめて軽減される。また、貴重な遺伝資源などを有し、制限の無い立ち入りはそれらの破壊、質の低下を招くことが危惧される森林では、モノレールからの下車を制限することによって、観察しながらも環境を保全することが出来る。モノレール自体は、幅 70 cm ほどの小型の車両であり、設置されるレールは 6 cm 四方の断面の角柱を繋ぎ合わせたものであって、生立している樹木の間を縫って設置することができるので、設置による森林環境への撹乱はほとんど無い。

　森林を高度に活用するための基盤として、情報基盤を忘れることは出来ない。とくに広い森林エリアを管理、計画して、調整、整備していくためには、状況の地理的、数量的把握が正確に行なわれることが基本となる。GIS：地理情報システムは、まさにそのための IT 道具である（図 7-5）。都道府県レベルで行政主導の GIS 整備は試みられているが、実用化までに整備の進んだところはほとんどない。境界データの確定が容易ではないことや、作業量が多いことなどが理由であると思われる。ここで、研究目的で整備を進めている大学演習林の GIS を、地域と連動させることが考えられる。秩父演習林では、これまでに整備の

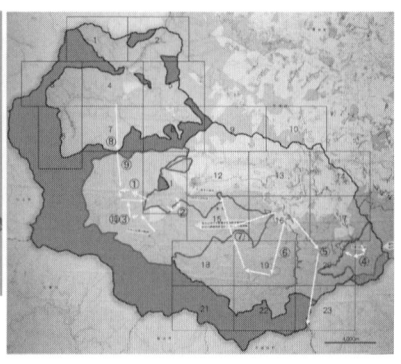

図 7-5　大滝村、演習林とGIS、生成した鳥瞰図
(図中、実線で囲んだ2団地が演習林、周辺の濃色部分は林野庁国有林。矢印実線はツアーの経路案と特徴地点(記号))

進んできた演習林内のGISを核として、地元大滝村[2]との共同研究プロジェクトを2000(平成12)年度から立ち上げて、演習林周辺大滝村域内のGIS整備へと研究エリアを拡大している。当該作業は、関連研究室と連携して進められるが、大滝村の職員が共同研究員として具体的に関わっており、定期的に大学施設で作業を行なうとともに、GIS技術に関する研修を受けている。人的にも大学演習林と地域との交流が進み、連携の水準が向上している。

5. 研究成果とエコツーリズム

演習林における森林科学関連の成果は、目に見えるものとしては、森林そのものがある。さらに、原生林、人工林、二次林などの林層の違いによって、また、取り扱い技術によって、さらに、その空間が提供する生態系のダイナミズムの違いによって、理解の切り口が多様に異なってくる。林内に散在する、典型的な森林生態系を見せる試験地を巡りながら、森林、環境の仕組みと奥深さに感じ入ることは、単に散策して美しさに安らぎを得ることにまして楽しいことではないだろうか。

各大学演習林・研究林で展開している、公開講座や森林体験セミナーを地元と共済し、成果の公開と利用度を高めることが出来る。もちろん、貴重な生態系や遺伝資源、環境の撹乱を引き起こさないように、環境とバランスした利用

生態を構築することが不可欠である。京都大学では、地元第三セクターが運営する森林体験ツアーによって、入林者数を管理しながら、一般の方を受け入れている。

　林道やモノレールによって基盤整備された森林は、容易に触れることの出来なかった原生林分奥の天然林であり、人手をかけて保育してきた綺麗にそろった人工林である。簡易な施設で小沢を越えることも出来る。秩父演習林は、大血川作業所管内と栃本作業所管内の二団地に分かれるが、後者は、一級河川の荒川最上流部にあり、入川と滝川の2つの流域に分かれる。路網とモノレールによって、それらの地域を循環して移動観察するコースを考えると、各種の林層、試験地を巡り、森林の垂直分布を体感しながら、奥秩父の森林を感じ取ることが出来る。モノレールの速度は、体をトロッコに預けて周囲の変化を楽しんでいると、林相が徐々に変化していることを優しく示してくれる速さなのだ。

　森林を巡るツアーの案内人は、森林の仕組みを知り、人、社会との関わりを理解した、エキスパートである。地元の歴史に通じ、森林が残され、作られ、よみがえってきた過程を語りこめる人である。演習林のOBや、地元の森林に携わった経験のある方、森林を慈しみ守り、持続的に利用しながらともに生きていこうという意識の方が、ガイド組織を作り、研修制度も定めて、外部からのサポータらからの育成も含めて事業展開をする。免許制度による資格と制限も明らかにしておく必要がある。

　ツアーは、いくつかの長さのコースが考えられる。奥深い森林エリアなので、循環するコースとしては、1日コース。原生林の入り口で戻る半日コースもありうる。林内で宿泊することは難しいが、巡るコース、エリアを違えて2日のコースも設定できる。ただし、早朝からの移動となるので、ツアー前日は村内泊、という設計になる。ツアーは、モノレールの容量によって、ガイド1名、参加者4名の5名を1パーティーとするのが基本となる。モノレールの乗車セットを2組にして、連ねて走行させて1パーティー10名という可能性もある。

　原生林内の自由な散策は、林分に対する撹乱程度が大きいと危惧される。また、原生林の入り口で帰る方も、その中の様子を見てみたいと感じる方は多いと思われる。架線技術による観測装置を利用して、原生林の様子をテレビカメラや気象センサーによって見る仕掛けによって、仮想体験によって原生林を体

図7-6　多支点架線の実験装置
PC制御によって空間を自在に移動し、映像・センサーによって観測、観察する

験するようにすることが出来る。大きな起伏量を利用して、峰の間に渡した3次元移動が出来る特殊な架線装置は、研究開発が進んでいる（図7-6）。

6. 地域資源の活用高度化に果たす役割

　演習林を核として、広く地域社会の森林と環境を活用し、人の流れを呼び込むことは出来ると考えている。森林の立ち入りと利用に関して、持続的な利用を可能とする健全な制限と、人の流れを維持する組織、宿泊施設の利用、これらによって地域の活性化は可能である。木材資源の収穫と利用によって、美しい森林景観の維持と、活力のある森林の育成が平行して可能である。宿泊施設は、地域の受け入れ体制と質について整備する。

　大学演習林では、従来の継続的な教育・試験研究を、高度化し効率を向上することはもちろんのこと、地域活性化の核となる事業展開を地元と連携することによって、これまで以上に社会的な還元を大きく展開する可能性がある。また、それには基盤整備の共同計画、森林計画の共同化、森林景観を含めた地域森林空間の総合的な利用の促進と高度化を、地元と連携することによって展開することを検討する必要がある。

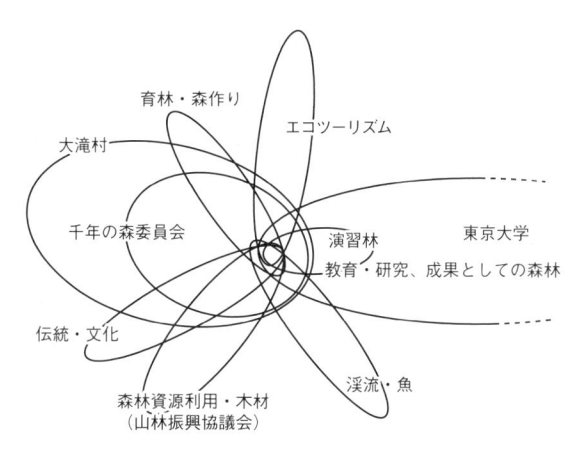

図 7-7　大滝村[2)]と演習林とのかかわり、展望

　森林・環境の利用に関する委員会を、大学演習林を巻き込んで地域で立ち上げ、問題意識の先鋭化と具体的な解決の可能性について検討することがまず必要であり、その委員会を核として、事業展開の可能性を探る小委員会の検討を展開することになる。埼玉県大滝村では、将来計画検討的な委員会を村長の諮問委員会として立ち上げ、演習林や地域の森林・環境利用に意識のある方々を委員に委嘱して検討を行い、木材資源利用などのいくつかの部門で、そこでの議論を核として協議会を発足させ、具体的な動きに結び付けつつある。大学での研究成果や継続している研究がそれらの動きに大きく寄与している (図7-7)。

7. おわりに

　豊かな森林の環境と資源は、組織を越えて連携することによって高度に活用することが可能となる。大学の附属施設としての演習林は、地域にあって、教育試験研究のフィールドとして最先端を担うとともにそれら成果の公開と流動化の窓口ともなり、地域社会と連携し、独立行政法人化を視野に入れたオープンな姿勢で事業を展開することが有効であり、地域社会にとっても有用であると考えられる。

　森林を地域活性化の資源として有効活用する際には、地域に存する大学施設

を活用することが得策であり、有効であると考える。大学施設は、地域にあって研究成果を還元する窓口であり、地域と共同した動きの中で展開できる事業に取り組んでいくことが適切であろう。

　全国の27大学が、演習林・研究林などとして所有し、利用管理する主なものでも66カ所以上、総計約13万haの大学演習林は、地域との連携を模索し、その高度化と強化において教育、試験研究の成果を実社会と共有すべく、意識を高め、動き始めている。また、大学、森林科学などの関連専攻、研究室は、森林の高度活用のための具体的な教育、研究、試験研究などを柱とした、利用方法、研究成果の公開方法などについて検討しており、地域との連携推進の道を探っている。

＜注＞
1) 2004(平成16)年度国立大学法人となり、民有林区分となった。
2) 現 秩父市大滝。

＜文　献＞
貝瀬朋子・仁多見俊夫(2001)森林エコツーリズムにおける環境資源の利用と機能発揮に関する研究. 森林利用学会講演要旨集 p.21.
全国大学演習林協議会(1996)森へ行こう. 169 pp, 丸善株式会社.

＊本章は、仁多見俊夫(2001)エコツーリズムと精密林業による森林資源の高度利用―地域と大学演習林の連携―. 山林 1402：16-27 を加筆転載したものである。

III

森林の持続的利用

8章　新たな技術による森林資源利用推進
―― その技術とビジネスモデル ――

　日本の林業は、山地崩壊防止、水源涵養などと重なった多面的な機能の一つとして木材生産を担ってきた。豊かな土壌が地表を覆っており、多くの降水量とともに地表植生の繁茂、生育には良好であり、豊かな森林を育んできた。一方、厚い土壌の山腹は崩れやすく、道路などの大きな構造物を構築する際には手間がかかり、急な地形での作業は困難で経費が嵩む状況にあり続けている。また人件費の高騰とともに産業としての国際競争力は低下し、木材自給率は補助金による林業事業活性化によっても2割程ほどでしかない。林業先進国の例として引き合いに出されるヨーロッパの国々は、基盤整備、作業機械システム、事業取りまとめ社会システムが適切に連携して、生産性の高い林業事業が形成されており、国内産業への素材の安定供給はもちろん、国際競争力をもった産業となっている。森林を育む山岳の土地は土壌が薄く、安定した地質を持ち基岩が地表に露出しているところも少なくなく、日本と異なって山地防災対策は手がかからないところが多い。また傾斜などは同様であっても地盤・地形が異なり、よく知られた山岳牧畜と少女の生活の劇画[1]イメージのような、伝統的に土地の利用形態が異なることが、彼我の作業機械技術を異なるものにしている。

　日本国土の特質に基づいて、山岳森林での基盤整備の適切な枠組みを示し、そこで可能な機械化作業システムおよび、それらをビジネス的に維持する社会システムについて考えたい。

1. 日本の森林と林業

　日本林業のビジネスモデルは旧来の森作りモデルから森利用モデルへ変貌しつつある。戦中から戦後の森林木質資源の急激な収穫と旺盛な造成を経て、近

年までは林業とは森作りというイメージが一般的であった。多くは国土緑化事業として山腹崩壊防止や水源涵養機能の向上を目的とし、補助金事業でまかなわれた。また、立木の成長に応じて除間伐などの育林事業が補助事業で行われたが、成熟した立木を収穫利用する段階に達した林分が多くなり、事業体は利用生産事業への対応が求められている。

しかし、素材価格が低迷し、人件費が嵩んでいる今日、事業採算をとることは容易でなく、補助金を得て可能としているところがほとんどである。採算をとるために、基盤整備、作業の機械化、作業システムの改善などの試みがなされているが、効果が容易に上がっていないのが実情である。わが国林業の困難性として地形急峻であることをあげる場合が多いが、地形急峻でありながら高い生産性の作業システムを構築している国もあり、作業能率向上のためにそれらの技術、機械を導入、適用することを薦める論調もある。

山腹の傾斜が40％以上の国土が6割以上を占めるわが国では、「山」というと森林エリアを指すほどであり、宗教、文化的にも日本での展開に深く寄与してきた。国土統治の歴史においても国の境となり統治エリアを区画してきた。しかし、庶民の移動制限統治での関所とともに広域の交流の障壁でもあった。狭いエリアでの交易には人力荷車で事足り、馬車の普及がなく、車道の発展普及を遅らせたという(竹村 2003)。道のない山岳地での林業作業は、架線を利用した作業技術を発展させ、長距離の索道技術も含めて、日本特有の林業機械技術として架線技術が発展した。昭和30、40年代の国有林を中心とした生産量増大期間では、様々な索張り方式が考案され、地域、営林署ごとに異なるほどであった。

日本の森林は、平地の都市、農耕エリアから離れた山地に奥まったところにあるのが一般的で、中間エリアは里山と呼ばれ、山林生産物と農耕生産物との共生による社会生態系が形成されていた。森林エリアでの道路はそれらを起点として新たに奥へと展開整備され、架線機械による作業を支援する基盤を形成した。

2. 地況と道路、作業システム

　日本の林地は急であるとともに地表が膨軟である。造山、海退の歴史が浅いことによるが、緯度が低いので氷河に覆われたところは少なく、氷河で地表面が削られることもなかった。急で柔らかい地表へは車両が進入することが容易ではない。

　海外林業国の地況を見ると、地形の緩急はあるにせよ地質は堅固である。基岩が地表近くにあり、薄い土壌を覆っている。中欧では谷底の畑から山腹を眺め上ってくると、森林、牧草地と続き岩山、先鋭な山稜に至る。多くの川で青みがかった水面を見るのは基岩の石灰岩質を地下水が溶出しているせいである。彼の地では薄い土壌層が地下水の石灰分を濾し取るほどではない。薄い土壌に生立する森林は暴風で倒伏しやすい。

　オーストリア、チロル地方を含むヨーロッパアルプス山脈は、氷河期には氷河で覆われており、その浸食によって深い大きな谷が形成され、その上に緩傾斜地が残された。これらは放牧地として利用され、その下方の森林地帯へ拡大

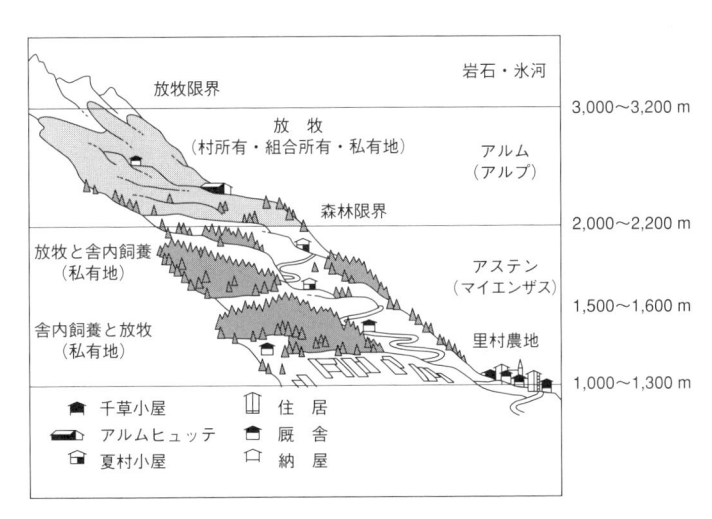

図8-1　オーストリアの典型的な山岳地形と生活、土地利用
（池永　2002による）

図 8-2 クローラ足回りの穿孔機

された。谷底の平地の住居地と農耕地、その奥の森林、さらにその上方の放牧地というイメージが標準的な土地利用の形態となっており、放牧地はアルムもしくはアルプと呼ばれる(図 8-1)(池永 2002)。このアルム様式の土地利用の基本として、ゴルフ、スキーやグリーンツーリズムなどの観光産業を組み込んで現在の利用形態へと発展した。森林は谷底とアルムの間にあり、集落からアルムへの到達道路を基幹として作業用の道路を展開し、それらが蓄力利用の作業方式や、アルムの棚地形を活かした架線作業方式を可能としたのである。道路開設技術の根幹は、岩の破砕技術であり、林内では穿孔機(図 8-2)をよく目にする。オーストリア同様に氷河地形が広がった地形をもつ国土をもち、北欧といえどもスウェーデン、フィンランドの平地林業と対照的な山岳林業現場が多いノルウエーでも道路開設の根幹技術は岩の破砕である。高緯度のため標高は数百 m 程度であるが、フィヨルド奥の河川上流は谷底の集落―地域連絡道路から凹地状に傾斜して高まる山地地形が多く、高標高の土地は放牧地、採草地となっているところもオーストリアと同様である。

　岩山でも土砂山でも急勾配な山腹で到達性を確保するためには、通行進入するための道路が必要であるが、山腹に道形を作設する作業内容が異なる。前者では岩の掘削が、後者では土砂の切り盛りが必要である。そしてできた道形は構造、強度が全く異なる。前者は岩を切取った堅牢な路盤に砕石を敷いた路面の道路、後者は軟弱な土砂を整形し擁壁などで強化した構造体の道路である。降雨に対して前者は維持管理が不要であり、後者は道路構造体の土砂を流亡させないために、側溝や横断排水溝などの排水施設が不可欠である。岩で作設された道は維持管理が容易であり、長年の利用に経費的に有利である。幅員の大きな道路も一旦作設してしまえば、維持費に煩わされることなく永続的に利用できる。

図 8-3　傾斜林内を走行するハーベスタとタワーヤーダによる素材生産作業システム（KONRAD 社）

　広幅員の道路によって大型車両に作業機能を付加したタワーヤーダ技術を展開することができる。また、岩山では薄い土壌を生かして、車両の直接の林内走行が可能である。厚くとも数十センチの土壌を車輪が沈下すれば基岩に到達し、大型の車両も林内走行して作業が可能である。すなわち、車両走行機能が傾斜に勝るところであれば、車両の山腹走行を伴う作業システムが可能である（図 8-3）（Heinimann *et al.* 2001）。
　ところが、日本のように土壌豊かなところでは、膨潤な森林土壌上を車両走行させようとすると、車輪が大きく沈下し接地圧の低いクローラ足回り機構であっても自重を支持することが困難である。さらに多少の沈下で車体を支持できた場合でも、沈下でできる直前の土壁を常時登坂しつつ前進することとなり、登坂傾斜条件をさらに厳しくすることとなり付加的な推進力を必要とする。豊かな森林土壌をもつ林内で車両を林内走行させるのは容易ではない。日本の林地作業へ車両機械を導入するためには、オーストリアと同様に道路を設けることが有効である。しかし、同様な高規格の道ばかりではなく、小幅員で耐荷重も小さい低規格の作業道が必要である。豊かな土壌を活かして低廉に作設される作業道が有用である。

我が国の森林作業用車両はベースマシンとして土木建築用の油圧クレーンを用いる場合が多い。多くの台数が利用されるので、比較的安価で入手できる利便性の高い機械である。それらに油圧で駆動されるハーベスタやプロセッサのユニットを装着して山林作業に用いる。高機能な作業機械が安価で利用できる有利な機械供給体制に恵まれている。本来土木作業用の機械であるので、走行速度が小さいが、林内での山林作業は常時移動し続けることはなく、走行速度が作業時間に大きく影響することはない。フォワーダのように積載した素材を林内と土場を走行移動して集材する車両は、同様なクローラ式足回り機構であっても早い走行ができる。土砂を固めて構築した作業道表面に広い面で低い接地圧で車両荷重を分散させるので有利である。北欧、中欧では車両系作業機械として車輪式足回りのものが多く使われるが、走行する地表そのものもしくは作業道が構造的に堅固なものである場合が多いからである。

3. 作業システムと道路基盤配置

　林地へ働きかけるには、到達性と作業性を確保する必要がある。トラック運材に利用する林道を 10 m/ha で整備すると、境界までの到達距離がほぼ 500 m となり、林道を中心としてその周辺 78 ha ほどのエリアを一つのまとまった団地として一施業の対象とすることができる。これは、ちょうど大規模な架線装置で素材生産を行う際のイメージに符合する。地域の違いはあるものの、谷で囲まれたまとまった一つの尾根地形の大きさにおおよそ相当する。同様に林道を 30 m/ha で整備すると、境界までの到達距離がほぼ 170 m となり、林道を中心としてその周辺 8.7 ha ほどのエリアを一つのまとまった団地として一施業の対象とすることができる。30 m/ha 程度の密度では、車両に架線装置を搭載した小型タワーヤーダが用いることが有利である場合が多い。この程度以上に道が整備されると、架線装置が必要なスケールメリットがなくなり、さらに道路を作設して車両機械による作業が実現可能となり、コスト的にも有利になる。すなわち平均 60 m の間隔で道を作設したとすると、道路の山腹上方、下方ともに道路からウインチや油圧アームを伸ばして林内作業を行うことができる。それらの作業用の道は 130 m/ha ほどである。

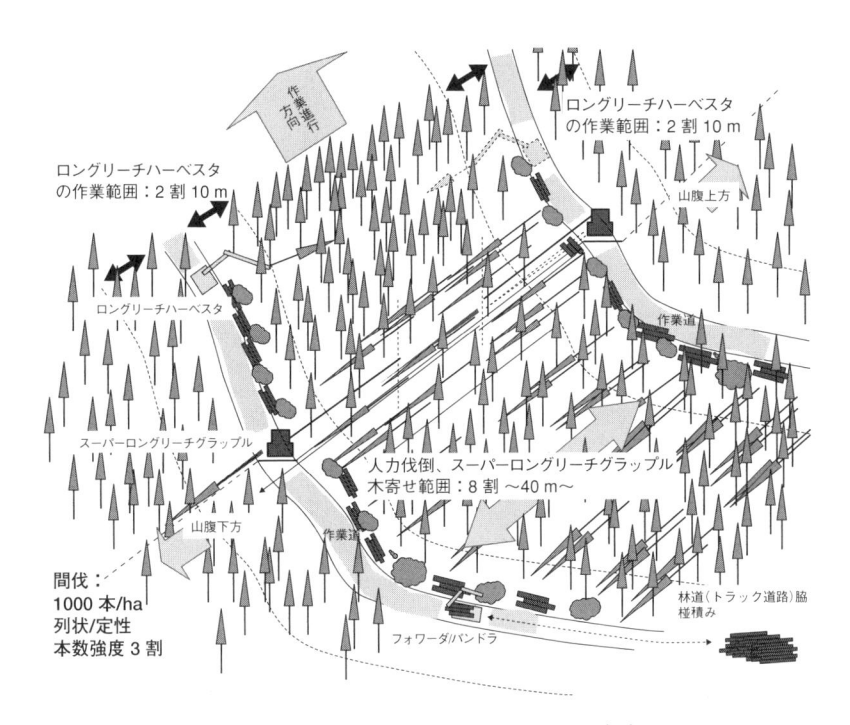

図 8-4 ロングリーチ車両複合作業システムの概念図

　作業道が ha あたり 100 m ほど作設されると、最大到達距離は 125 m ほどになり、道からワイヤーロープを伸ばして引き寄せるスイングヤーダの利用が便利になる。さらに密度を高くして、林地への到達距離を短くすると、道路から林内へ直接アームを伸ばし入れて立木伐採などをする作業が可能となる。この場合の作業能率はひじょうに高い。この道端林業が最も効率的であり、道が開設できる場所での標準的な作業システムと設計できよう。林内人力伐倒—スーパーロングリーチグラップル(SLRG)木寄せ—プロセッサ(PR)造材—フォワーダ(FW)集材・椪積み、作業システムによって 1 人日当り 10 m^3 ほどの生産となる。林地内から道までの木寄せ作業に手間取っている場合の多い従来の作業システムの 2 倍ほどの作業能率であり、事業採算が可能である。さらに、道路端林分からの収穫をロングリーチハーベスタ(LRH)で行い、道路際を空かせてから人力伐倒—SLRG 木寄せ—LRH 造材—FW 集材・椪積み、という作業仕組み

(図 8-4)を組むと、1 人日当り 15 m³ ほどの生産となり、補助金がなくともビジネスとして自立した経営ができる数字である。

　道路から離れている林分からの木材収穫作業は、タワーヤーダ(TY)を用いる架線作業システムで行う。道路端の林分での事業は車両機械で行い、その後背地林分での事業を担う。作業能率が 1 人日当り 10 m³ を下回らないように、道からの距離は 800 m までとし、図上の最短直線距離で 500 m 以下の条件をクリアーする。その条件で 1 架設当りの生産素材量をできるだけ大きくするように採面を決める。

　車両機械作業による道路隣接林分での作業面積を広げるために、SLRG にウインチ機能を付加して効率的な木寄せ距離を長くする。アームの到達距離以遠のものをウインチ引きして木寄せし、それを SLRG で木寄せする。作業距離で 10 m の延伸で作業能率は 1 人日当り 10 m³ までを適用範囲とする。作業道から下方の斜面で立木を山側伐倒して 50 m、上方の斜面でも同様に道側へ伐倒して 50 m 以遠の立木まで処理できる。すなわち、道路密度は道路開設の困難さに応じて ha 当り 130 m から 100 m の範囲で柔軟に対応でき、その際ウインチ機能を付加した長いアームを備えた車両機械が有効である。

4. ロングリーチ車両複合作業システム

　林内に作業道を設けて素材生産を行う際には、道路からの作業距離と能率が課題となる。近年グラップル車両にウインチを装着したスイングヤーダが傾斜地での道路近傍作業へ多く用いられる。ウインチ索張りが容易で、道から 70～100 m ほどまでの距離を想定して、高密度に作業道を開設して適用される場合が多い。ウインチ集材後に作業道で造材するために自車のグラップルで木を道路上へ引き上げるが、その間搬器は停止しているので作業サイクルタイムを短縮できず、能率向上は難しい。このウインチ作業を長い油圧アームによって代替したのがスーパーロングリーチ車両であり、木寄せ作業が格段に効率化する。道路端林分からの収穫をロングリーチハーベスタ(LRH)で行って空かせてから人力伐倒→SLRG 木寄せ→LRH 造材→FW 集材・椪積み、という作業の流れで処理するが、4 人組みで 3 台の車両機械を利用する。リーチは 20 m で伐倒木の

長さを利用して道の斜面上方、下方合わせて60m幅の木寄せ作業が可能である。10mのリーチのあるロングリーチハーベスタを組み合わせた複合ロングリーチ車両作業システムによって高い生産性が得られる。また、当該システムはシンプルであり、作業道と車両機械を組み合わせた標準的な作業システムとして適用できる。また、作業ユニットにバラエティを持たせて、造林工程から木質バイオマス収穫作業へも適用可能である(図8-4)。

5. 統合型大型タワーヤーダ作業システム

　大型トラックに装架した集材機構と元柱となるタワーを用いて集材用の架線装置を組み上げて作業するもので、統合型(インテグレーションシステム)と呼ばれる多くのものには、オペレータキャビンとともに油圧アームをもち、プロセッサが取り付けられている(図8-3の道路上の右側)。林内で立木伐倒の後、林内の荷掛手と機械操作のオペレータとが連携して作業する。この2人の間で搬器を走行させ、伐倒木の荷掛け、荷外しを繰り返して集材するが、荷上索や走行などの搬器の動作制御は無線化されており、それぞれが作業場所近くで制御する機構であって、作業の独立性が高く、システムの自由度が高い。荷掛け箇所がTYから遠くなると搬器での集材作業のサイクルタイムが長くなるが、それに応じて荷掛け手を2名にするとともに1荷量を多くして作業能率の低下を抑えるように仕組むことができる。プロセッサ機構は車両作業員が操作し、集材した全木を造材処理し、TY車両の後ろの道路上に椪積みする。椪積みされた木材は大型トレーラが運材する。

　集材機能とプロセッサ機能を同時に駆動するためにベースマシンは出力の大きなトラックが用いられており、エンジン出力480馬力のものが標準である。これによって、高速な搬器走行移動と大きな荷吊能力が確保される。荷吊力は約3t、搬器走行速度は最大約30km/hであり、これによって平均サイクルタイム10分、平均荷吊量1m^3として1時間に6m^3、1人時当り2m^3の能率となる。作業は早朝から遅くまで1日10時間ほど行われ、現場当り日々60m^3、作業員当り20m^3ほどの能率である。

　オーストリアでは集材機能と造材機能を1車の上に構築した統合型のTYが

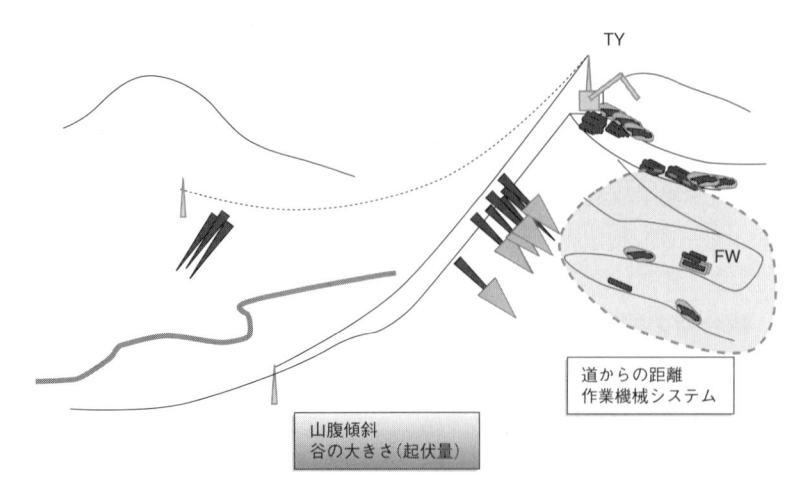

図 8-5　タワーヤーダとロングリーチ車両複合システムを組み合わせた作業エリアの区域イメージ
　　山腹傾斜があるために車両が走行する作業路距離は延び、傾斜 40 % 以上、山腹距離 200 m 以遠ではタワーヤーダ作業が有利になる。

主流であった。同様な架線作業を行うノルウエーでは、別の車両にそれぞれの機能を構築しており、それらを遠隔操作によって1人の作業員が操作した。この場合荷外し位置がプロセッサ操作位置と離れている場合が多く、それを克服するために無線自動開放フックが用いられた[2]。

　この統合型大型 TY 作業システムは、当該大型トラック車両が走行可能な道路基盤を整備して適用することができる。幅員 3.5 m の道路へ進入できる車両であれば、TY 作業の適用は可能である。架線の架設作業の効率を考慮すると、道路は山腹斜面上方にあって下り斜面へ架線を引いて架設することが得策である[3]。運材用トラック(トレーラ)が進入できる規格の道路を確保することが課題である。このような TY 車両は国内で1台が稼動しており[4]、国内山岳地林道で十分に適用可能であることが実証されている。適用基盤となる道路が導入条件である。日本では、無線法によって一般に無免許で利用できる電波強度が厳しく制限されており、山間部でも数百 m 以上の遠距離交信は不可能である。無線 LAN の遠距離交信タイプおよび中継装置を用いて代替することは検討できるであろう。しかし作業システムの情報収集や機械稼動管理・地域運用計画と連関して基盤となる情報システムにも関わるので、林内作業で用いられる電波強

度が不十分であることは大きな課題のひとつである。

　この大型TYによる作業システムは、山腹傾斜と道路からの距離によっては車両作業システムによりも作業能率が高く、それぞれ40％以上、200m以遠の林分では有利となる（図8-5）。また木質バイオマスの搬出作業においては、車両作業システムでは圧縮整形、積載搬出のためのコストが必要になり、さらにTY作業システムが有利となる。

　我が国の土地条件を考慮すると、オーストリアのように落水線方向に伸びる帯状の小面積皆伐では、降雨が集中流下して土砂が流亡することが危惧されるが、道路隣接林分を車両機械作業システムで処理することによって、またTY作業採面を間伐・育成林分を保残して小面積区域に分断してその危険を軽減することができる。

6. 道路配置と規格

　日本の林内道路は山間集落へ到達する生活基盤機能を併せ持って開設されたものが少なくない。利用形態や地域交通、道路整備の変遷において、林道から市町村道などの公道へ移管されたものが多い。整備当初に公道規格で開設すると初期投資額が膨大となり、地域行政の負担が大きかったために林道という財源枠と規格で整備したのである。自動車交通の発展の中で山間部道路も延伸し、全体では道路延長は伸び、安全施設の整備や線形の改良、拡幅など規格の改良は継続して行われてが、管理移行によって林道自体の延長は伸びていないように見える。林道は山間地域整備の先導的なフロンティアであった。

　しかし、当初林業事業での利用を想定された林道は、公道となると林業事業での利用が困難になる。一般交通の妨げとならないように作業をしなければならない。架線によって道路上空を横断して木材を運搬する際には、通過交通の安全を確保する防護施設を設けねばならない。公共の利便性のために公道移管された林道区間は、本来想定された機能に多くの足枷がある。公共的な役割を担わせられたため、本来の機能の維持を放棄させられた。公共機能に鞍替えさせられた道路の本来の機能を代替する道路はいまだに多くのところでついていない。

図 8-6　林道入口の通行料金徴収所
この先 9 km の有料区間を示す

オーストリア、ノルウエーの林内道路は牧畜、林業などのための道路であり、集材作業の際に道路を占有利用することは当然のこととして行われている。大型 TY は道路上に固定して作業を行う。造材された玉材は車両後方の道路上に椪積みされるので、作業用の土場を改めて設けることはなく、道路敷が作業用スペースに利用される。また、ノルウエーでは山間の地域産業用に開設された道路をハンティングなどの当該事業以外の目的で通行利用する際には通行料を現場入り口で支払うようになっている（図 8-6）[5]。

　作業システムと道路整備を連携して考えると、車両機械システムによる作業を可能とする密度の高い作業道網と、大型トラックが進入できる規格の道を組み合わせて整備することが有用である。大型 TY による作業を想定して、道から対象地域の境界までの距離を最大 1000 m とし、地形の凹凸による路網配置の影響（効率低下）を 1/2 [6] とすると、必要な道路密度は 10 m/ha となる。それに合わせて、道路から油圧アームを伸ばす車両型の作業システムを想定した ha 当り 100〜130 m の作業道を可能なところに開設する。

　トラック道路は大型トラックが登坂できる縦断勾配で、幅員は 3.5 m 以上、現在の林道規定二級程度で最小半径を適宜拡大すればよい。開設位置は山腹の大きさによって中腹から尾根とし、架設スパン 800 m までで対象地の作業を可能とするように配置する。高規格作業道と呼ぶ。従来の森林管理は河川流域を単位としているが、尾根を中心とする領域に管理を変更する。公道移管されてきた従来の林道延長を参考として現在の開設単価を参考にして高規格作業道の開設事業費を計上してはどうか。

　また、新たな作業道の開設技術によって低規格の道路は低コストで長い延長を得ることが期待される。低規格の作業道は車両機械作業のシステムと連携して密度高くつける必要がある。路体内部に廃材小径木を構造化して配置して強

化する手法がとられるが、あわせて草本、木本の根系で構造化強化することが検討されている(梅田 2009)。泥濘化しやすいところでは合成樹脂のネットによる構造化、強化も有効である。さらに破壊された際に被害が小さい構造とすることも設計、作設において重要であろう。

車両機械作業用の作業道は、道路から斜面下方へ20 m、上方へ40 mまでの60 mを作業範囲とし、ha当り130 mほどの道路密度の整備が必要である。スーパーロングリーチアーム車両で作業することを標準仕組みとする。ウインチ機構を装備して、斜面下方へ30 m、上方へ50 mまでの80 mを作業範囲とすることもでき、この場合はha当り100 mほどである。低コスト作業システムの開発事業において開発されつつある技術が適用される。高規格作業道と作業道を組み合わせて対象地の路網が形成され、両者合わせてha当り100から130 mの路網となる。

地形や土質、所有形態などによって道路を展開しにくい箇所ではモノレールを道路区間の一部に組み込んだ複合規格道路による作業システムが適切である。作業道とモノレール路線を組み合わせて作った道路網を用いて、小型車両機械とモノレール車両によって作業すると1人日当り7〜10 m^{3}の作業能率が得られる。もちろんモノレール路線は急傾斜地での林内到達に用い、傾斜度100％ほどの斜面でも適用することができる[7]。

7. 新たな山作りシステム

道端から長い腕を伸ばして林内の伐倒木を木寄せする車両機械は、腕先の機能を付け替えることによって、素材生産の他の作業へ用いることができる。道路から林内へ伸びるアームに、地拵え、植栽、下刈り機能をもたせて、植栽育林作業を機械作業によって効率化できる。近年開発が進んでいる我が国用のコンテナ苗(遠藤 2007)を植栽するユニットによって1時間に200本ほどの苗を植栽でき、それら作業は人力作業の5倍以上の能率である。素材生産作業用の堅牢なアーム機構は重厚であるので、作業範囲を容易には拡大できないが、軽量化したアームによって作業範囲を拡大すれば、作業道の間の林分すべてを機械作業によって処理することが可能であり、林内を作業員が歩行作業すること

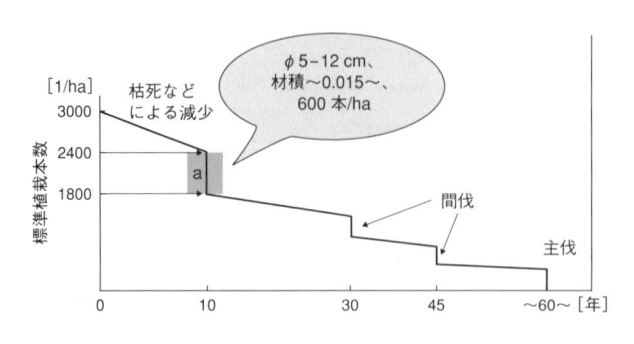

図8-7 除伐木の収穫とエネルギー利用

のない完全機械化作業を実現できる。

また、植栽木が10年ほど成長して密度管理のための除伐を行う際には、車両のアームによって列状に伐採収穫するとエネルギー用に木質バイオマスとして利用できる。小径立木複数本を1回の腕伸ばし操作で伐採収穫する機構によって、これまで切り捨てられてきた極小径木を商品化できる（図8-7）。

植栽時にICタグをコンテナ養土に埋め込んでおき、下刈りや除伐などの施業履歴を立木に電子的に記録するとともに、電子信号を発信して作業機の位置・動作案内をさせることができる。車両作業情報の管理利用とともに、造林の工程から高精度の森林経営ビジネスモデルを構築することができる。

8. 森林木質バイオマスの活用

環境に付加を与えないエネルギー資源として木質バイオマスは注目されており、国土の2/3を占める森林の蓄積量の大きさとともに利用の促進が期待されている。素材生産が行われれば造材工程で必ず発生する枝条残材や除伐木、捨て伐り間伐材などの林地残材が森林木質バイオマスとして森林から直接収穫される。これらの他に製材工場からなどの廃材がエネルギー利用されるが、製材廃材などは工場用のエネルギーとして利用されるところが多く、地域エネルギー資源や木質バイオマス発電所などの原料として期待されるのは、森林木質バイオマスである。

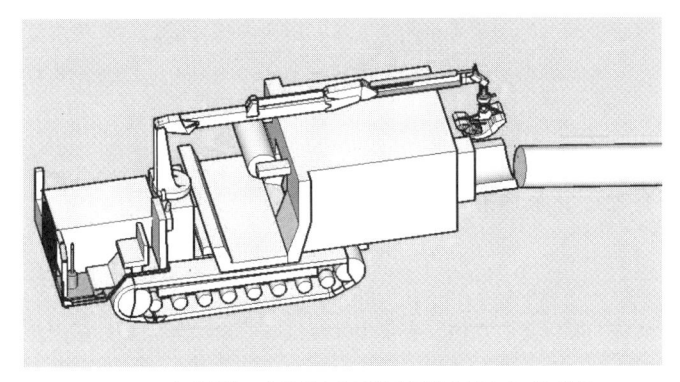

8章　新たな技術による森林資源利用推進　　　　　　　　　　　　　165

図8-8　作業道脇の造材後林地残材を圧縮整形するバンドラ

　林地残材、特に枝や梢端部は膨疎で嵩張るのでそのままの状態で距離を運ぶには効率が悪い。道路端に集積した後に道路端でチップ化して運搬するか、圧縮整形して運搬する。チップ化すると質の劣化や発火の危険性から管理に配慮が必要で、短時間での消費スケジュールで利用することが適切である。圧縮整形されたものは、バンドルと呼ばれ表皮を残したままでおかれるので自然乾燥が進み、また発火の心配がないという利点がある。このバンドルを作成する機械がバンドラで、素材生産などの事業後の現地で残された林地残材を処理する。作業道を移動しながら道端の林地残材を回収しつつ圧縮整形して道路脇に置く（図8-8）、バンドルは素材と同様にフォワーダで集材しトラック道路脇に椪積みする。膨疎な林地残材を別車両で回収してバンドラへ搬入しては手間がかかりすぎる。現在研究デザインでは、ドライt当り3千円を想定している[8]。

　バイオマスニッポン総合戦略やバイオ燃料技術革新協議会のバイオ燃料技術革新計画などでは、バイオマスからエタノール換算で600万kLもの新エネルギーの生産を計画している。国内の多くの自動車が消費する燃料の10％をバイオマス燃料に代替することを期待しているが、膨大な量のバイオマスが求められている。木質バイオマスは最も期待されているバイオマス資源である。また、国内の森林資源の利用率が向上すればさらに多くの量を供給できる可能性を森林はもっている。また、地域は、地形や居住規模のみならず、伝統文化や産業構造などによってそのバイオマス利用手法に個性を反映することができる。木質燃料の利用形態を多様化すれば、地域高齢者の燃料利用行動を計数管理し、

合わせて健康管理への利用も可能である。市民参加の低質材収穫事業では、ペレットなどの木質燃料提供によって市民へエネルギーとして還元することもできる。

9. 所有とビジネスモデル

林内に道路が整備されて到達性が向上しても、適用される作業システムに見合った事業量が確保されないと事業の採算は取れない。すなわち、アルム様式の土地利用を基盤に展開してきたオーストリアの農林家は、所有する機械の作業機能を共同利用する組織を作り、地域の協業を進めてきた。機械利用協同組合（Maschinen Link：マシーネンリンク）と呼ばれる組織は、特に作業用機械導入の進展した1940年台に、異なる機械を所有する地域農林家がお互いに利用し合って作業の能率向上を図るとともにビジネスとしても成立させたものである。作業機械と請負単価を表にしてあり、会員と所有機械のリスト[9]がある。特定の作業支援が必要な際に契約して作業を発注する。なお、作業単価は情勢に合わせて隔週改定され、新聞に公開される[10]。日本でも1980年代に導入されて話題になった半脚式車両機械が、普通の畜産農家の庭先においてあり、自己山林の道路手入れに使用するとともに、共同利用組織での利用も行っていた。農用トラクタにフォワーダトレーラを牽引させた車両も所有し、地域の集材作業を請け負うことは当然であるが、土地柄で急傾斜地林業用の特殊車両があたりまえのように装備されている。機械利用協同組合は農家林家の小規模所有者の小規模な事業を支援する組織であり、農業、畜産などと兼業して営んでいる。グリーンツーリズムもあわせて、一次産業を軸とした多角的な事業の一つとして林業を営んでおり、事業的に適切な水準で生計を維持できる構造となっている。日本のイメージでは、さしずめ、地域社会の経済が良好に動いている大きなスケールの里山である。林内道路網を利用したグリーンツーリズムでの利用も多い。広大なエリアで長距離の林内道路を利用し、ホテルと景観眺望地点までの巡回コースを自転車で駆け巡るスポーツ利用も盛んである。

これに対して、林業会社や国有林などの大規模に所有されている森林では、大型タワーヤーダを用いて効率的な素材生産作業を行う。とくに所有森林が上

下にある道の間に挟まれた短冊状の場合は、帯状の小面積皆伐といえる方式で作業する。人力伐倒のあと荷掛け手1ないし2名[11]、機械作業手1名で作業する。林業専業事業体は、素材生産請負業者などがあるが、早朝から日没後までの長時間作業が通常である。日中時間の長い夏季は2交代作業、昼間が短い冬季は1シフト作業である。

スウェーデン、フィンランドでは林業は国の基幹産業であり、地形が平坦なこともあって車両系機械による林業作業の機械化が進んでおり、高能率な機械作業を展開するために、森林組合企業が個人所有森林の経営の委託を受け、大規模な素材生産事業を行っている。約半数を示す私有林は平均して15 haの面積を持ち、森林組合企業に経営を委託している。特に大きな組織は会員数1万人、森林15万 haを経営し、年間に100万 m^3 の素材を加工する製材所を稼動させている。このような森林組合企業は、素材生産事業者に請け負わせて素材を収穫するが、それらは個人企業である場合が多く、社会保証費などの軽減も目的として、親子もしくは兄弟など血縁者の少人数の家族労働的事業体となっている。一般的にはハーベスタとフォワーダという伐倒造材と集材の機能の機械をセットで所有する。彼らは3年にわたる素材生産契約を森林組合企業と結び、地域内の山林事業の移動と処理を繰り返していく。作業機械1セット当り、年間に2万 m^3 ほどの素材を生産する。製品はトレーラで運剤され、自社製材工場や需要スポットへ直接納品される。素材市場はない。

我が国の小面積所有の多い私有林は、森林組合などの組織への経営委託が適切である。作業によって儲かる技術のある作業事業体と、経営事業体とに分離することもありうる。作業事業体は、高度機械化作業システムによる山林事業を効率よく実施する。経営事業体は、地域森林計画を健全に立案運営するとともに、高度機械化作業システムを効率よく地域内で運用する。

10. 地域森林情報基盤と計画

森林資源活用の基盤となるのがGISなどの情報システムである。GISは、管理単位となる林班、小班ごとの樹種、林齢や施業履歴などのデータベースを境界の地理情報などとともに統合した地理情報システムである。通常は、森林行

図8-9 ハーベスタキャビン内のGIS端末装置
前方にハーベスタユニットが見える

政部署が管内森林の情報を管理するために用いられており、施業履歴を事業後に反映して更新している。管内各地の森林組合とデータを共有し、施業対象地の抽出や、事業取りまとめの基礎資料として用いている。

しかし、機能は多様で奥深く、単にデータ管理や抽出利用だけではなく、評価や予測などをシミュレーションによって行うことができる。対象地林況、地形(標高)、道路位置などの情報をベースとして、作業システム区分、作業能率推定を行うことによって、対象地域の素材生産コスト、その分布や指定地点への集積コストを算出することができる。さらに、新たに道路を作設した場合の事業コストの低減を推定できる。また、団地化施業を提案する際のメリットを団地化提案と期待される収益メリットを示して提案できる(仁多見ら2004、櫻井ら2006)。

スウェーデンなど大型車両走行作業システムによって林業事業を行っているところでは、森林組合企業事務所にあるメインPCから、車両内に装備したPCで稼動するGIS機能を有するシステムへ施業対象地の林況データおよび施業内容が高速通信回線で転送され、オペレータはそれを画面で見ながら作業を行う(図8-9)。作業成果はハーベスタヘッドで収集した樹種、採材規格、本数を椪積みした位置情報とともに事務所へ送信する。事務所とは採材規格による単価の変動を反映するように交信している。事務所のサーバーに蓄えられた情報は、運材トレーラ業者に作業の発注とともに送られて積み込み順序を適正化して集荷に回る。このシステムで転送利用される情報は、対象地のGISデータセットと作業内容、制限エリアや椪積み位置など膨大なものであり、作業成果として発信されるものは生産玉材の樹種、規格、数、椪積み位置である。

日本でもGISの整備は各地で進められている[12]。しかし、森林施業立案の資料として使われるが、現場作業の段取り、経費試算、事業日程の構築などへ用

いられることはない。現地の状況を頭に詰め込んだ担当者が、地図イメージと森林簿帳票データベースの知識を基に事業計画を立案して地図に描きこんでいく。職人芸のようなきめ細かな評価と判断、そして自ら推進することによって取りまとめられる事業のイメージが、担当者の頭の中で検討され、組織的な作業になることが少ない。さらに、地形急峻な広大な対象地を隈なく理解して適切に事業を組むことは少ない人数では容易ではない。山林事業が円滑に進んでいるところは、森林組合など組織での地域山林情報の理解が深く、組織従事者による広い情報の共有があって、事業推進の評価と検討が組織として進められるからである。ここで要となるのは事業説明会などによる山林・施業情報の組織と所有者との共有である。定期的にまた必要に応じて開催する懇談会や説明会によって地域の森林施業を取りまとめるが、多くの手間が費やされる。地元不在の所有者が多ければなおさらである。

　GISを用いて事業とりまとめを効率的に推進することが可能である。わが国の山林事業の推進、とりまとめが困難な点の一つは、対象地が理解しにくいことである。山林の相続によって引き継がれた所有地は、急峻な山腹奥地に所在する場合が多く、実際に場所を確認するのは容易ではない。困難な地形地で簡略的な測量によって定められた地所の大きさも不正確であり、立木の樹種、大きさも不正確なものも少なくない。県など公共組織が推進しているGIS整備では、所有境界は画定していないものの公図などから推定した区画で所有地を表している。林分の状況は管理基本台帳である森林簿によって所有地理情報とつき合わせている。樹種や植栽年の違いなどを基とした小班を最小単位として、山腹や流域を区画とした林班を上位管理単位として森林を扱っている。これらの森林情報を電子化したものがGISである。確定はしていないが、とりあえず計画、調整や合意形成に使える形になっている。このGISによって所有森林の位置と状況を擬似的に可視化することができ、具体的な所有感を感じることができる。さらに事業とりまとめの効果を、道路整備や事業森林の団地化など様々な条件に応じてシミュレートすることができるので、経営的に所有山林を生かす方策を経費数値とともに具体的に検討することができる。数値処理的なところは容易にインタネットサービスに組み込める。また、道路位置、延長を図上で設定した際の経費および素材、バイオマス生産運搬コストの削減効果につい

て、対話型シミュレーション機能を開発しており、パッケージ提供を準備している(櫻井ら 2006)。

　GISはインターネット上で所有権、管理権などに応じて閲覧、利用できるようにすることが有用である。地方自治体との共同研究で、地域森林GISをベースとして、素材・バイオマス生産経費シミュレーションシステムを構築している。インターネット上で利用できるように準備している。地域森林GISの管理、利用として、北欧の森林組合企業の例が参考となる。会員管理と事業経費シミュレーションをインターネットHP上で行っており、個人資産に関するところは個人ページでGISデータとともに取り扱い、事業計画においては、事業内容と設計に応じて変動する税率と還付金比率を適切に検討調整できる機能を提供している。

　我が国の山林作業機械の多くは土建機械ベースであるので、作業情報の収集にそれらがすでに備えている車両情報を送信する管理システムを用いることができる。しかし、現状は日々の稼動情報を管理事務所へ送信するほどの少量の情報伝送が行われていおり、事務所からの作業情報を車両PCへ転送するとか、インタラクティブに作業管理や市場情報を交信することはできない。日々の作業情報を生産した素材の規格と量、位置情報を含めて事務所へ日報的に伝送することによって、事業、機械の計数管理をし、それによって地域森林情報のGISでの管理、利用精度を上げていくことができる。

11. 地域森林資源活用モデル——地域総合ビジネスとしての林業——

　豊かな森林をもちながら適当な活用が進まない我が国において、利用のための新たな枠組みを構築することは困難ではない。技術的には十分に能率作業が可能であるし、生産素材を吸収する需要はある。さらにエネルギー利用のための莫大な需要も生産の拡大を期待している。

　林業の活性化、森林再生が今日の森林関連業界の課題と叫ばれているが、スポット的には採算を得てビジネス的に展開している事業体もある。技術的に困難なことと言うよりは、それを阻んでいるものを矯正しにくいのではないかと感じられる。正確な森林の資源の質と量を効率的な遠隔探査技術を用いて得て、

GISのデータベースを更新し、精度の高い事業計画と成果に結びつけることは、社会資本としての森林の適切な利用を具体的に展開するためには不可欠で、社会組織の義務である。

　我が国土の土地条件、道路基盤の整備経緯や社会資源としての森林の機能を考えると、これまで述べたようなポイントを踏まえながら、国土資源育成の方針とそれに裏づけられた基盤整備をすすめ、道路近傍森林での事業と道路から遠隔森林での事業の区分と適用技術の標準化によって効率的な作業を具体化し、情報化システムによる作業および機械運用の効率化によって公開されて合意形成、共同化が進み、確実な事業運営が可能で、林業組織の採算経営事業により構成員や地域に成果を還元し、地域資源エネルギー利用と密接に連携した事業、組織運営によって森林のCO_2固定機能を高めるとともに、排出権などを計数管理してビジネス化し、地域の森林資源を有効に活用する地域総合ビジネスとしての新たな林業が形成されると期待する。

＜注＞
1) アルプスの少女ハイジ．http://www.heidi.ne.jp/
2) 同一車両上で荷外しが行えるオーストリアではこの作業システムへ無線自動開放フックの導入はない．
3) もしくは巧みにリードロープを用いてワイヤーロープを引き回すことが必要である．
4) 静岡県森連、KOLLER K500。2010(平成22)年にKOLLER K602H(トレーラ、TYのみ)が導入された．
5) 道路区間延長に応じた利用料金(10 Nkr程度)を当該道路区間の入り口に設置された料金箱へ現金で収納する．
6) 林道網定数kと呼ばれ、エリアの大きさなどによって1.3～2ほどの値であり、路網の効率は1/kとなる．
7) 林野庁、林業機械化協会、平成17、18年度 農林水産省 産学官連携による食料産業等活性化のための新技術開発事業
8) 平成20年度 新エネルギー・産業技術総合開発機構 バイオマスエネルギー転換要素技術開発事業 エネルギー用森林木質バイオマス搬出のための高速連続圧縮機構の研究開発
9) Preisliste 2007, MaschinenLink, Kitzbuhel, Insbrucker strasse77, 6380 St., St Johann in Tirol

10) Ik tirol, Landwirtschaftiche Blätter
11) TY の集材距離による。
12) 広域全県の情報を GIS で公開したものの例として静岡県のものがある。静岡県森林情報共有システム　http://fgis.pref.shizuoka.jp/

<文　献>

遠藤利明 (2007) コンテナ苗の技術について. 山林 1399：60-68.
Heinimann, H. R. et al. (2001) *Perspectives on Central European Cable Yarding Systems*. Proc. International Mountain Logging and 11th Pacific Northwest Skyline Symposium.
池永正人 (2002) チロルのアルム農業と山岳観光の共生. 215 pp, 風間書房.
仁多見ら (2004) 平成 16 年度 新エネルギー・産業技術総合開発機構 バイオマス等未活用エネルギー実証試験事業調査 秩父市バイオマスコジェネ施設整備事業調査報告書.
櫻井　倫・仁多見俊夫ら (2006) 山岳森林地域における森林バイオマスのエネルギー利用の可能性と基盤整備の効果. 森林利用学会誌 21(3)：193-204.
竹村公太郎 (2003) 日本文明の謎を解く. 259 pp, 清流出版.
梅田修史 (2009) 森林土木今後の展望―道の開設から. 山林 1501：71-75.

＊本章は、仁多見俊夫 (2009) 新たな技術による森林資源利用逼迫―その技術とビジネスモデル―. 機械化林業 665：1-14 を加筆転載したものである。

9章　持続的な森林資源利用のツール
――森林認証制度および収穫実行規約――

　FSC(Forest Stewardship Council：森林管理協議会)や相互承認を基本戦略とする PEFC(Program for the Endorsement of Forest Certification Scheme：森林認証スキーム支援プログラム、旧 Pan European Forest Certification Scheme：汎ヨーロッパ森林認証スキーム)による森林認証・ラベリング制度が急速に展開してきた。本章では、国内に複数の認証スキームが並立している現状を踏まえて、森林認証・ラベリング制度の動向と、NGO 主導型の森林認証・ラベリング制度への行政・業界側からの対抗策として、北米やアジア太平洋地域の国々で提案整備されつつある森林収穫実行規約 FHPC(Forest Harvesting Practice Code)を紹介対比させながらわが国での森林収穫作業への影響等を検討する。森林認証・ラベリング制度は、いわば"触媒：カタリスト"として、市場動向や消費者のニーズをもその連鎖に組み込んだ問題解決型のアプローチとしてその時代的役割を担うことが期待される。他方、森林管理・収穫実行規約は、このような NGO 主導型の第三者認証評価に対する行政・業界からの"倫理的"対抗策として位置づけることができる。両者の取り組みのベクトルは異なっているかのように見えるが、持続可能な森林管理 SFM (Sustainable Forest Management)の実現という到達点は同じであろう。環境方針、企業的管理計画、考えうる最良技術の導入、自己監査、継続的改善責務など共通の要求を両者は前提とするからである。

1. 森林認証制度の展開

　1992 年の国連環境開発会議(UNCED)、いわゆる「リオ地球サミット」で、21 世紀に向けての行動計画であるアジェンダ 21 (Agenda 21)及び森林原則(Forest Principles)が採択され、持続可能な森林管理 SFM を確立するための取り組みが

表 9-1　主要な認証機関による認証森林面積比較：2001 年、2004 年 および 2007 年

年　度	2001		2004		2007	
FSC	22,165,741	(31.6)	40,422,684	(27.4)	90,710,640	(30.7)
PEFC	32,370,000	(46.2)	48,600,000	(32.9)	69,408,326	(23.5)
CSA	4,215,000	(6.0)	28,400,000	(19.2)	81,172,835	(27.5)
SFI	11,336,032	(16.2)	30,319,476	(20.5)	54,121,158	(18.3)
計	70,086,773	(100)	147,742,160	(100)	295,412,959	(100)

国際機関や各国政府のみならず民間の機関においても積極的に進められてきた。その中で、欧州や北米地域を中心として繰り広げられてきた FSC や PEFC、PEFC との相互承認スキームである CSA (Canadian Standard's Association：カナダ規格協会)、SFI (Sustainable Forestry Initiative：持続可能な林業イニシアティブ)による森林認証・ラベリング制度の推進に関する取り組みが急速に展開してきた(芝 2003)。表 9-1 に示すように、2001 年および 2007 年の統計比較で、FSC 4 倍、PEFC 2 倍、CSA 19 倍、SFI 5 倍と、4 森林認証スキームによる認証面積は急増している。一方、わが国においても 2000 年 1 月の三重県での FSC 認証森林第一号の誕生以来、認証森林も全国的な広がりを見せ、2007 年 12 月現在、FSC による認証森林は 239 件、面積 277,320 ha に上っている。また、2003 年 6 月にはわが国独自の森林認証制度として SGEC (Sustainable Green Ecosystem Forest Certification System：緑の循環認証会議)が発足し、2007 年 12 月現在で、対象森林 48 件、面積 419,489 ha を認証した。FSC、SGEC の双方とも現在審査中の複数の認証対象森林を抱えており、今後もその数量は増えることが見込まれる。さらに、相互承認を通じて欧州地域から北米、南米、オセアニア、東南アジアへとその勢力圏を拡大してきた PEFC が 2004 年になって東京に「PEFC アジアオフィス」を設置し、JIA ((財)日本ガス機器検査協会)を認証機関として 2007 年度までに 24 件の PEFC-CoC (Chain of Custody：加工流通管理)認証を実施した。結果として、現在わが国では FSC、PEFC の国際的な二認証制度と、SGEC という国内型の認証制度が並立した状況が生まれている(根本 2005)。ここに来て、森林認証・ラベリング制度は、木材生産の現場から加工・流通・消費に至る一連の構造に急速な変革をもたらしつつあると言える。今後それがどのような方向に展開して行くかは現時点では予測不可能であ

るが、わが国に先行した欧米諸国のこれまでの動向は大いに参考になるであろう。例えば、スウェーデン、フィンランド、イギリス、オランダ、ドイツ、オーストリア、スイスの各国では、「SFM実現に向けた環境保全型森林管理システムのツール」として、「市民参加型・合意形成方式による森林管理の意志決定スキーム」として、「高付加価値木材製品の市場形成・誘導の戦略(ニッチ市場)」として、「需要者ニーズの加工流通態勢再編のツール(Wood Supply Chain：WSC、Timber Logistics：TL)」として、森林認証・ラベリング制度を位置付けており、官民一体となった普及改良活動や産官学の共同研究が集中的に進められている(Shiba 2003、尾張 2005、志賀 2001、根本 2005)。これらの国は、森林認証・ラベリング制度を自国の森林・林業行政の中に組み入れることにより、積極的な環境保全型の森林管理を実践しつつ、木材生産活動・流通市場の再編を活発に行っており、資源量の増大と共に生産効率性の向上や加工・流通の合理化に成果を挙げてきている(芝 2003)。

2. 森林認証・CoC ラベリングと森林管理

　森林認証は、一定の基準を満たす森林経営が行われている管理区域(Forest Management Unit：FMU)、またはその管理主体を独立した第三者機関が評価することであり、ラベリングはそのような森林から生産された木材・加工製品に対して、生産現場から最終消費者に至るまでの全過程を跡付けるロゴマークを貼付することであり(CoC)、これにより、消費者に選択的な購買を求め、持続可能な森林経営・管理への支援を促していこうとするものである。森林認証は、より適切な森林管理を促進するための最も重要な取り組みとして、ここ十数年の間に注目されるようになってきた。非政府組織(NGO)と民間企業双方が協調し、環境及び社会的側面からみて適切な木材製品の重要性を広く認識させるとともに、生産者、消費者及び小売企業等には林産業界の浄化に役立つよう積極的な働きかけを行わせてきている。さらに、林業・森林管理の将来に関する世界規模での論争にも拍車をかけてきている(芝 2000、白石 2001、Viana *et al.* 1996)。現在、世界中の全ての地域・森林タイプを対象としてパフォーマンス評価基準(Performance-based standards)に基づく審査とラベリングを伴う形で展

開している認証スキームが、1993年に設立されたFSC (FSC 2005)であり、その後ヨーロッパでPEFC、北米地域でCSA (Canadian Standard's Association：カナダ規格協会)とSFI (Sustainable Forestry Initiative/SFI：持続可能な林業イニシアティブ)の同様な認証スキームが提案・展開されてきた。FSCを含むこれら4つの認証スキームはいずれも同じ市場で展開されており、森林認証面積と認証木材の供給量において群を抜いている(芝 2000)。なお、2001年、カナダのCSA、米国のSFIはPEFCとの相互承認(Mutual recognition)を締結することによりヨーロッパ・北米での木材製品のラベリングが可能となった。PEFCはその後も異なる認証スキーム間との相互承認(PEFCメンバー国の地域・国内基準の承認とロゴマークの使用許可)を南米、オセアニア、アジアで展開している(PEFC 2005)。

3. 森林認証・ラベリング制度に対する生産現場からの戦略的対応

3.1. 森林収穫実行規約 FHPC (Forest Harvesting Practice Code)

　SFMを志向して世界規模で展開してきたFSC、PEFC、CSA、SFIに代表される森林認証・ラベリング制度は、この十数年を経て認証スキームの運用方式や審査方法の継続的な改善、認証機関の体制整備や相互承認による共同歩調(棲み分け)等の動きを受け、制度間の格差を縮小しつつ一つの方向に向かいつつある。すなわち、FSCとPEFCによる国際的な二極化の構造である。環境NGOや先住民に代表される社会基盤の脆弱な集団の国際ネットワークを媒体として比較的緩やかに展開をしているFSCと、国際的な相互承認を基本戦略としてヨーロッパ域外のPEFCメンバー国を急速に増やしつつあるPEFC。両者の対立は当面先鋭化するものと思われる(芝 2004)。

　一方、これらの流れを受け、林業・林産業の生産現場からのSFM具現化への新たな取り組みとして、造林・保育作業、伐採・路網計画、林道建設と水土保全、作業安全・労働衛生、林地・林分のモニタリング等、森林管理や収穫作業全般に関わる規約(Code)や指針(Guide line)が提案され、地域や国レベルでの普及活動が展開されている(Heinimann 1995、芝 2004)。熱帯地域のSFMへの実行プログラムの一つとして、森林管理や収穫作業の規約編成は、アジェンダ

21・森林原則の中でも、基準(Criteria)・指標(Indicators)の検証、環境低負荷型伐出作業 RILP (Reduced Impact Logging Practice)の実行、森林管理のための森林認証基準・運用方式の提案と並列的に示されている(Moore and Bull 2003)。

これらの規約や指針では、森林管理や収穫作業における技術的水準の改善、森林労働者の教育的指導・職業的訓練等を主要な目標としているが、既存の森林・林業関係諸法を補完する形のもの(法的遵守義務や罰則を課すもの)、実施義務や罰則をともなわないボランタリーの形のもの、請負業者や労働組合等雇用主体が自主的に作成自己チェックする形のものなど、その形態はさまざまである。一般的な利用目的や運用方式に従ってこれらを大別すると以下の4つのタイプに分類される(FAO 1996, Moore and Bull 2003, Nordon 1996, Vogt 2000, Warkotsch et al. 1996)。

タイプ1：指針(Guide line) 一定水準をクリアする適正な森林管理実行 GMP (Good Management Practices)を目標とし、関連企業や団体によりボランタリーの形で提案・運用される現場ルール。このタイプの実行性は、効果的な運用計画と自己管理能力に大きく依存する。FAO Model Code (FAO Model Code of Forest Harvesting Practice, 1996)、ITTO Guidelines (ITTO Guidelines for the Sustainable Management of Natural Tropical Forests, 1992)、AP-regional Code (Code of Practice for Forest Harvesting in Asia-Pacific region, 1998)に代表される。

タイプ2：法律(Legislation) 森林管理に関して法的遵守義務と罰則が課せられ、その整備・運用は関連行政機関により行われる。このことは、監督官庁の監査・評価システムによる技術改善を意味する。Tasmania (Forest Practices Code, 2000)、China (National Code of Practice for Forest Harvesting in China, 2001)、Russia (Rule of water protection zones of water bodies and their riverbank protective strips, Decree #1404, 1996)、Alaska/Washington/Oregon States in USA (Alaska Forest Resources and Practices Act, 2000、Forest Practice Rules in Washington, 1995、Forest Practice Administration Rules in Oregon, 1995)、BC State in Canada (Forest Practices Code of British Columbia, 1995)等。

タイプ3：指針(Guide line)と法規的勧告(Recommendations)の組み合わせ
タイプ1の GMP 水準以上の最適な森林管理実行 BMP (Best Management

表 9-2 実行規約の評価基準・指標例：ニュージーランド森林収穫実行規約

① 土壌・水（Soil & water）	⑥ 森林の健全性（Forest health）
② 景観（Scenery）	⑦ 地位生産力（Site productivity）
③ 文化（Cultural）	⑧ 域外環境影響（Off-site impacts）
④ レクレーション（Recreation）	⑨ 作業安全（Work safety）
⑤ 科学・生態（Science & ecology）	⑩ 商業的実行性（Commercial viability）

Practices）を目標とした指導要綱。Montana/Maine States in USA（Montana Forestry Best Management Practices, 1991、Forestry Best Management Practices Use and Effectiveness in Maine, 2002）、Cambodia（Cambodian Code of Practice for Forest Harvesting, 1999）等。

　タイプ4：准法律（Co-legislation）　一定の管理基準（Management standards）に基づく整備計画策定が前提となり、条件により法的遵守義務も生じる。業界による自己管理と監督官庁の監査システムの協約体制。New Zealand（New Zealand Forest Code of Practice, 1993）、South Africa（South African Harvesting Code of Practice, 1995）等。

　なお、森林管理や収穫作業に関する実行規約の評価基準や指標については地域的な差異も若干認められるが、標準的な例として示したニュージーランドの実行規約（表9-2）のように、SFMの基本原則である生産面・環境面・社会面を一体とした構造をとるものが多い（Vanghan 1995, Warkotsch et al. 1996）。

3.2. FAOのモデル規約（FAO Model Code）とAP地域規約（AP-regional Codes）の構造

　熱帯地域の森林管理や収穫作業の適正化、すなわち、環境低負荷型伐出作業実行RILPを目的として成案化されたFAOのモデル規約（Model Code of Forest Harvesting Practice, 1996）は、伐出計画、林道工学、作業機械・仕組み、労働安全等に関する8項目で構成され（表9-3）、収穫作業に伴う林地・土壌かく乱と土砂流失の軽減、水系・渓流域の水質保全とバッファリング、林道開設の土工技術、労働安全・作業負担評価、作業前・後のモニタリング等に関する実行法や技術水準の設定・評価法を与えている（FAO 1996）。本規約自体は、上述したように熱帯地域での一般的利用を目的としたものであり、最終的には国別の国

表 9-3　FAO の森林収穫実行規約の構造

① 収穫計画（Harvest planning）　　⑥ 運搬作業（Transport operation）
② 林道工学（Forest road engineering）　⑦ 収穫評価（Harvesting assessment）
③ 伐倒（Cutting）　　　　　　　　⑧ 収穫労働力（Forest harvesting workforce）
④ 搬出（Extraction）
⑤ 土場作業（Landing operation）

表 9-4　APFC メンバー国の国内実行規約の整備レベル：2003 年現在

整備レベル	国（州）
正式な国内実行規約化	Fiji, New Zealand, Papua New Guinea, Solomon Islands, Vanuatu, Australia（5 states）
草案検討段階	China, Bhutan, Cambodia, Laos, Mongolia, Myanmar
草案作成中	Indonesia, Philippines, Samoa, Sri Lanka
FAO への支援要請中	Pakistan, Vietnam

表 9-5　森林収穫のための実行規約の整備・運用に対する主要な問題点

① 実行規約の整備・運用に関する定義と方法の統一性
② 実行規約の開発・整備への主要な利害関係者（Stakeholders）の参入機会
③ SFM に向けての実行規約の役割・機能の認識
④ 実行規約の効果的運用のための利害関係者への責務強化
⑤ 実行規約の運用・モニタリング費用の軽減
⑥ 全てのレベル（行政・企業・現場）での効果的運用能力の増強
⑦ 実行規約のモニタリングのための効果的検証システム（Verification systems）の開発
⑧ 実行規約の運用に対する既存の政策的問題（Policy issues）と各種規制（Constrains）

内規約の開発を意図としたものであった。しかし現実には、その後熱帯地域以外で作られる多くの規約のモデルとなるものであった。一方、AP 地域規約（AP-regional Codes）は、FAO のモデル規約を参考にアジア太平洋地域を網羅する地域規約として 1998 年に提案された。これに先立つ 1996 年、極東アジア、東南アジア、オセアニアを含む 28 カ国がメンバーとなってアジア太平洋林業委員会 APFC（Asia-Pacific Forestry Commission）が発足し、地域規約作成のための作業部会が招集された。1998 年、アジア太平洋地域森林収穫実行規約（Code of Practice for Forest Harvesting in Asia-Pacific region）として参加国間で調印された（Moore and Bull 2003）。これを起案として、2001 年から順次国別の国内実行規約の整備が始まった。2003 年時点での関係 14 カ国の整備状況は**表 9-4** の

通りとなっている。国別に整備レベルの違いが生じているが、この原因としては、表 9-5 に総括したようないくつかの基本的問題点を列挙することができる。表から明らかなように、実行規約の整備・運用に関しては、技術的実行性(Technical feasibility)、経済的実行性(Economic feasibility)、制度的実行性(Institutional feasibility)がキーワードとなる。

　これまで述べてきた実行規約の提案は、NGO 主導型の森林認証・CoC 制度に対する行政・業界からの対抗策としての動きと言えるものである。森林施業計画に代表される森林・林業関連の諸法が整備された地域においては、収穫管理規定、造林・林道規定、労働安全・衛生規定等、一連の監督官庁が策定指導するいわゆる「法制的規定：Regulation」があるが、これらの規約の多くは、現場での適応性という意味で極めて斬新で効果的なものとなっている。すなわち、事業主体の規模や装備に応じた作業実行の目標設定、達成度の客観的評価、実行状態の継続的モニタリング、状況変化に応じた作業システムの可変性などその利点は大きい。FSC や PEFC の森林認証制度と同様、これらの実行規約は従来の行政的諸規定や法規の不完全部分を相補的に充足・改善することが期待される（芝 2004）。

4. あとがき

　森林認証・ラベリング制度は、従来の政治的・行政的枠組みでの top down の対処療法的手法とは異なり、市場動向や消費者のニーズをもその連鎖に組み込んだ問題解決型のアプローチであると言える。その意味で、森林認証・ラベリング制度は、いわば"触媒：カタリスト"としてその時代的な役割を担うであろう（図 9-1）。他方、森林管理・収穫作業実行規約は、このような NGO 主導型の第三者認証評価に対する行政・業界からの"倫理的"対抗策として位置づけることができる。両者の取り組みのベクトルは異なっているかのように見えるが、持続可能な森林管理 SFM の実現という到達点は同じであろう。異なったアプローチの仕方があることこそが、むしろ健全な発展過程を踏まえていると言えるのではないか。なお、本章は、平成 18 年度〜平成 19 年度科学研究費補助金（基盤研究(C)(2) 18580145 研究成果報告書「森林生産再生支援ツールとしての

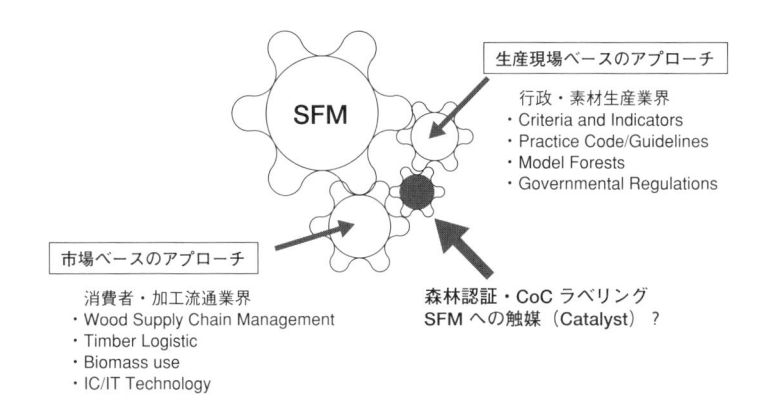

図 9-1 SFM 実現のための二輪構造と森林認証・CoC ラベリングの役割
生産現場と市場ベース（芝　正己 2003 掲載図を改編）

森林認証・実行コードクロスモデルの構築」）（芝　正己 2003）から、本書用に再編集した。

<文　献>

FAO (1996) FAO Model Code of Forest Harvesting Practices. 85 pp, FAO Forestry Department, Rome.

FSC (2005) Information on Certified Forest Site endorsed by the FSC. Web page: http://www.certified-forests.org/date

Heinimann, H.R. (1995) Methods of Developing and implementating Codes of Forest Practices. In Proceedings of the FAO/ECE/ILO International Forestry Seminar. Hoeefle, H. (eds.), 274 pp, FAO, Rome, 255-263.

Moore, K. and Bull, G. Q. (2003) A global review of guidelines, codes and legislation pertaining to fish-forestry interaction. In Proceedings of the international expert meeting on the development and implementation of national codes of practice for forest harvesting: issues and options. International Forestry Cooperation Office (eds.), 376 pp, Forest Agency, Tokyo, 80-122.

根本昌彦（2005）世界の森林認証．（森林認証と林業・木材産業．全林協編，197 pp, 全林協，東京）．42-63.

Nordon, V. (1996) Criteria and indicators and forest certification: Canadian initiatives. The

Forestry Chronicle Vol. 72(5)：513-518.

尾張敏章 (2005) スウェーデンにおける持続的森林管理と森林認証.(ヨーロッパの森林管理. 石井寛・神沼公三郎編, 333 pp, 日本林業調査会, 東京). 285-306.

PEFC（2005）PEFCC Information register. Web page: http://www.pefc.cz/register/statistics.asp

芝　正己 (2000) 森林認証・ラベリング制度の動向と今後の研究的課題. 森林研究 72：45-56.

Shiba, M.(2003) Effect of Ongoing Forest Certification Approaches on SFM-Oriented Management Strategies of Plantation Forests：Opportunities or constrains? In Proceedings of International Seminar on New Roles of Plantation Forestry Requiring Appropriate Tending and Harvesting Operations. Yoshimura, T.(eds.), 585 pp, The Japan Forest Engineering Society, Tokyo, 96-107.

芝　正己 (2003) 森林認証・ラベリング制度の国際的動向及び関連した諸問題の比較研究. (財)京都大学教育研究振興財団　平成 15 年度第 1 号事業助成成果報告書：1-128.

芝　正己 (2004) FSC 森林認証・CoC 制度の展開と森林管理・林業生産活動への影響—国際的動向—. 森林利用学会誌 18(4)：263-266.

芝　正己 (2008) 森林生産再生支援ツールとしての森林認証・実行コードクロスモデルの構築. 平成 18 年度~平成 19 年度科学研究費補助金(基盤研究(C)(2)) 18580145 研究成果報告書：1-111.

志賀和人 (2001) 21 世紀の地域森林管理. 193 pp, 全林協, 東京.

白石則彦 (2001) 我が国における森林認証制度の発展可能性. 山林 1400：6-13.

Vanghan, L.(1995) New Zealand Forest Code of Practice. 102 pp, LIRO, Rotorua.

Viana, V. M., Ervin, J., Donovan, R. Z., Elliott, C. and Gholz, H.(1996) Certification of Forest Products. 261 pp, Island Press, Washington, D.C.

Vogt, K. A., Larson, B. C., Gordon, J. C., Vogt, D.J. and Franzeres, A.(2000) Forest Certification. 374 pp, CRC Press, Washington, D.C.

Warkotsch, W., Engelbrecht, G. R. and Hacker, F.(1996) The South African Harvesting Code of Practices. Suid-Afrikaanse Bosboutydskrif 174：59-68.

10章　海岸林の造成と管理の史的展開

1. はじめに

　周知の通り、我が国は島国であり、その海岸線の総延長距離はおよそ3万2千kmにもおよぶ。この海岸線上には、まるで外敵から城を護る要壁のごとく海岸林が成立している。北海道の場合、カシワ・カエデ類の林も見受けられるが、全国的に海岸林の多くは比較的耐潮性があるというクロマツの人工林であり、それらは沿岸平野部に住む人々の生活を飛砂や潮風等といった害から護っている。日本の主要都市が沿岸地域で発達できたのも、この海岸林によって生活環境が護られていたからだと言っても過言ではなかろう。

　しかし、現在、これらの海岸林は国土開発によって伐採され、あるいはゴミの不法投棄によって荒廃し、さらには松くい虫被害の拡大によって多くの場所でその機能が失われている。かつて、住民の生活を護り、また"白砂青松"と形容されて親しまれてきた海岸林は、その姿を大きく変えつつある。多くの砂浜が全国には存在している限り、時代が変化しても海岸林の重要性はなんら変わるものではない。しかしながら、大きく変容してきた海岸林の今日のこうした現状を、どのように理解し、対策を考えると良いのだろうか。

　本章では、現在、松くい虫の被害が著しい山形県と秋田県の海岸林を対象に、海岸林がどのように造成され、また管理されてきたのか、その歴史的経過を明らかにすることによって、今日の状況を分析し、将来の海岸林の維持管理への基礎情報を提供する。

2. 海岸に対する植林のはじまり

　江戸時代の国学者で紀行家でもある菅江真澄の著書、「かすむ月星」の中に次

のような一文がある。

「むかしはこのあたりまで潮が満ちてきていて、仁井田の寺の、二本ある大木のうち、一本を船つなぎの槻といい、千年を経ている。鶴形も浦だったといい、船問屋の子孫があって、いまは川舟の宿となっているということである」(内田・宮本 1967：p. 153)

　これは1846年頃、現在の秋田県能代市周辺を旅したときに住人から聞いた話を記したものである。鶴形とは現在の海岸線から10 kmほど内陸に入った所にある集落で、浦とは海辺を指す。同書の解説によると、「米代川下流の平野が干拓されて田がひらかれ、村落ができてくるのは江戸時代中期以降で、それまでは海というよりも一面の湿地沼沢だったようである」(内田・宮本 1967：p. 168) と推測している。こうした情景はなにも能代市に限ったものではない。河口をもつ沿岸平野部では、概ね湿地沼沢と化している場所が多く存在し、人が定住できる環境ではなかった。こうした場所に集落が誕生するのは、江戸時代に行われた新田開発が大きく関与している。

　江戸時代は一般的に"石高制社会"と呼ばれる。それは領主の所領、武士の収入、屋敷地の広さ、さらには庶民の富に至るまで米の量単位である"石"で表現されるものである。従って、藩の豊かさは必然的に米の生産力に比例されるため、各藩は自国の財政を潤すため、盛んに新田開発を行った。それは秋田藩や庄内藩でも例外ではなく、1600年代末頃になると、新田開発は半ば捨てられていた砂丘地帯でも行われるようになり、いたるところに集落が誕生している。

　一方、海岸砂丘地に対する植林の記録が史料に登場するのは1600年以降が圧倒的に多い。これは砂丘地に対する植林と新田開発の進行が密接に関わっていることを物語っている。つまり、冬期季節風の激しい当地域において新田開発をし、農業を営むには潮風や飛砂を防ぐ海岸林の存在が必須となるため、新田開発と概ね同時進行で植林事業もスタートしたと考えられる。特に成林後、地域住民によって利用される事が多いことから、周囲に森林資源が乏しい沿岸地域において、単に防災目的だけでなく農漁業及び生活用資材の供給地としての入会地造成も、この植林に期待されていた。

　植林の形態は地域の諸事情によって様々であるが、大きくは藩直営で行う場合と、肝煎(きもいり：名主・庄屋の異称)や地域の豪農・豪商が藩からの依頼

を受けて行う場合、あるいはその逆に肝煎や地域の豪農・豪商が藩の許可を得て行う場合が存在した。これらの多くは、事業主が労賃を払って地域の農漁民らを使役し造林労働に当たらせていた。また、人件費も含めた事業費は藩から支出される場合もあったが、多くは肝煎や地域の豪農・豪商から支出され、その場合は藩との分収造林という形態をとっている[1]。ただし、藩財政が悪化してくると、労賃の支払いもままならず、半ばボランティア同然で造林労働に協力を願う場合もあった。

植栽方法ならびに植栽樹種は、まだ技術的に確立されておらず、常に試行錯誤の連続であった。そのなかでも、クロマツと窒素固定菌と共生するネムノキあるいはグミノキを混植する場合が多かったようである。この他、地域によってはヤナギやナラ類、あるいはカシワ等も植えられている。砂丘地で植林をする場合、いかにして砂による苗木の埋没を防ぐかが焦点となるが、風除けとして丸太を組んだり、あるいは比較的根付きやすいヤナギ等を植林し、砂を安定させる方法が採られてきた。また、植栽本数に関してはクロマツが30万本/ha、グミやネムノキが35万本/haを植林したという記録が残っており(野添 1984)、かなりの密植であった。

植栽後は成林するまで、下枝草の利用はもちろん、その立ち入りまで禁止するなどの徹底した保護が行われているが、成林後は燃料用として落葉落枝が採取されたり、あるいは農漁業用資材の供給地として地域住民に利用されている。その際、海岸林造成にどれだけ貢献したかに応じて利用権(入会権)が設定された。ただ、そうした貢献度を客観的に判断する術はなく、境界線を巡って集落同士で乱闘騒ぎを起こす事がしばしばあったようである。

ちなみに当時の海岸林の林況は、例えば秋田県能代地域を見てみると、1814年当時で松(クロマツ)2,113本(但し1尺5寸廻りから6尺廻り)、槻(ケヤキ)370本、柳(ヤナギ類)580本、槐(エンジュ)67本、合歓木(ネムノキ)2,500本が成育しているとされ(能代市史資料編纂委員会 1985)、いささか雑木林的であったことが伺われる。

3. 戦前期における海岸林造成と管理

3.1. 官民有区分事業と地域住民の対応

　1873(明治6)年、近代国家の建設を目指す明治政府は、その財源確保のため地租改正事業を開始し、土地所有の確証を広く求めた。これは当然、森林においても実施されたが、「曽テ栽培ノ労費ナク全ク自然性ノ草木ヲ伐採シ来タルノミナルモノハ、其地盤ヲ所有セシモノニ非ズ。故ニ右等ハ官有地ト定ムヘシ」(松波 1919)というように、所有の確証を植栽の有無においたため、実際に私有と認められたものは幕藩体制下の人工造林によって形成された私営林などであり、農民的林野利用が行われていた森林の大部分は官有地に編入された。

　海岸林の場合、肝煎や地域の豪農・豪商が私費を投じて植林されているが、その多くは藩からの要請を受けた、あるいは藩に許可を得ての分収造林であったことや、幕末に海岸防備体制の強化として藩が直接植林に関与したこともあって、そのほとんどが官有地とされた。こうした海岸林の官有地化は、単に共同利用していた森林において所有者が確定しただけでなく、地域住民による利用の制限、あるいは排除を意味する。実際、1886(明治19)年に大小林区署官制が公布されたことによって当初、地方庁の所轄だった官林の直轄化が始まり、また1899(明治32)年の国有林野法公布によって国有林経営が本格化するにしたがい、住民による林野利用は次第に排除されるようになっていった。

　これに対し、農漁業および生活用資材の大部分を海岸林に依存してきた地域住民は、当然のように官林の下戻し運動を活発化させていく。しかしながら、国有土地森林原野下戻法によって下戻しが行われた森林は全国で1,335件(全申請件数の5.6%)、30万4千町歩(全申請面積の14.7%)にすぎず、海岸林においても日々高まる下げ戻し運動に反してほとんど実現しなかった[2]。一方、国有林野特別経営事業における不要存置林野の払い下げ、あるいは開墾を前提とした払い下げが海岸林では数多く行われている。これは海岸林自体、成育環境が厳しい所に成育しているため、国有として維持し、管理・経営するよりは払い下げた方が賢明という判断があったように思われる。また地域住民にとっても、森林を生活上不可欠な存在として利用してきたため、たとえそれが有償であっ

ても払い下げを受けなければならないという事情もあったと言えよう。なお、払い下げさえも実現できなかった集落は国有林野内に部分林や委託林を設定して利用の途を確保した。特に委託林は後に委託林組合といった地元組織が形成され、「恩恵と義務」という従属関係の下、国有海岸林の管理を担うようになっていった[3]。

3.2. 国有林野特別経営事業と海岸林造成

森林における土地所有の確定作業が進むなか、1896(明治29)年に河川法、1897(明治30)年に砂防法、森林法のいわゆる「治水三法」の公布をみる。これにより、中央集権的で官僚的かつ割拠的国土管理の体制が確立される。そして、1899(明治32)年の国有林野法公布とともに開始される国有林野特別経営事業(以下、特別経営事業)によって国有林経営が本格的に展開することとなる。

この特別経営事業は、森林資金特別会計制度を創設し、不要存置林野の売払収入を原資にして①境界査定及び実測、②施業案の編成、③森林の買い上げ、④造林及び森林土木事業を行うものである。これは当初、約74万町歩の不要存置林野を処分する計画であったが、実際のところ、それを大きく上回る約100万町歩が処分され、大幅な増収をもたらした。これによって計画期間は1921年まで延長され、各種事業も当初計画を上回って展開した。特に顕著であったのが造林事業と林道開設である。とりわけ造林における当初計画では、人工植栽9万ha、天然生育5万ha、砂防植栽5千haが予定され、その経費は約650万円であったが、実際には人工植栽30万ha、天然生育5万4千ha、砂防植栽7千haが実施され、造林全体の実施率は実に333％であった(**表10-1**)。こうした造林事業の展開は、基本的には無立木地に対する人工植栽であったが、当然のようにそれは砂丘地においても実施された。砂丘地における人工植栽は、森林法における保安林制度を根拠に青森県の屏風山、秋田県の本荘海岸、山形県の庄内海岸といった日本海北部沿岸地域を中心に展開された。秋田営林局管内では1915年と1916年に新植が大々的に行われ、以後、年間80haを超える面積の補植が続けられている。1913年から1921年までに実施された面積及び本数の総数は新植が約120ha、約140万本、補植が延べ約650ha、約150万本であった(**図10-1**)。

表 10-1 国有林野特別経営事業における主要事業の計画と実績

		数　量			経　費(千円)		
		計　画	実　績	実施率(%)	計　画	実　績	実施率(%)
施業案編成		2,094 千 ha	4,073 千 ha	194.51	2,356	2,526	107.22
造　林		145 千 ha	361 千 ha	248.97	6,538	23,782	363.75
	人工植栽	90 千 ha	300 千 ha	333.33	2,976	10,953	368.04
	天然成育	50 千 ha	54 千 ha	108.00	1,041	246	23.63
	砂防植栽	5 千 ha	7 千 ha	140.00	1,388	1,750	126.08
	その他	(省略)	(省略)		1,134	10,833	955.29
土　木					1,276	18,616	1,458.93
	林　道	216 千間	7,691 千間	3,560.65	1,081	12,991	1,201.76
	河川疎通	32 千立坪	79 千立坪	246.88	194	190	97.94
	その他				1	5,435	543,500.00
その他					12,852	13,500	105.04
合　計					23,022	58,424	253.77

注) 1. 松波秀実『明治林業史要後輯』原書房、1942 年、163-164 頁、および秋山智英『国有林経営史論』日本林業調査会、1960 年、86 頁より作成
2. 造林のその他とは、苗圃、固定防火線、臨時防火線、成林撫育、処理費のこと
3. 土木のその他とは、貯木場設備、砂防設備、処理費のこと
4. 実施率(%)＝実績÷計画×100
5. 実施率は小数点第 3 位を四捨五入した

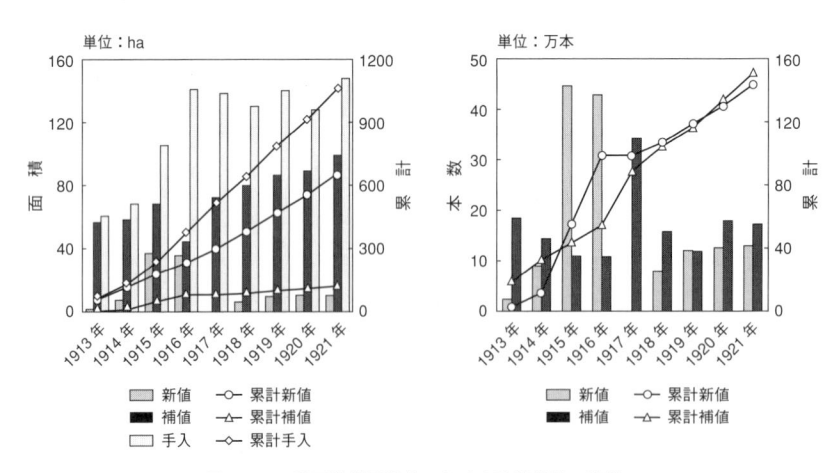

図 10-1　秋田営林局管内における砂防植栽の推移
各年度『秋田営林局事業統計書』より作成

表10-2　秋田営林局管内における救農土木事業の推移

単位：円

	1932年	1933年	1934年	計	割合(%)
公有林野官公造林事業費	132,698	147,589	32,648	312,935	28.4
国有林林道開設費	68,506	73,622	30,484	172,612	15.7
国有林野砂防設備費	77,657	53,997	29,516	161,170	14.6
国有海岸林砂防設備費	76,332	148,568	47,713	272,613	24.7
国有造林地撫育費	70,052	84,319	28,386	182,757	16.6
合計	425,245	508,095	168,747	1,102,087	100.0

資料：秋田営林局「国有林野地元農山漁村ニ於ケル救農事業並其ノ効果ノ概要」
経済更生資料第7輯、1935年、より作成

表10-3　秋田営林局管内における国有海岸林砂防設備事業の推移

面積：ha、人員：人

	1932年	1933年	1934年	計
面積	313	678	645	1,636
延べ人員	47,710	120,310	46,038	214,058

資料：秋田営林局「国有林野地元農山漁村ニ於ケル救農事業並其ノ効果ノ概要」経済更生資料第7輯、1935年、より作成

3.3. 救農土木事業と農山漁村経済更生運動

　1929年10月、ニューヨーク・ウォール街での株価暴落は、とたんに世界を大恐慌の渦に巻き込んだ。日本においては、繭価と米の暴落をもろに受け、農家の経済を直撃した。さらに1931年、東北地方を襲った冷害はこうした状況に追い打ちをかけ、深刻な凶作飢餓に見舞われた。こうした中、若槻内閣に代わって政権についた犬養内閣は、蔵相に高橋是清を起用し、積極財政による景気回復を目指した。具体的な政策としては救農土木事業と農山漁村経済更生運動などで、沿岸部においては海岸林の造成と利用が政策的に進められた。

　それらは非常に大規模なもので、例えば救農土木事業においては、失業者対策として海岸林からの恩恵が少ない内陸からも労働者が集められ、秋田営林局管内では延べ21万人もの人が海岸林造成にあたった（**表10-2、表10-3**）。また、農山漁村経済更生運動についても、従来からある委託林組合などをテコに、単に従来通りの入会利用のみならず、松脂の採取や松材加工品の販売など地元経済を潤すための利用が広範に展開された。

　こうした不況からの脱出を目指した海岸林の伐採利用とそれを上回る大規模

な植林事業は、結果的に東北地方の国有海岸林を拡大させることとなる。しかし、いっこうに回復しない景気のもとで海岸での植林を担ってきた救農土木事業がわずか3年で打ち切られると、とたんに海岸林は荒廃の一途をたどった。

4. 戦後の海岸林造成と利用・管理

4.1. 治山事業と海岸林造成

終戦直後の海岸林造成はG.H.Qの強力な指導のもと、①食糧対策としての砂丘地農業の拡大にともなう防風林造成と、②失業者対策としての公共事業として展開する。一方、林政統一を果たした国有林においては1947年の「国有林野事業特別会計法」の公布により、国有林野内治山事業はその企業的経営を基盤に展開されることとなった。当然の事ながら、戦時中に荒廃した国有海岸林の普及も企業的経営を基盤に展開するが、終戦直後の混乱した経済情勢の中で、事業を実行するための確固たる予算が得られず、きわめて低調で推移した。しかしながら、1950年に突如として勃発した朝鮮戦争による特需を契機に事態は一変する。

日本は朝鮮戦争後、「神武景気」(1955～57年)、「岩戸景気」(1959～61年)を経て高度経済成長へ突入するが、こうした景気の好調は木材需要の著しい高まりを見せ、1958年に「国有林生産力増強計画」、1961年に「木材増産計画」を樹立し、増伐体制を築くきっかけとなった。これらによって、結果的に国有林経営は木材価格の高騰にも支えられて、膨大な財政黒字を生み出すこととなる。

当然の事ながら、その財政的基盤を国有林経営に依存していた国有林野内治山事業は、その好調によって大幅な伸びを示した。参考までに山形県庄内地方における海岸林造成の推移を見てみると、1954年の64.2 haをピークに1957年まで年間40 haを超える新植が行われている。1945年から76年までの新植と改植を合わせると約515 haであるが、その約8割までが1961年までの植林である。1953年までの割合が1割にすぎないことからすれば、たかだか十数年の間に集中的に植林が行われたことになる(図10-2)。つまり、山形県と秋田県の国有海岸林は、国有林経営が好調だったある一定期間に集中的に造成された。

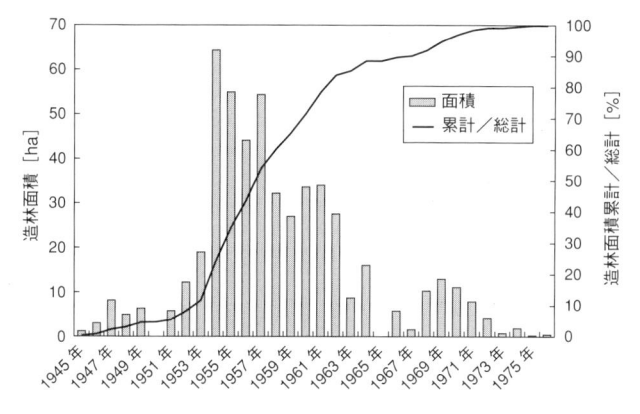

図 10-2　酒田営林所管内における海岸造林面積の推移
酒田営林署『海岸治山事業概要』1983 年より作成

4.2. 海岸林利用の後退と開発

　海岸林は地域住民にとって防災機能だけでなく、燃料用や農漁業用資材等の供給地として重要な存在であった。地域住民は海岸林と密接な関係を維持しながら、それぞれの時代の制度の範囲で利用し、また管理を担ってきた。しかし、昭和 30 年代より始まる「エネルギー革命」や農漁業の「近代化」により、地域住民による海岸林利用は著しく後退し、次第に海岸林と地域住民との接点は途切れていく。

　一方、こうした農漁民的林野利用の後退によって遊休化した海岸林は、工業用地の開発対象とされ、広範にその伐採が展開されることとなる。その契機となったのが 1962(昭和 37)年に策定された「全国総合開発計画」(一全総)である。これによって「開発地域」に新潟県と富山県が指定され、臨海整備が他の日本海沿岸地域に先行して行われた。また 1969(昭和 44)年に策定された「新全国総合開発計画」(二全総)および 1972(昭和 47)年に登場した田中内閣の「日本列島改造論」を背景に、山形県酒田北港[4]や秋田県の臨海工業団地が整備されることとなり、それに伴って海岸林の伐採が実施された。

5. 海岸林をめぐる今日的動向

5.1. 海岸林管理の現状

「高度経済成長」下の旺盛な木材需要に支えられて黒字経営を続けていた国有林であったが、1961年「木材価格安定緊急対策」および「港湾整備5カ年計画」をきっかけに外材輸入量が加速度的に増加したことによって次第にかげりが見え始め、1970年には121億円の赤字を計上する。1973年、1974年と一時的に黒字を計上したが、1975年に再び135億円の赤字を出し、以降、恒常的な赤字経営に陥ることになる。こうした状況は、その財源を基盤にしてきた治山事業にもすぐさま影響を及ぼし、次第に一般会計(治山勘定)へとその財源を移していった。

一方、国有林経営は増伐体制から自然保護を標榜した減伐路線へと転進し、1978年の「国有林野改善特別措置法」公布によって組織・要員の縮小・合理化を進めた。それは、1998年の「国有林野事業の改革のための特別措置法」、「国有林野事業の改革のための関係法律の整備に関する法律」のいわゆる国有林野事業改革関連2法が公布された事によってより強固に進められ、例えば東北森林管理局(旧秋田営林局)では1985年から2000年までの間、定員内職員で約7分の1にまで縮小された。また定員外の作業員についても1984年から1999年までで約6分の1に縮小された(**表10-4**、**表10-5**)。これは海岸林を管轄におく森林管理署(旧営林署)においても例外ではなく、海岸林の直接的な管理を困難な状況にしている。また、かつて利用の代償に海岸林管理を担ってきた地元組織は、その農漁業の「近代化」あるいは「エネルギー革命」等による海岸林利用の後退によって消滅を余儀なくされ、実質的に管理主体の空洞化が起こっている状況である。

こうした中で、最近では生活環境保全林整備事業等を原資にして、海岸林のレクリエーション機能に注目した整備を行い、以後の管理を地元自治体や地域住民、あるいはボランティア組織にゆだねる場合が増えつつある。例えば、約3億円をかけて整備した山形県酒田市の「万里の松原」では、酒田市と庄内森林管理署(旧 酒田営林署)が「万里の松原維持管理協定」を結び、庄内森林管理署

表10-4　国有林野事業職員の推移

単位：人

管理局署名(旧営林署)	1985年	1990年	1995年	2000年
米代西部(能代)	135	98	44	18
由利(本荘)	72	46	22	12
酒田センター(酒田)	65	46	21	9
庄内(鶴岡)	70	49	26	13
東北森林管理局	3,168	2,183	1,091	479

資料：各年度「秋田営林局事業統計書」より作成
注)（　）内は旧営林署名

表10-5　国有林野事業作業員の推移

単位：人

管理局署名(旧営林署)	1984年	1989年	1994年	1999年
米代西部(能代)	240	184	100	41
由利(本荘)	78	45	23	8
酒田センター(酒田)	107	83	42	19
庄内(鶴岡)	65	56	36	24
東北森林管理局	4,402	2,975	1,689	767

資料：各年度「秋田営林局事業統計書」より作成
注) 1.（　）内は旧営林署名
　　2. 数値は基幹作業職員、常用作業員、定期作業員の合計である

が指定する施設を酒田市が管理している(小塚 1998)。また、「庄内海岸のクロマツ林をたたえる会」等といった市民組織が結成され、下草刈りなど住民参加による保育作業も行われている。しかしながら、こうした管理は財政的および技術的な面において限界があり、十分な管理が行われているとは言い難い状況である。

5.2. 松くい虫被害の現状

　マツノザイセンチュウに起因するマツ枯れの被害は、1963(明治38)年に長崎市で記録されたのを初めとする。その後、このマツ枯れは九州および瀬戸内海地方に拡大するが、それほど大きな被害にはならなかったようである。これが、被害が拡大し、社会問題化してくるのは1930年代後半以降からになる。この原因として、①戦時中の軍用資材の供出等による乱伐によって荒廃したマツ林がマツノマダラカミキリの発生源となったこと、②戦時中の坑木、船舶、車両用

材として、戦後は燃料、坑木、建築用材としてマツ材の移動が激しく、これに伴いマツノマダラカミキリの付着した被害材が広く移動したこと、などが考えられている。

こういった状況を重く見た政府は、1950(昭和24)年に「松くい虫等その他の森林病害虫の駆除予防に関する法律」を公布し、G.H.Qの強力な指導のもとで駆除が行われた。これによって被害は漸減し、1955年から65年まではおおむね30〜40万m^3で推移した。しかしながら、1965年以降、再び被害は増大の方向に転じ、1973(昭和48)年からは100万m^3を越える被害が毎年発生する状況に陥った。こうしたことから、1977(昭和52)年に「松くい虫防除特別措置法」が公布され、予防効果の高い特別防除(薬剤の空中散布)を計画的に実施することとした。これによって、1979(昭和54)年の243万m^3をピークにその後は減少傾向を示している。

しかしながら、秋田県と山形県では1987年に民有林と国有林あわせて8千m^3であった被害は、1999年には約7万m^3に拡大している。減少傾向にあった全国のマツノザイセンチュウ病による被害は、1999年以降、秋田県と山形県の増加に呼応する形で増加に転じている事から、松くい虫被害の中心は日本海北部沿岸地域に移ってきているといえよう(図10-3)。では、こうした日本海北部地域における松くい虫被害の拡大は何を意味しているのだろうか。

第一に、一般的に一斉単純林は病害虫に弱いとされているが、すでに明らかにしたように、当地域の海岸林造成は昭和初期の救農土木事業に始まり、戦後1970年頃までに集中的に行われている。いうなれば、戦中・戦後の公共事業によって日本海北部地域に、マツノザイセンチュウ病にとりわけ感受性の高いクロマツを中心とした広大な海岸林を形成したことが、結果として病害虫に弱い海岸林を造成したことになる。

第二に、わが国は非常に多種多様な森林植生を成している。こうした中で単一の一斉林を維持・管理するには多大な経費と労力を必要とする。しかしながら、最近の傾向として、国有林の組織・要員の縮小・合理化が急速に進められ、海岸林に関しては天然林施業と称して放置されてきた所も少なくない。こうしたことが、国有海岸林が多く存在する日本海北部で被害が拡大している状況を作り出しているように思われる。

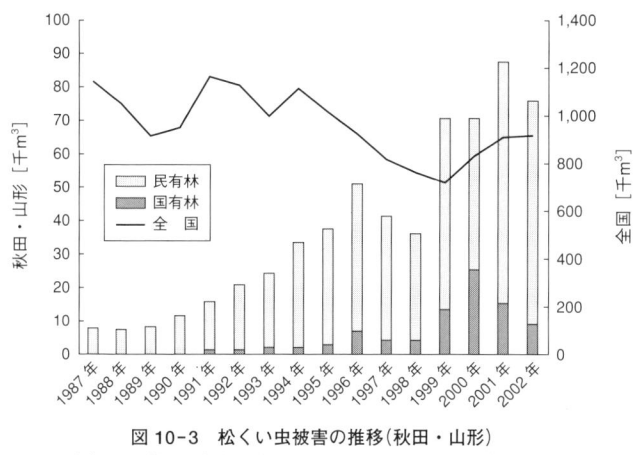

図 10-3　松くい虫被害の推移（秋田・山形）
各年度版「林業統計要覧」より作成。国有林は林野庁所管分

第三に、林野庁監修『松くい虫被害対策制度の解説』によれば、「燃料革命等により松林の需要が減退し、それまで意図せずに防除効果をもたらしていた枯枝の採取、枯損木の伐倒利用が行われなくなり、これら枯枝などが「運び屋」であるマツノマダラカミキリ発生の温床」（林野庁 1998）となったとしており、従って、海岸林の農漁民的利用の後退によって地域住民と海岸林との接点が途切れてしまったことが被害拡大の背景になっているように思われる。

6. 海岸林の持続的管理に向けて

幕藩体制下における植林は、すでに見てきたように自分達の生活を守る手段として始められた。この期に成立した海岸林はいわば「点」として存在していたが、昭和初期の救農土木事業によって「線」として繋がり、そして戦後の高度経済成長期に「面」として拡大された。また、その管理については入会利用を背景に地域住民によって行われてきたが、明治初期の官民有区分事業以降、こうした入会関係をテコに維持管理を担う実行部隊として組織化され、さらに戦後のエネルギー革命にともなう利用の後退によって、土地所有者による直轄的管理へとシフトしていった。

こうした流れの中で現在、「面」として拡大された海岸林の直轄的管理は、そ

の財政難からくる組織・要員の縮小・合理化のために行き詰まりをみせ、それが松くい虫被害として表面化していると考えられる。

　では、防災的にも保健休養的にも重要な存在である海岸林をいかに管理したらいいのだろうか。これについては、様々な議論が行われている。

　例えば、伊藤聡氏は「現在のところ成林の確実性においてクロマツに優る樹種は存在しないが、従来のクロマツ林では松くい虫の再被害を受ける危険性がある。このような海岸砂丘地帯では、従来のクロマツのみではなく抵抗性クロマツや広葉樹を利用した多様な林分の復元が緊急に求められている」(伊藤 2001)としている。一方で、クロマツ林が広葉樹林化する事に関して伊藤忠夫氏らは、第一に広葉樹の進入によってクロマツの成長が阻害される点、第二に広葉樹林化することによって密なヤブが形成されてしまう点、第三に有毒植物の分布が広がるため、レクリエーション利用する上で看過できないなどの点を上げ、クロマツ林が広葉樹林化することに警鐘を鳴らしている。そして、景観的にも防災的見地からもクロマツが優れているとし、「クロマツの生育には地力が低く、単純な生態系の方が適しているので、混交林よりも単純林の方が望ましい」(伊藤・近田 2001)としている。また、小田隆則氏は多くの広葉樹はクロマツよりも塩害に弱いことを強調し、「前線部は景観を重視してクロマツの純林とし、内陸部は防災機能を効果的に発揮させるための上層クロマツ、下層広葉樹の複層林とすべき」(小田 2003)としている。

　クロマツ林として維持するのか、広葉樹を導入して多様性をもたせるのか、いずれにしても十分な管理が必要であることはいうまでもない。そして、それは直接海岸林の恩恵を受ける地域住民の合意形成の上で行われるべきであろう。それにはまず地域住民が主体となる新たな公的維持・管理システムの構築が鍵となる。それは財源の分権化を必須条件とし、既存の森林計画制度にのったトップダウン方式の管理ではなく、地域性に応じ、そして地域が主体となるシステムの構築が何よりも必要であろう。

　現在、北海道においては幸いなことに、まだマツノザイセンチュウ病による被害は報告されていない。マツノザイセンチュウ病被害が果たして津軽海峡を越えるかどうかは分からないが、温暖化が進行するなかで、国有林が多く存在する当地域においては、対岸の火事として楽観視することは禁物である。苦労

の末に植林し育て上げた海岸林を一瞬のうちに失わないよう、住民自治による資源管理の具体化が急がれる。

<注>
1) 分収歩合は秋田藩では5官5民、庄内藩では3官7民であった。
2) なお、まだ地方庁の所轄だった頃は比較的容易に植林に当たった特権階級層への下げ戻しが行われている。この場合、海岸林を成立させた偉業を讃えての恩賞的な意味合いが強く、その後、植林に当たった住民に個人分割されるか、あるいは私有もしくは町村有として維持された。
3) この委託林とは、自家用柴草を採取させる代償として国有林の保護管理を義務づけるもので、1899年公布の国有林野法によって制度化された。秋田営林局管内では、まず最初に海岸林に対して委託林が設定されており、従来の入会関係を元にした地元管理組織の構築がなされた。
4) 山形県酒田市沿岸は1965年に鳥海山国定公園の指定を受けていたが、地域住民の反対運動にも関わらず1970年、酒田市北港開発のために土地買収が行われ、翌年にはクロマツ42万本が伐採された。

<文　献>
伊藤　聡 (2001) 山形県の海岸丘陵地帯における天然性広葉樹林の類型化とその分布特性. 海岸林研究会第2回研究発表要旨集. p. 3.
伊藤忠夫・近田文弘 (2001) 海岸林を守る. 北羽新報社. p. 88.
松波秀実 (1919) 明治林業史要. 原書房. 656-657.
能代市史資料編纂委員会編 (1985) 越後屋文書・村井文書. 能代市史資料第15号. 能代市教育委員会.
野添憲治 (1984) 図説能代市の歴史 下巻. 無明舎出版. 184 pp.
小田隆則 (2003) 海岸林をつくった人々. 北斗出版. 241-242.
小塚　力 (1998) 海岸林のレクリエーション利用—酒田市万里の松原の事例. 日本林学会論文集 109：91-94.
林野庁監修 (1998) 松くい虫被害対策制度の解説. 全国森林病虫獣害防除協会. 212 pp.
内田武志・宮本常一編訳 (1967) 菅江真澄遊覧記. 平凡社.

11章 「エコロジカル・フォレストリ」の展望

1. はじめに

「自然との共生」は、われわれの社会が、将来にわたって取り組むべき重要な課題のひとつである。この、大きな社会的課題を実現していくためには、自然の「保全」「再生」「持続可能な利用」という3つの具体的な目標を考えることが必要である。わが国における今後の森林資源管理においても、この視点は欠かすことができない。

戦後のわが国の森林管理(林業)は、多くの諸外国と同様、皆伐＋針葉樹一斉造林が主流であり、その進展の中で、多くの原生的な森林が失われてきた。わが国の森林面積は国土全体の約67％を占めるが、「自然林」(環境省、自然環境基礎調査による分類)はその3割弱を占めるに過ぎない。しかも、「自然林」とされている森林であっても、その多くは過去の伐採(抜き伐り)など何らかの人為的な影響を受けており、厳密な意味での「原生林」はほとんど失われているといっても過言ではない。したがって、このような森林に対して「保全」を強化することの重要性は論をまたない(なお、「保全」には「利用しながら保護する」の語義が含まれるが、ここでは「保護のための最小限の人為干渉」に限定した意味で用いている)。一方、同じく全森林面積の3割程度を占める「二次林」(人為等の影響を受けた後、自然に再生・発達した森林：この定義を広く解釈すれば、上述の「自然林」の多くはこのカテゴリに分類される)は、特に薪炭・農用利用が減少した1960年代以降多くが放置されている状況にあり、総じて「自然の再生」など、再度の人為の働きかけが求められる場面が多いと言える。そして、森林面積の4割に達する人工林では当然、「持続可能な利用」が大きな課題である。

森林のタイプに応じて、「保全」「再生」「持続可能な利用」の必要性をおおまかに述べたが、実際の管理における目標は、それぞれの地域における、これら

各森林タイプの現況に応じて設定される。面積比率の高さを考え合わせると、人工林においても「自然の再生」が重要となる場合が多いだろうし、高齢の人工林の中には「保全」の対象とすべき林分があるかもしれない。一方で、自然林や二次林において、再生可能資源である木材の生産を検討すること——もちろん、生物多様性など環境機能に対するマイナスの影響を回避しつつ——も、環境と調和した地域社会を築くうえで考えるべきポイントになる。

現在、わが国の森林資源管理は、社会的・経済的な条件をはじめとして、さまざまな困難に直面している。しかし、上述のように、「自然との共生」という観点から見ると、現状の森林に対してさまざまな人為の働きかけが必要であり、それを環境の保全と矛盾しない形で実現することが望ましい。この章では、森林の「再生」を前提としつつ、「保全」と「利用」との両立を図ることを意図した森林管理の考え方概説するとともに、それを実現するための具体的な手段について紹介したい。

2. 生態系の保全を考慮した林業——Ecological Forestry

本章の表題として用いた「エコロジカル・フォレストリ」は、近年、急速に発達している概念である。「生態学的な林業」とでも訳されるが、そもそも林業、そしてそれを支えた林学は、従来から、さまざまな生態学的な知見をベースに発展してきたので、あらためて「生態学的」というのは誤解を招くかもしれない。ここでの語義は、単に「生態学的な知見に基づく」というのではなく、「自然生態系で見られるパターンやプロセスを重視する(損なわない)林業」と理解するとわかりやすい(Hunter Jr. 1999)。そこで本稿では、便宜的に「生態保全型林業」の意訳を用いる(「エコ林業」とでも訳すとさらにわかりやすいかもしれないが、筆者の感覚に合わないので、この章のタイトルでは英語表記をカタカナ書きした)。

このような考え方の森林管理は、1980年代の後半、北米の太平洋岸北西部の林業地帯において、残された原生林の保護運動を背景に、両者の対立を解消するために提案されたのが最初の主要な事例である(Kohm and Franklin 1997)。その後、このような動きが世界中の多くの地域や箇所で独立に生じ、

"Sustainable forestry" や "Compatible forestry"、あるいは次節以降に示すような、さまざまな呼び方で発展してきている。前者の "Sustainable" は、「生態系全体の持続可能性を考慮した（林業）」といったニュアンスであるが、この用語は、木材収穫の持続可能性の意味で従来から使われていたので、新しい概念を表すうえでは適切ではないように思われる。むしろ後者の "Compatible"「両立可能」のほうが、「生産と保全の両方を考慮する」という意味を端的に表している（また、これに近い "Balanced forestry"「バランスの取れた林業」というような用例もある）。

いずれにしても、林業という、地域ごとの特性が強く反映される営みを対象としているせいか、国や地域をまたいで決まった名称が見当たらないのが現状である。この後の節では、ここで挙げた以外の、広く使われる名称（考え方）をキーワードとしながら、このような新しい森林管理における具体的な考え方を説明する。

3. 自然攪乱──Natural disturbance based management

上述のような森林管理に関して、さまざまなアイデアが提示されているが、それらの多くの基本認識のひとつとなっているのが「地域の原生的な森林生態系で見られる構造や特性を、できる限り模倣する」という考え方である（Perela *et al.* 2004；Drever *et al.* 2006）。構造や特性として、特に注目されるのは、その地域で生じる自然攪乱（台風や山火事・土砂崩れなど自然現象による森林の破壊）である（図 11-1）。自然攪乱は多くの上層木個体の死亡を伴うが、森林管理（伐採施業）において、その規模や空間的配置を模すことができれば、その森林固有の生

図 11-1　北海道の森林における自然攪乱（北大雨龍研究林）
2004 年 9 月の 18 号台風に伴う天然生林の風倒

図11-2 複合的な攪乱で衰退した森林（奈良県・大台ケ原）
1959年の伊勢湾台風とそれに引き続く風倒木伐採、その後のシカによる食害によって生じたとされる

物多様性や生態系機能の維持も図られる、というのがその基本的な考え方である。"Natural disturbance based management"（自然攪乱に基礎を置いた管理）といった呼称が広く使われており、また"emulating forestry"（機能模倣する林業）のように呼ばれることもある。なお、本稿では触れないが、二次林を中心とする里山の生態系の保全では、自然攪乱に代わって「一定の人為干渉」が模倣の対象になる場合が多いだろう。

　ある地域における自然攪乱の体制（regime）は、主要なものとして、大きさ、強さ、間隔の3指標で記述される（Perera et al. 2004）。大きさ（size）は、攪乱の影響を受ける面積を表す。強さ（severity）は、攪乱のインパクトの大きさで、端的には樹木の死亡率などで表現される。また、間隔（interval）は、攪乱が再来する時間間隔である。この他にも、攪乱の持続期間（duration：風害など数分〜数時間で生じるものから、虫害のように数年にわたる場合もある）や季節性（seasonality）などが含まれるが、時間的、空間的スケールにともなうそれらの変化（valiability）、例えば、地理的・地形的あるいは環境傾度による大きさや強度のばらつき、もまた重要な指標である。

　自然攪乱の影響を受けた後、多くの森林（あるいは森林景観）は、ある程度の時間が経過すればもとの姿を回復させる。それは、上述のような自然攪乱の体制が、その生態系が持つ「弾力性」（resilience：攪乱の影響を吸収し、生態系の

図11-3 択伐が行なわれた森林(カナダ・ケベック州)
小規模なギャップ形成を伴うこのシステムは、地域の有用樹種であるサトウカエデの更新に適しているが、他の構成種が減少するため、意図的に、自然攪乱で生じうる大規模のギャップ形成の模倣を組み込むことを試みている

本質的な構造やプロセス、機能を維持する能力)の範囲内にあったからと理解される(Drever *et al.* 2006)。実際、攪乱後に生態系が回復せず、別の安定状態に移行した事例——例えば、森林が疎林や草原に変化して元に戻らない——を調べると、多くの場合、単独の自然攪乱ではこうした本質的な変化は生じないことが示唆されている。変化がおきるのは、攪乱が複合的、すなわち攪乱が連続して回復が妨げられる場合に多く、森林伐採に代表される人為攪乱はしばしばこのようなプロセスを助長してきた(図11-2)。その観点から、"Natural disturbance based management"の考え方の本質は、森林に対する人為的な働きかけ(攪乱)の大きさ・強さ・間隔を、生態系あるいは各構成要素の反応を予測しつつ「弾力性」の範囲内に収めること、と言うことができる(図11-3)。

4. 不均質な構造——uneven aged management

　前節で述べた生態系の「回復力」は、系の「複雑さ」と関係している。不均質な自然システムほど攪乱への耐性が高く安定とされることや、多様性の存在が多くの生態系機能の発揮につながっている、という生態学的な仮説がその根拠である(Drever *et al.* 2006；Puettmann *et al.* 2008)。すなわち、より複雑な構造や組成を持った森林ほど、攪乱前の状態をすばやく回復することができ、また多様性も高いことが期待される。このような観点から、生態保全型林業を、森林に不均質な構造を持たせることを重視して"uneven aged management"(直訳すれば、非同齢林管理)と呼ぶことがある。「非同齢」は、森林を構成する樹木の齢構成が不均一であることを示しており、それは同時に、樹種の混交や発達した階層構造を含意している(図11-4)。

　また、加えて、原生林に固有あるいは顕著である、「不均質」な構造や特性を可能な限り残存させる(あるいは創出する)ことが広く提案されている(Kohm and Franklin 1997)。具体的には、大径木・老木や、倒木・枯死木がその代表例である。大径木は、伐採対象となりやすい構成要素であるが、小動物や鳥類に利用される空洞や大枝を持つことや、林床に被陰や大量の有機物を提供することから、生態学的な価値も高い存在である。一方、倒木や枯死木は、従来の施業の中では、病虫害・山火事の予防の観点から最小限に抑えるべきとされてきたが、反面、多くの生物種のハビタット(生息場所)として機能する重要な保全対象である(Hunter Jr. 1999)。

　これらの構造や特性は、森林内におけるさまざまな物理的・生物的環境の提供に寄与し、生態系回復のためのソースとなる。このような機能を指して、これらを biological legacy(直訳すれば、生物学的遺産)と呼ぶ(Kohm and Franklin 1997)。これは、しばしば「救命ボート」の機能に例えられるが、集約的な森林管理の下では失われる(あるいは減少する)可能性が高い。そこで、これらを意図的に残存させる(失われている場合には創出する)ことによって、保全との矛盾を最小限に抑えることが期待されている(図11-5)。

図 11-4　広葉樹の混交する人工林（富山県・有峰）

カラマツ林にミズナラやシラカンバが自然に混交している。針葉樹人工林においては、このような不均質な構造を導入することがしばしば求められる

図 11-5　幹折れした大径木（アメリカ・オレゴン州）

近隣の施業林においては、梢端を伐採することで、意図的にこのような幹折木を生じさせる試みが行なわれている（表11-1を参照）

5. 「農業モデル」からの脱却——retention system

　従来から最も広範に適用されていた皆伐施業は、経済的効率の高さの一方で、環境や景観の急激な変化をもたらし、biological legacyを喪失させる。そこで、生態系の機能や生物多様性の保全を考慮した森林管理では、まず皆伐を「非皆伐」に改めることが第一歩となる（図 11-6）。

　このような「非皆伐」施業は、伝統的な森林管理の中においても、母樹保残法や傘伐法など、それぞれの森林の成長や更新の特性に合わせて適用されてきた。わが国では、北海道の天然生林で、開拓以来、択伐施業（単木的な抜き伐り）が広く行われている（図 11-7）。しかし、このような非皆伐施業と、生態保全型林業では、伐採に対する基本的な考え方自体が大きく異なることに留意しなけれ

図 11-6　従来の皆伐を修正した伐採地(フィンランド北部)
皆伐施業が林業的に成功していた(蓄積の変化をともなわずに収穫を続けられていた)地域であっても、従来の施業を修正して、一部の樹木を林地に残存させることが広く導入されてきている(表11-1を参照)

図 11-7　北海道における択伐林(北大中川研究林)
この林分では40年以上にわたって、生産量の維持に主眼を置いた集約的な管理が行われてきた。その目的はある程度果たせた半面、森林の構造や種組成はもとの原生林と大きく変化したことが示されている(Yoshida *et al.* 2006)

ばならない(Kohm and Franklin 1997)。従来の考え方では、収量、すなわち立木の蓄積に焦点が当てられ、生産量・収益が最大になるように、年許容伐採量や伐期が決められていた。つまりこれは、いかに効率よく光合成産物を生産し収穫するか、を単一目標とし、基本的に不均質性を考慮しない「農業モデル」であった(Puettmann *et al.* 2008)。しかし、生態学的に持続可能な森林管理の焦点は、生産された光合成産物の一部を、森林に「残す」ことにある。したがって、伐採量や伐期は、森林の成長量や蓄積を当然勘案するとしても、決してそれらのみからは計算されず、むしろ残すべき対象——何を、どの程度、どのような形で——を重視する点が、本質的な違いといえる(various retention harvesting system；Kohm and Franklin 1997)。

6. 景観スケールでの管理

「保全」と「生産」は、しばしば対立しがちな社会的価値や需要を有しているため、実際には、これらのバランスの均衡を探る着地点が必要である。それを図るためには、ここまで紹介してきた林分レベルでの取り扱いだけでなく、より広い景観レベルでの考慮が欠かせない。景観スケールでの生態学的弾力性の発揮を考えると、河川や道路の配置を含めて、林分間の同質化を避けることが、

図11-8 景観レベルでの管理が行なわれている森林域(スウェーデン中部)
さまざまな構成要素・発達段階の異なる森林が混交している

まず基礎となるだろう(図11-8)。仮に、個々の林分に生態保全型林業の考え方が十分に反映されたとしても、それがどの林分でも同じ適用になってしまうと、景観内での不均質性は確保されないからである。重視すべき機能に応じながら、biological legacy と、それらの移動能力・連続性に配慮することが求められる。当然、保護地(reserve)を拡充することは、とりわけ劣化した天然生林や公園内の森林に対して有効であるが、同時に、土地区分(zoning)の中に、生態保全型林業のアイデアを位置づけることが必要である。

7. 実行可能性

もちろん、こうした方法では、木材の生産効率の低下が大きな課題となる。上で見てきたとおり、森林における生物多様性や生態系機能の多くは、林分構造や種組成の不均質性(複雑さ)に依存しているため、効率重視の帰結である「単純な構造」(例えば人工林に見られる単一樹種の同齢林)を指向する管理方法とは明らかに矛盾する。一方で、一定の収穫を伴う以上、「複雑な構造」を未伐採林と同じレベルに保つことが不可能なことも自明である。実際の森林管理への応用の局面では、経済的な効率性と残存レベルとの間で「どれだけバランスをとるか」ということが鍵となる。したがって、森林所有者に、経済的な不利益を補償し、管理の経済的な効率性を確保するインセンティブ(incentive:人の意欲を引き出すために、外部から与える刺激)が必要である。

こうした施策としては、法的な規制や政府、自治体からの補助金等の措置の他、森林認証(木材や製品が適正な管理によって生産されたことを証明し、生産者への還元を図る制度:詳細は9章を参照)のようなラベリング制度があるだろう。その際、単に「何かを残した」ということではなく、科学的な知見に基づいた一定の基準があることが望ましい。

表11-1 には、前節までで取り上げた諸項目に対する、各国・地域の森林認証制度における要求事項(基準)をまとめた。地域の森林や林業の状況に応じて、同様の項目に対しても、大きな差が見られることに特に注意してほしい。また、これらの基準値が持つ、生物多様性や生態系機能に対する「効果」についての検証はまだ不足しており、多くの場合、新たな科学的知見や社会情勢の変化に基

表 11-1 各国・地域における森林認証制度等で示された、生態系の持続可能性を考慮した森林管理の基準の例

項目	基準等の例	国(参照した基準)
保護地等	大規模所有の場合、数千 ha 規模の連続した区域を、森林コアハビタットとして保全する	カナダ (FSC Regional Certification Standards for British Columbia 2005)
	生産力の高い森林の中で、最低5%は、生物多様性の保全を最重要目標として管理する	スウェーデン (Swedish FSC Standard 2003)
	植林地の1%、二次林の5%以上は、保護地として管理する	イギリス (UK Woodland Assurance Standard(FSC)2008)
伐採・更新施業	伐採ブロックの大きさは、平均 16 ha(最大でも 25 ha) 以上とする	アメリカ (Pacific Coast Regional Forest Stewardship Standard 2005)
	大規模所有の場合、5 年の間に、更新地の最低5%の区域では火入れ地拵えを行なう	スウェーデン (Swedish FSC Standard 2003)
	1 ha あたり 3 m³ を超えない場合には風倒木伐採は行なわない	イギリス (UK Woodland Assurance Standard(FSC)2008)
残存木	大面積伐採地の場合、最低 25 % の残存パッチを伐採区域の中に設ける	カナダ (FSC Regional Certification Standards for British Columbia 2005)
	大径木になりうる木を、1 ha あたり最低 10 本残存させる	スウェーデン (Swedish FSC Standard 2003)
	胸高直径 10 cm 以上の木(立枯木含む)を、1 ha あたり最低 5~10 本残存させる	フィンランド (Finnish Forest Certification System 2003)
樹種の混交	全体面積のうち最低5%は、広葉樹林として管理する	スウェーデン (Swedish FSC Standard 2003)
	針葉樹人工林においては、最優占種の比率が 65 % 未満になるようにし、広葉樹も混交させる	イギリス (UK Woodland Assurance Standard(FSC)2008)
倒木・枯死木	10 以上の大片からなる倒木と、10~25 本の立枯木を、総計 25~50 トン/ha 残存させる	アメリカ (Pacific Coast Regional Forest Stewardship Standard 2005)
	伐採時、1 ha あたり 1 本以上、巻き枯らし木または高い切株をつくる	スウェーデン (Swedish FSC Standard 2003)
	平均蓄積の最低 5~10 %、または 20 m³/ha の立枯木・倒木(直径 20 cm 以上)を残存させる	イギリス (UK Woodland Assurance Standard(FSC)2008)
河畔林	流路から最低 20 m 幅の保護地を設ける	カナダ (FSC Regional Certification Standards for British Columbia 2005)
	最低でも 5 m 幅の緩衝帯を設け、かつ流路長の 90 % 以上を保護する	フィンランド (Finnish Forest Certification System 2003)

FSC：Forest Stewardship Council. 各国・地域の基準からわかりやすい内容を選んで掲載した。このほかにも、保全すべきハビタットの種類や、植栽樹種の選定、外来種の取り扱い、機材や薬剤の使用などについて基準が示されている。細かい条件は省略しており、また「例示」の記載を含むため、必ずしも認証の必須基準になっていない場合もある。なお、本文中にも記したとおり、これらの基準値の効果は検証中であることが多く、地域によっては、数値の提示を避けているケースも多い。地域による森林・社会条件の違いもあるので、示された数値を過信すべきではない

づいて、将来的に可変的であることにも留意しておきたい。

8. 今後の課題

　生態保全型林業の重要性を考えるうえでは、さらに視点を広げて、国際的なスケールで考えることも必要である。例えば、わが国での森林保全区域の増加が、結果的に他国での生産の増加をもたらし、その結果、後者の生態系が劣化するといった事態が生じ得る(このような事態は、言うまでもなくこれまでにも、経済的な効率重視の結果として生じてきた)。また時として、それが跳ね返って、わが国の生態系へも負の影響が波及することが起こるかもしれない(Meyer et al. 2005)。現状において、国内の森林資源を利用することは、地球規模の生態系への負のインパクトを弱める活動になり得ることを再認識すべきである。成熟しつつある人工林資源については、近年、利用の議論が盛んになっているが、将来的な広葉樹資源の利用をふまえた天然生林管理の議論も進めなくてはならない。

　いずれにしても、自然と共生する社会を構築するうえで、保全や再生を考慮した森林利用に関する人々の関心や期待を高めることが重要である。森林伐採に対する市民の危惧は依然として大きいが、表11-1 に示したような新たな基準を積極的に提案し、管理の実態の透明性を高めることは、議論を進めるひとつの契機となるだろう。

　国・公有林をはじめとするわが国の森林においても、いわゆる「公益的機能重視」の方針が掲げられ、生物多様性の保全に力点をおいた施業への転換が検討・試行されはじめている。もちろん、それぞれの地域の自然・社会条件に基づいて、管理の基準を提案し、同時にその確度を高めていかなければならない。現状の「改善」は、多くの場合、経験則や不確かな仮定にもとづいて実施されており、科学的な根拠が不足している。過去から現在にわたって綿綿と行われてきた人間による森林への働きかけを、持続可能性や生物多様性・森林機能の保全という観点から再評価するとともに、「複雑な構造」の生態学的な有効性を定量的に把握し、客観的なデータを蓄積することが急務である(長池 2002)。

<文　献>

Drever, C. R., Peterson, G., Messier, C., Bergeron, Y. and Flannigan, M. (2006) Can forest management based on natural disturbances maintain ecological resilience? Can. J. For Res. 36：2285-2299.

Hunter Jr. M. L. (ed.) (1999) Maintaining Biodiversity in Forest Ecosystems. 698 pp, Cambridge University Press.

Kohm, K. A. and Franklin, J. F. (1997) Creating a Forestry for the 21 st Century：the science of ecosystem management. 475 pp, Island Press.

Meyer, A. L., Kauppi, P. E., Angelstam, P. K., Zhang, Y. and Tikka, P. M. (2005) Importing timber, exporting ecological impact. Science 308：359-360.

長池卓男 (2002) 森林管理が植物種多様性に及ぼす影響. 日本生態学会誌 52：35-54.

Perera, A. H., Buse, L. J. and Weber, M. G. (2004) Emulating Natural Forest Landscape Disturbances：Concepts and applications. 315 pp, Columbia University Press.

Puettmann, K. J., Coates, K. D. and Messier, C. (2008) A Critique of Silviculture：Managing for Complexity. 188 pp, Island Press.

Yoshida, T., Noguchi, M., Akibayashi, Y., Noda, M., Kadomatsu, M. and Sasa, K. (2006) Twenty years of community dynamics in a mixed conifer-broadleaved forest under a selection system in northern Japan. Can. J. For Res. 36：1363-1375.

12章　森林管理における人間性の復活

1. 経済性原理による森林管理の破綻

　日本の森林面積は2512万haあり、実に国土の66.5％が緑に覆われている。その内の1036万haが人工林であり、日本の森林の41.2％を占めている（林野庁2008：参考付表p.2）。人工林は天然林を伐り開いて、スギやヒノキなどの針葉樹を人工的に植えたものであるが、第二次世界大戦後の社会需要の中で急激に拡大してきた。図12-1は人工林の齢級別（5年ごとの年齢階級別）に人工林の面積を示したものである。

　この急激に拡大した人工林が31～55年生となり、一斉に間伐時期を迎えている。しかし、木材価格が下がり続ける中で、間伐遅れの森林や森林の手入れを放棄する所有者が増え、間伐の促進が近年の国家的な課題となっている。林野庁では緊急間伐総合対策を推進するために、5年間で150万haの間伐を実施

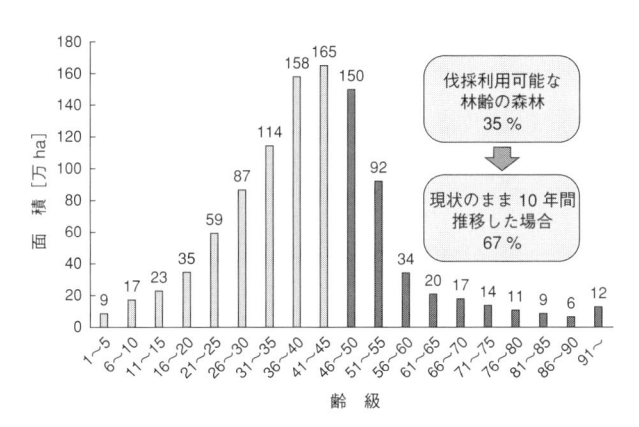

図12-1　人工林の齢級構成
林野庁2009：p.52より著者調整

する「緊急間伐5カ年対策」を2000年度から始め、年間30万haの間伐実績を挙げるとともに280万m³近くの間伐材利用が進められた(林野庁 2005：p.66)。その後も、2003年度から始まっている地球温暖化防止森林吸収源10カ年対策の第2ステップの取組の一環として、民有林において年間30万haの間伐を実施する「間伐等推進3カ年対策」が2005年度から始まった(林野庁 2005：p.67)。さらに京都議定書の森林による吸収量1300万炭素トンを達成するために、2007年度から第1約束期間(2007～2012年)の終了まで、年間35万ha行われている間伐に毎年20万haの間伐を追加的に行っている(林野庁 2008：p.147)。

　これらの人工林が10～30年後には主伐の時期を迎え、いわゆる国産材時代が到来することになる。この国産材時代に向けて国際競争力を高めるために、林内路網の整備と高性能林業機械化による10m³/人日以上の高い労働生産性を目指した低コスト作業システムが検討されるとともに、提案型施業等による団地化を進め、木材の安定供給を実現し、木材市場を飛ばした製材所や合板工場、あるいはバイオマスエネルギープラントと直接協定を結ぶ新生産システムの取り組みが進められている。さらに、森林・林業再生プランでは、今後10年間にドイツ並みの路網密度を達成し、低コスト化と木材の安定供給を確保して、木材自給率50％を目指すとしている(農林水産省 2009)。これらの取り組みは旧来然とした時代遅れの木材生産と木材流通を変革する上で必要不可欠で重要な視点であると評価されるが、取り組みが遅きに失した感は否めない。

　しかし、本質的な問題は図12-1に見られるように20年生以下の若齢級の人工林の面積が少なく、しかも年々減少傾向にあることである。この図は実にきれいな正規分布の形状をしているが、森林の資源であることを考えると、とても持続可能な姿であるとは言えない。すなわち、伐採後の再造林面積は未だに減少傾向にあり、30年後には間伐量が激減し、50年後には主伐する木材資源が枯渇することを図12-1は示している。このことは今開発しようと取り組んでいる国産材時代に向けた機械システムや流通システムが将来的に不要になることをも暗示している。

　人工林はいわゆる法正林(各年齢の林分が揃った林)を目指して造成されるのだから、本来ならば各齢級の面積がほぼ同じになることが理想であり、それが木材資源の保続という林業の基本でもあったはずである。それが日本の人口の

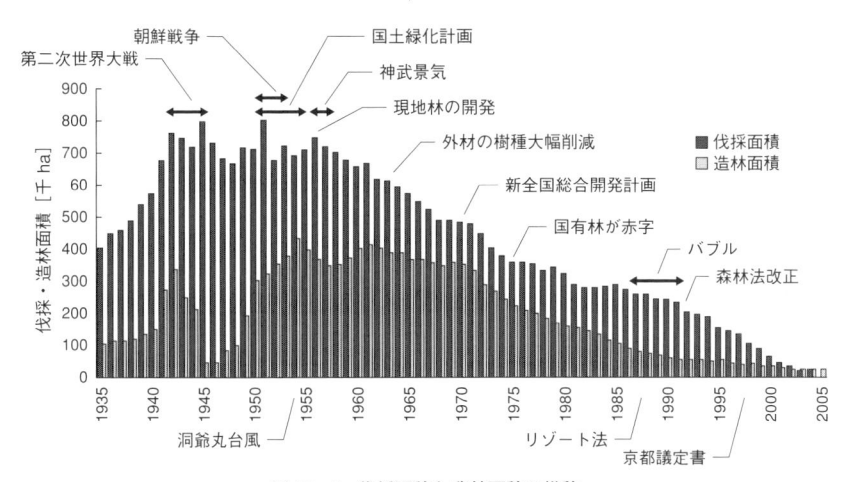

図12-2 伐採面積と造林面積の推移
林野庁2007、2003、1996、1992、1982、1964のデータより著者作成

年齢構成のように偏りのある姿になったのは、その時の社会や経済情勢に左右される世論や社会ニーズに応えるためであったと考えられる。図12-2に見られるとおり、社会情勢の大きな変化は概ね10～20年という長い周期で現れてくるようであるが、この周期は人工林にとって対応しきれないほど短いものである。50年前に用材生産を目的に植栽された人工林は、伐期を迎える間に経済的な価値観が二転三転することになり、現在は伐り出しても赤字になるので伐ることを諦め、便宜的な長伐期に移行せざるをえない状態である。たとえ立地条件が良くて木材生産コストがあまりかからない場合でも、木材の売上でこれまで人工林を育成するために投資してきた資金の回収はおろか、伐採後の再造林のための費用さえ出ない状態である。再造林は造林補助金に頼っている状態であるが、それでも伐採後に再造林しない施業放棄が増え、中には林地ごと人工林を売却して林業から撤退する所有者も多くみられる。

このような経済性原理によるしわ寄せを受けている被害者は、とりもなおさず森林そのものである。社会情勢の影響を受けてお金になる用材生産を目的に奥山と里山で拡大造林を続け、見渡す限りのモノカルチャーな人工林が各地に出現し、その後、社会は環境重視志向になり、増えすぎたスギ人工林に花粉症の非難が集まり、木材価格のとどまるところを知らない下落に今度は手入れ放

棄、造林放棄、林業放棄の森林が全国的に広がりつつある。この対応策としてわが国の森林政策は未だに更なる低コスト化を進めようとしているが、過去の過ちの轍を踏んで森林がさらに悲惨な状態にならないように願うばかりである。実際のところ、熊本県の球磨地方では木材の低コストによる安定供給を確保するために数 10 ha に及ぶ大面積皆伐が復活し、しかも造林放棄される人工林が現れている。

　かつて森林はその木材生産という経済的価値だけでは見られていなかった。森林からは木材だけではなく、炊事や暖房や給湯に使う燃料をはじめ、キノコや山菜などの食材、農業に使う緑肥、そしてなによりもきれいな水を得ていた。すなわち、森林と人間の生活は密接に結びつき、そこには全面的な「かかわり」があった。いわゆる里山が活用されていた。しかし、燃料が化石燃料に移行するエネルギー革命によって森林との生活面での「かかわり」が失われ、木材生産という経済的価値だけが残ることになり、経済性原理のみで森林が取り扱われるようになった。ここに、森林に対する人間性が失われる根本的な原因がある。

　その一方で、地球温暖化による気候変動や絶滅する種の増加などの環境問題が世界的になるとともに、森林の公益的機能や環境維持機能が注目され始めた。1990 年代には「森林の伐採は自然破壊」として非難する風潮が広まり、未だに自然保護論者の多くは「森林は人間が手を入れずに自然のままにしておけばよい」という極論を主張している。このように森林を神聖視して、自然保護を主張することは一見人間の良識のようにも思われるが、人間が生活するために必要不可欠な資源を提供する森林という存在を忘れて、森林と人間の「かかわり」を否定するものであり、ここでも森林に対する人間性が見失われている。

2. 変えるべき価値観

　森林を木材生産という経済価値のみで扱うことと、反対に森林の生態系のみを重視して自然保護を訴えることは、どちらも森林を単一の価値観で見ている点で同じであり、これは単元的価値観と称される。単元的価値観はキリスト教的な西洋思想を背景にしており、善か悪かという背反する二元的対立論を生み出す。すなわち、そこには曖昧な妥協を相容れない絶対的な価値観が存在し、

単元的価値観を主張する者は自己の正当性を主張して、その価値観によるスタンダードでユニバーサルな世界を目指すことになる。

　経済性原理は資本主義社会のスタンダードな原理であり、全世界が経済性原理に動いているといっても過言ではない。この経済性原理により私達は経済的発展と豊かさを享受できるが、反対に貧困と争いと不正という負の面を弱者に押しつけることになる。むしろ大多数の弱者の犠牲の上に、ほんの一握りの勝者の経済的豊かさが存在している。この経済性原理は林業・林産業も例外ではなく、経済性原理による犠牲は物言わぬ森林そのものに強いられることになる。

　自然保護については、環境倫理学の中で人間中心主義と非人間中心主義の長い論争が繰り広げられてきた。非人間中心主義側は経済性原理による人間中心主義が自然破壊を進めてきたと非難し、絶対的な価値観として「自然はその存在に本質的な価値がある」とする内在的価値を提唱した（ネス・セッションズ 2001：p.76）。生態系重視を主張するディープエコロジスト達は、森林管理についてもできる限り人為を加えない自然のままを目指したエコフォレストリーを提案している（エコフォレストリー協会 2001：p.226）。

　確かに経済性原理には問題があるが、人間と自然との「かかわり」はそれだけではなく、もっと多面的なものであり、必ずしも「人間中心主義＝自然破壊」とは言えないという主張が起こる（丸山 2005：p.33）。すなわち、人間の倫理や良識や美意識といったものが、経済性原理による自然破壊を抑制するだけではなく、自然を育み、自然と共生していくという良い意味での人間中心主義である。

　その上、非人間中心主義側が主張する自然の内在的価値については、地球上での人間の存在を抜きにして考えることに論理的根拠が乏しく、人間中心主義と非人間中心主義の論争はようやく終わりを迎える。そのひとつの例として、環境倫理の大きな柱のひとつである世代間倫理では「将来の人類のために地球上の資源と環境を残す責任がある」としているが、これは人類という種の保存を目的とした倫理であり、結局、環境倫理の根本は人間中心主義に他ならないということになる。

　この環境倫理の論争がたどり着いたゴールは、単元的価値観では勝者が決まらず、人間中心主義の中に存在する多様な価値観の共生を認める多元的価値観に現実的な解決策を見いだした。多元的価値観は混沌とした自然と人間社会の

上に育ってきた東洋思想に端を発するもので、ここにアメリカで広まった現実的な問題を解決しようとするプラグマティズムの思想を取り入れた環境プラグマティズムが起こる。環境プラグマティズムでは、多様な主義主張をまとめるのではなく、お互いの主義主張の中で解決すべき問題に対して共有できる解決策のベクトルを探るという現実的な手法を取る(ジャルダン 2005：p.413)。

　森林の取り扱いは、正に環境プラグマティズムを取り入れるべき対象である。確かに森林再生のためには基幹産業である林業の復活が必要不可欠である。しかし、木材生産あるいはバイオマスエネルギー利用の低コスト化と収益増をいくら目指してもそこには物理的な限度があり、これからの社会情勢を考えると木材価格の飛躍的な回復が望めない状況の中で、このような経済性原理による解決策だけでは森林を持続的に管理できないと考える。森林には木材を始めとするバイオマス資源を生産する物質生産機能だけではなく、生物多様性保全機能、二酸化炭素を吸収する地球環境保全機能、土砂災害防止機能／土壌保全機能、水源涵養機能、快適環境形成機能、保健・レクリエーション機能、文化機能などさまざまな機能が存在する(森林科学編集委員会 2002：p.71-76)。これらの機能それぞれに森林と人間のかかわりが存在しているわけであり、そこには多元的価値観が存在していることになる。このような多元的価値観が共生する森林を物質生産機能の経済価値だけで取り扱おうとしたり、生物多様性機能を重視した自然保護を強行に主張したりすることは、悪い意味での人間中心主義に他ならない。先述したとおり、そこには人間性が欠けているのである。

　私達は森林に対する価値観を変えていかなければならない。木材生産か自然保護かの二元的対立ではなく、そのどちらの価値観の存在も認め、それ以外の森林の機能に関する価値観も含めて共生できるような多元的価値観に変わるべきである。私達の生活を物質面だけではなく精神面も含めて多面的に豊かに維持するために、森林を健全に持続することを共通の目的として、多元的価値観の中で環境プラグマティズムによる個々の事例の現実的な解決策をみんなで考えていく姿勢が求められる。

3. 人工林施業の四極化

　施業法は端的に言えば森林の取り扱い方を指す。施業法は森林の更新の仕方で天然更新と人間が植栽をする人工更新、森林の構造から同一年齢の単層林といくつかの異なる年齢の層がある複層林、植えてから収穫するまでの期間で30～50年の短伐期と70年以上の長伐期などに分けられる。第二次世界大戦後の経済復興期に行われた拡大造林は、住宅建設のための柱や板などの用材生産を目指した短伐期の針葉樹造林施業にあたり、スタンダードな施業法として全国的に広まった。これによりスギやヒノキの人工林が大面積に広がるモノカルチャーな景観が里山から奥山にかけて現れ、生物多様性の低下をもたらすとともに、間伐期の集中による間伐遅れや施業放棄という今日の人工林の問題をも引き起こしている。これは森林を更新するにあたって、この当時の住宅建設という社会ニーズの影響が大きいわけであるが、薪炭材需要のなくなった広葉樹二次林よりも利潤性の高い針葉樹の用材生産に森林所有者が走ったという経済性原理が大きく働いている。

　森林の多元的価値観を共生させるためには、戦後の拡大造林期のような轍を踏まないようにスタンダードと称する単一の施業法に囚われないようにすることが大事である。施業法は多様であり、それらの中から当該森林をよく観察して、その森林の立地条件、気象条件、植生条件、経営条件、社会条件などをよく検討した上で最も適切な施業法を選択することがポイントとなる。決して、声の大きな学識経験者、あるいは国や地方行政の森林政策担当者がスタンダードなものとして提案する施業法を鵜呑みにしないことである。森林の条件はそれぞれ異なるのであり、それらが適用できるかどうかは森林所有者や森林計画を立て実行する責任者が自分で判断するべきである。

　個々の森林については森林の状況に合わせて取り組んでゆくことになるが、日本の人工林の全体的な方向性として、以下に示すように施業は四極化してゆくものと考えられる(山田　2009：p.84)。

　①　大径材：役物　　　　　　→　長伐期施業あるいは複層林施業
　②　一般材：用材ほか　　　　→　短伐期施業

　　　　　　A材：高品質住宅材（プレカット）向け
　　　　　　B・C級材：合板およびパルプ向け
③バイオマスエネルギー利用　→　促成樹プランテーション（超短伐期施業）
　　　　　　　　　　　　　　→　広葉樹二次林
④天然林化：施業の放棄　　　→　針広混交林

　条件の良い森林では、大径材生産を目指した長伐期施業が有力な選択肢になる。年輪の詰まった大径材は高値で取引されるので、従来の林業において、ひとつの理想的な施業であったが、どこでも長伐期施業ができるというわけではない。まず、その土地に合って、70～300年長生きし、しかも形質の良い品種を植えているという植生条件、気象害の少ない気象条件と地形条件、除伐・間伐による本数密度管理をしっかり行っているという施業条件、頻繁に手入れを行うために十分な路網が整備されているという地利条件、そして、なによりも長伐期施業を続けることのできる経営条件と大径材を高値で販売できる流通システムが存在するという流通条件が満たされている必要がある。

　複層林施業では、上記の長伐期施業の条件以外に、天然更新が容易であること、300 m/ha以上の高密度路網が整備されていること、森林の状態を見て判断できる熟練技術者がいること等さらに厳しい条件が加わる。メーラーの恒続林思想で提唱されるように複層林施業は、森林生態面からも景観面からも理想的な施業法であるが、きめ細かい森林管理を行う必要があり、100 ha以上の大面積の森林には向いていない。

　大径材生産に適していない多くの一般林業地では、これからもやはり住宅や家具等の用材生産を目指すことが主流になると考えられる。一部の優良材では木材市場を介した流通システムが残るとしても、その他の一般材については木材市場を通さずに直接プレカット工場や合板工場などに持ち込む新たな流通システムが台頭してくる。通直な優良材、いわゆるA材についてはプレカット工場で高品質住宅材として製材され、工務店に直接販売される。また、これまで山に捨てられていたB・C級材は、量の安定供給を条件に安価ではあるが協定価格で合板工場に持ち込まれる。いずれにしても木材の安定供給が課題となり、施業の団地化による事業量の確保と徹底的な機械化による低コスト化が求められるので、ここでは小面積皆伐による短伐期の人工更新施業が有効になる。

バイオマスエネルギー利用のための材料として、利用間伐や主伐の際に捨てられる梢端部や枝条や低質木、ならびに切り捨て間伐で林内に放置される間伐木の有効利用が考えられる。しかし、これらの森林バイオマスを林内から回収してエネルギー工場まで運び出すコストが高く、現状では化石燃料と競合することができない。よりエネルギー価値の高いバイオエタノールの生成が木材から低コストで行えるようになれば、森林バイオマスの可能性が飛躍的に広がると考えられる。森林バイオマスの需要が高まってくると、枝条や低質材では供給量が確保できなくなる可能性があり、森林バイオマスの短期間の更なる収穫増をめざして休耕地等を利用したヤナギや竹などの促成樹種のプランテーション、薪炭林としてかつて利用された広葉樹二次林の復活も考えられる。

　不成績造林地や施業放棄によって今後も健全に維持することのできない人工林は、天然林化することを考えるべきである。天然林化にあたっては、強度の間伐を繰り返し行い、広葉樹の侵入を促進し、針広混交林を目指していくことになるが、そのためには手間とコストがかかるので、地方自治体の公的管理に委ねるか、あるいは環境税などの公的資金を投入する必要がある。

4. ゾーニング

　人工林施業の四極化のどの方向に進むべきか？　それは森林所有者レベルで選択すればよいことであるが、同じ施業が隣り合わせに続いて結果的に大面積のモノカルチャーが出現しては、これまでの拡大造林となんら変わらないことになる。地方行政の管轄となる流域や小流域、あるいは大面積所有者が経営する1団地など、数100 ha以上のまとまった面域で森林計画を立てる場合には、ひとつの施業だけのモノカルチャーにならないように配慮する必要がある。そこには天然林がある程度の割合で残されており、人工林も伐区がつながらないように空間的にも時間的にもモザイク配置になるようにレイアウトする必要がある（図12-3）。

　天然林をどの程度残せばよいか。日本の森林の58.8％は天然林であり、数値上は決して少なくない。天然林の割合を所有別に見ると、国有林では69％、公有林では56％、民有林では54％である（林野庁2008：参考付表p.2）。国有林で

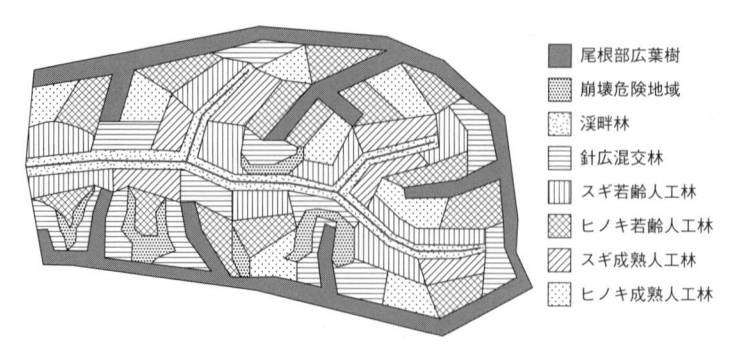

図12-3 面域のモザイク配置のイメージ
山田容三 2009：p. 82より抜粋

は山岳部に天然林が偏っており、国立公園など施業に制限がかかっている場所が多い。一方、林業活動を行っている一般的な民有林では、造林が困難な急傾斜地や岩石地、風が強くて不成績造林地になりやすい尾根部、ならびに所有界や林班界などの境界部などに天然林が消極的に残されることが多く、その面積はあまり多くない。なお、天然林の多くは人為を受けた後に再生した天然生二次林である。

特に、日本では渓畔林の保護に関する意識は低い。なぜなら、傾斜がきつくシワの多い地形(等高線が混んだ地形)では谷に道路を入れることが効果的であり、人力や重力や水力に頼っていた昔から木材の搬出に利用されてきたという歴史的経緯が考えられる。しかし、現在は林業機械の進展にともない中腹や尾根に道路を入れる考え方に変わってきており、渓畔の保護を積極的に考慮に入れるべきである。

図12-3では、生物多様性の高い渓畔林、風衝地で境界ともなる尾根部、ならびに崩壊の危険性がある急傾斜地を天然林として残している。また、アクセスが悪い人工林、地位が低く成長の良くない人工林、気象害の起きやすい人工林、あるいは場所的に水源涵養機能や土砂災害防止機能が特に求められる人工林などは、人工林施業の継続を考え直して、天然林化に向けた針広混交林の導入を図っている。残された人工林も細かく区分し、伐区が空間的に隣り合わないようにし、また、時間的にも伐採時期をずらすことにより、林齢と樹種の異なる人工林がモザイク配置されることになる。

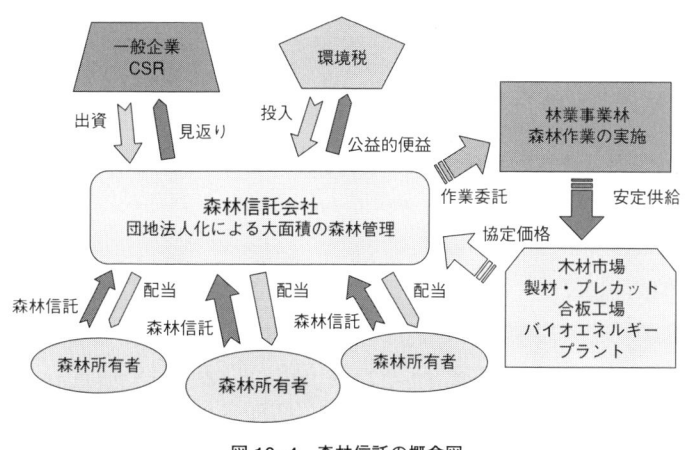

図 12-4 森林信託の概念図
山田容三 2009：p. 143 より抜粋

　このような天然林の保護により野生動物や鳥類の住処や餌場が確保されるとともに、人工林のモザイク配置により緑の回廊が常に確保されることになり、彼らの自由な行き来が可能になる。すなわち、伐区レベルでは皆伐施業も行われ、一時的に森林生態系が破壊されるが、面域全体では生物多様性は保たれ、面域全体としての森林生態系が維持される。また、水源涵養機能や土砂災害防止機能などの公益的機能の発揮についても同様に維持されることに他ならず、持続的な木材生産との共存が可能になると考えられる。

　小面積所有者の集まる地域では所有と管理の分離が難しく、面域としての森林管理がほとんど不可能である。これらの地域では不在村所有者が少なくなく、手入れ不足や施業放棄が問題となっている。このような地域では、森林の所有と管理を分離して、森林管理を第三者機関に信託する団地法人化が今後の展開として考えられる。信託を受けた第三者機関は面域としてのゾーニングを行い、森林生態系の維持あるいは改善、ならびに公益的機能の発揮を進めながら、木材生産を維持する森林計画を立てる（図12-4）。団地化により毎年まとまった木材生産を無理なく行うことができ、製材工場、プレカット工場、合板工場、ならびにバイオマスエネルギープラントなどと協定を結んで安定供給することが可能になる。木材の安定供給と流通の改善による利益を所有面積の割合で還元

することにより、毎年、森林所有者は配当を得ることになる。また、森林管理の中で森林生態系と公益的機能の維持を行うので、第三者機関は環境税などの公的資金の受け皿にもなることができ、さらに企業のCSRやカーボンオフセットの可能性もあり、森林管理の財源を木材生産だけに頼らなくても良くなるというところが持続可能な森林管理を実現していく上でのこれからのポイントである。

5. 周期理論

社会情勢の変化を前出の図12-2にみると、以下のように概ね10～20年の周期で林業に追い風と逆風が訪れているようである。

1950年代　朝鮮戦争と神武景気(追い風)
1970年代　外材輸入の増加(逆風)
1980年代　バブル景気による木材価格高騰(追い風)
1990年代　木材価格の下落と自然保護風潮(逆風)
2000年代　京都議定書と間伐促進と外材輸入量の減少(追い風)

木材の加工利用サイドからは、産業界の変化をバイオリズムのような周期と考えれば、森林の周期ははるかに長くなり、産業界の周期とは合わないとされ、森林側が産業界の周期に合わせる努力が必要であるとする主張もある。しかし、10～20年の周期で移り変わる社会情勢とそれにともなう産業界の変化に、今ある森林を無理矢理合わせようとして森林管理の方針は右往左往してきたのではないか。その結果、前述のような森林破壊の歴史が繰り返されてきた。このように社会情勢や産業界の周期に森林を合わせていては、それらよりもはるかに長い寿命の周期を持つ森林を持続的に管理することができないことは自明の理である。

　森林側はこのような社会情勢や産業界の周期に合わせるのではなく、むしろ持続可能な森林管理の中で柔軟に対応することを考えるべきである。そのひとつの方策は、画一的な施業を進めるのではなく、多様な施業をひとつの面域の中に用意することにある。ゾーニングにより多様な施業をひとつの面域の中にモザイク配置することにより、多様な周期の施業を共存させることができる。

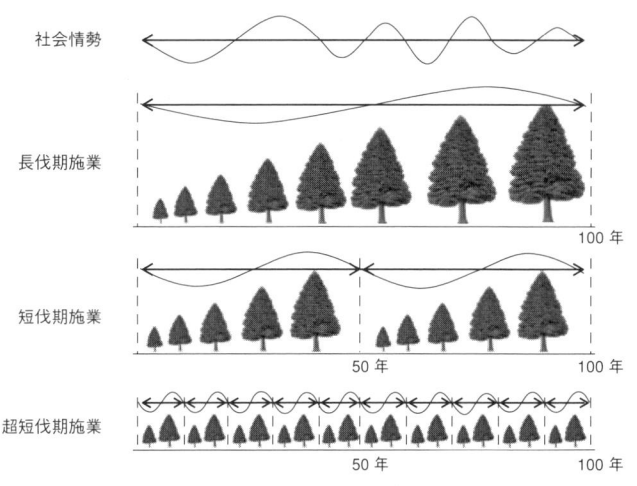

図12-5　社会情勢の変化と森林施業の多様な周期(著者作成)

　すなわち、100年周期の長伐期施業もあれば、50年周期の短伐期施業もあれば、10年周期のバイオマスを得るための促成施業もあり、条件の良いところでは複層林施業にすることにより多様な周期を森林に備えることができる(図12-5)。

　法正林の考え方では、例えば50年周期の短伐期施業では対象地を50の伐区に分割し、毎年ひとつの伐区の伐採と再造林を行っていくことになる。このため法正林を目指した森林管理をしっかり行えば、量的な社会ニーズに応えていくことは可能になる。また、長伐期施業では本数密度管理のための間伐を定期的に行うため、生産された間伐材を加えることができる。しかし、社会情勢の変化によって求められる木材の質自体が変わってくる場合は、ひとつの周期の施業では対応できない。例えば、50年前は柱材の生産を目標とした短伐期施業が中心であったが、木造軸組工法の純和風建築の需要が少なくなり、高級な柱材はそれほど求められず、プレカットやツーバイフォーに使える一定品質以上の材が求められている。ひとつの面域で短伐期施業から長伐期施業、複層林施業や長短伐期施業など多様な施業を行うことにより、社会のニーズに柔軟に対応することができる。すなわち、森林の多様性という武器を十二分に活かすことで、社会情勢や産業界の変化の周期に振り回されることのない持続可能な森林管理が実現される。

6. 人間性の回復

　木材生産による経済性原理だけで森林管理を行うことの破綻をこれまでの節で述べてきた。森林管理を実質的に推進するためには、確かに木材生産を行う林業が主体となって安定することが求められる。しかし、先述したとおり木材生産は社会情勢の変化による影響を受けやすく、木材価格が高い時には過伐気味になり、反対に木材価格が低い時には手入れ不足や施業放棄が起こる。たとえ森林所有者が森林生態系の維持や公益的機能の発揮をいくら考えていたとしても、木材生産が赤字になってしまっては、間伐を遅らせたり、再造林を控えたりせざるを得なくなる。すなわち、生態や環境を考える前に、事業体の経営の健全性がなによりも優先されることは、経済性原理で動く社会では避けられない事実である。日本の林業はバブル崩壊以降このような非常事態に置かれ続けており、森林所有者は事業体の存続に必死であり、大事なこととはわかっていながら生態や環境を二の次とせざるを得ない現状である。ここに森林の多様な価値観が経済性原理に飲み込まれ、森林管理に対する人間の良識や美意識といった人間性が失われていくことになる。

　森林管理に人間性を回復するためには、森林所有者が木材生産による経済性原理に左右されない余裕を取り戻すことから始めなければならない。赤字になることはわかっていても必要な時に必要な手入れを行える森林所有者はそれほど多くはない。問題はこの経済的余裕をどこから捻出するかということである。現在は補助金だのみで間伐も造林も行われているが、補助金は森林政策が変われば簡単に打ち切られる存在である。もちろん補助金を利用できる時は利用すればよいが、補助金を利用するために近視眼的に森林管理の方針を変えたりすることは本質を見失うことになる。

　森林には木材生産という森林所有者の資産的な側面と公益的機能の発揮という公益性の側面がある。森林管理はこれらを両立させることにあるが、森林所有者の資産的な側面ばかりがクローズアップされ、森林管理は木材生産の利益だけで実施されてきた。しかし、持続的な木材生産をするためには森林を健全に保つ必要があり、その結果、森林の公益的機能は維持されることになる。こ

れからはこの公益性の側面にウェイトを置いた認識を国民全体で共有する必要がある。すなわち、森林の公益性の受益者である国民が、森林管理のための経済的責任を分担するということである。この考え方は地方自治体ベースで環境税や水源税として全国的に広まりつつあるが、それらの公的資金は個人所有の森林管理に投入できないようである。その理由は木材生産の資産的側面との分離が難しいためであるが、公益的機能の発揮を森林所有者個人の経営努力に全て委ねることはいかがなものであろう。資産と公益性のなんらかの線引きをして、森林所有者にも公的資金が回るようにすべきであり、あるいは団地法人化の第三者機関のような受け皿を地域で作るなどの対策を考えるべきである。一日も早く、森林所有者を経済性原理の呪縛から解き放ち、彼らに経済的余裕を取り戻すことが、森林管理に人間性を復活させる最初のステップになる。

　そのためには森林所有者側もこれまで個人の資産として不透明であった森林管理のやり方を改め、木材生産だけではなく公益的機能を含めた森林計画をしっかり立て、その実行の報告と評価を社会に公表することで、森林管理の透明性を高める努力を払わなければならない。また、最近はマスコミで森林や林業に関することがたびたび取り上げられるようになってきたが、森林や林業に関する国民の関心はまだまだ低く、未だに「木を伐ることは自然破壊だ」とか「森林は人間が手をつけずに放置しておけばよい」という誤解が残っている。森林ならびに林業に関係する私達は、このような国民の無関心と無理解を改善するために、森林管理に関する正しい知識をことあるごとにアッピールしなければならない。また、国や地方の行政機関は、国民一人一人に「自分達が日本の森林を守らなければ」という意識を植えつけることを目的に、マスコミ等を使った宣伝にもっと力を入れるべきである。国民の関心と理解なしに、森林管理への公的投資を続けることは難しく、これからの日本の森林管理はありえない。

　このような公的資金の投入と国民の理解の上に、森林管理を進める上での経済的ならびに精神的な余裕が森林所有者に生まれてくれば、木材生産と公益的機能の発揮のみならず、生物多様性の保全、レクリエーション利用、文化的価値、景観など森林の多元的な価値がひとつの森林管理の中で共存できるようになる。この多元的価値観こそが森林に対する人間性の回復の証である。なぜなら、生産あるいは環境といった一元的な価値観で森林を扱っている時は私達の

意識は森林から遠く離れているが、多元的な価値観が共存することは私達と森林のつながりが多様であることを表し、私達の意識がより森林に近づくことになる。意識として近い存在になれば親しみを感じ、つながりが深まれば、そこに人間の良心なり良識が発揮される。また、森林の多元的価値観は先述した森林管理における施業の多様性を生むことになり、その結果、社会情勢の変化にも対応できる森林管理を実現することにつながると考える。

　実際に森林管理を実行する際には、森林管理に関係する者が倫理観と美意識を共有する必要がある。倫理観については、常に「なにが大事か？」と自問することが求められる。間伐は残存木の育成のために行うことが目的であって、少しでも利益を上げるために低コストを追求するあまり粗雑な作業をして、残存木に多くの被害を出してしまっては元も子もない。また、主伐は次代の森林への更新が目的であって、採算が取れないからといって伐採後に再造林を放棄することは林業自体の放棄につながる。さらに林道や作業道は森林を管理するために整備する施設であって、低コストを追求するあまり無理な開設を行い、林地崩壊を起こしていては本末転倒である。ここでも経済性原理による弊害が出てくるわけであるが、作業を実施する前にその作業の目的をもう一度しっかり確認し、その目的を達成するためには「なにが大事か？」ということをよく考える必要がある。その際にはある程度の生産性とコストを犠牲にせざるを得ないこともたびたび起こるであろう。

　日本人は生産性やコストといった数値ばかりに関心があり、その数値だけで全ての物事を評価しようとする傾向がある。1990年代初頭から欧米の高性能林業機械の普及が始まったが、それらの機械類が開発された欧米の林業事情や地形条件ならびに歴史的背景を含めた経緯には全く関心を示さず、それらの機械類の高い生産性にのみ注目して、日本の林業事情に適合するかどうかに関係なくシステムごとの導入を試みた。しかし、それらのシステムの多くは作業現場に受け入れられず、結果的にプロセッサという造材機械のみが全国的に普及した。また、欧米の高性能林業機械はオペレータの安全性と操作性を重視したベースマシンの開発にウェイトを置いているが、日本では手に入りやすい建設機械のバックフォーをベースマシンとしているため、それらを森林で使用することに関して安全性と操作性に本質的な問題を抱えている。また、最近は間伐の更

なる促進と国産材時代の到来に向けて、森林・林業再生プランでは林内路網整備と大型機械化による生産力の向上と低コスト化を提唱する動きが見られる。ここでも地形が急峻なドイツやスイスの機械化の成功事例をあげて、日本の林業事情を顧みずにそれらの国のやり方をそのまま真似ようとしており、明治維新以来の轍を踏襲している。それら

図12-6　重力を利用したスカイウッドシューター
（布製修羅）
ビル火災時の脱出用シューターを集材に利用したもの

が国の政策というお墨付きをもらって、生産性と低コストという数値が一人歩きをし始め、全国的なスタンダードになることが恐ろしい。これにより地域の多様な施業がまた否定されることになり、このような哲学なき森林の政策によって最後に被害を受けるのは森林そのものである。確かに路網整備と大型機械化は条件に適合した森林では有効な手法であるが、ひとつの選択肢として地域の多様な施業の中での活用をはかるべきである。

　大型機械のパワーで何事も解決しようとする近年の考え方自体が、生産性と低コストを錦の御旗に、地域に根ざした森林管理の施業や技術を頭から無視しているように思われる。地域の施業や技術は人間が森林とのやり取りの中で築き上げてきた知識と経験の成果であり、これらを無視することは地域の森林の事情を全く考えないで、頭ごなしに机上の空論を押しつけることに他ならない。私達は己の技術力を過信しすぎて、本質を見失っているのではないか。温室効果ガスの排出削減が叫ばれる現在にあって、今一度、重力や水力や気象という地域の自然の力を再利用することを考えて、機械類の省力化を図ってはいかがであろうか。例えば、伐採直後の木を運び出すことは、重量の半分以上を占める水を運んでいるのと同じであるから、伐採後に林内にしばらく放置して、いわゆる葉枯らし後に軽くなった木を運び出せば、生産性の向上と人工乾燥の軽減が期待できる。また、大型機械化のできない小面積所有者には、安価で誰で

も簡易に集材が行える布製修羅のスカイウッドシューターなどローテク技術の開発も効果的である(図12-6)。

　最後に人間性のもうひとつの側面として、森林に関する美意識について触れたい。どのような森林が美しいと感じるかは人それぞれであり、おそらく地域によっても、あるいは属人的な森林とのかかわりの深さによっても変わってくるであろう。ここで言う美意識は森林の景観を問題にしているのであり、もちろんこのような風致の観点は観光やレクリェーションで森林を訪れる第三者も含めて大事であるが、森林管理の観点からはもう少し別の意味の美意識を考えてみたい。

　それは森林の健全さに対する美意識である。森林はその施業法によって、樹種構成や林層構成や下層植生が異なるため、その景観は全く異なってくる。しかし、同じ施業法であっても手入れの状況によっても景観は異なってくる。例えば、針葉樹人工林施業であっても、間伐が手遅れでもやしのような細い曲がった木ばかりの森林とよく間伐された明るく下層植生も豊富な森林では、その景観は全く異なる。その景観の個人的好みではなく、よく手入れされた人工林に健全さを感じる美意識が森林管理には求められる。森林の健全さは、景観として必ずしも美しくとは限らない。明るい森林ではあるが、下層植生が繁茂して、見通しの効かないジャングルのような景観であるかもしれない。しかし、生物多様性は高く、水源涵養機能も促進された姿であり、森林としては健全な状態にある。要するに見た目の美しさではなく、健康であることの美しさを敏感に感じる美意識ということになる。

　森林管理に携わる者は、森林を見回って森林が健全さを保っているかどうかを常に確認し、少しでもその健康的な美しさが損なわれ始める兆しを感じたら、適切な手入れを行わなければならない。すなわち森林管理の美意識とは、森林を健全に保つために必要な手入れの時期を適切に見極める勘とも言い換えることができる。この美意識は、現状の森林の健全さのみならず、手入れを行った後の健全さを予測することであり、熟練した技術者が豊富な経験と知識の積み重ねの上に身につけられるものである。このような美意識を有した熟練技術者を養成することが、森林を健全に保つための急務となる。「森づくりは人づくりから始まる」と古くから言われてきたが、よく管理された森林には、必ずよい技

術者がいたものである。

　森林で作業をする者は、作業によってもたらされる森林の姿に美意識を持ちながら、与えられた作業を遂行しなければならない。すなわち周りの立木をいっぱい傷つけてしまうような粗い作業は、森林を健全にするという美意識からかけ離れた作業として慎むべきということである。また、主伐後の跡地を更地のようにきれいに地拵えすることは、造林作業が進めやすいばかりでなく見た目がきれいではあるが、森林生態系の早い回復を考えた場合には低木や下層植生をできる限り残した雑然とした跡地に美意識を見いだすべきである。森林に道路を開設する場合も、道路の規格によるが、作業の最前線となる作業道や作業路は車輌の走りやすさよりも、法面の低さや、きっちりと排水された路面や、地形に沿って曲がりくねった線形にこそ美意識を感じるべきである。このように作業者に求められる美意識は、これまでの作業で抱いていた美意識と全く異なるものになる場合もある。作業者は個人の判断で作業を進めがちであり、その多くは自分の判断基準をあまり変えたがらないものである。このままでは持続可能な森林管理を実現することは望めないので、作業者達からの抵抗を受けるかもしれないが、彼らの美意識の改革が次に求められる。

　森林管理に携わる者全員がしっかりした美意識を共有し、適切な管理を行っている森林は、専門家ではない一般の第三者が見てもよく管理されていることがわかり、森林が健全であることが伝わるはずである。それと同時にその森林に関わっている人達の愛情も伝わってくるはずである。美意識はとりもなおさず森林に対する愛情そのものであり、森林管理を進める上で最も大事な人間性であると考える。

＜文　献＞

アルネ・ネス, ジョージ・セッションズ (2001) ディープ・エコロジー運動のプラットフォーム原則.(ディープ・エコロジー. アラン・ドレングソン, 井上有一共編, 井上有一訳, 昭和堂).

エコフォレストリー協会 (2001) エコフォレストリーについて.(ディープ・エコロジー. アラン・ドレングソン, 井上有一共編, 井上有一訳, 昭和堂).

ジョゼフ・R・デ・ジャルダン (2005) 環境倫理学―環境哲学入門―. 新田功・生方卓・蔵本忍・大森正之訳, 人間の科学社.

農林水産省 (2009) 森林・林業再生プラン—コンクリート社会から木の社会へ—.
丸山徳次 (2005) 人間中心主義と人間非中心主義との不毛な対立. (環境と倫理　新版. 加藤尚武編, 有斐閣アルマ).
林野庁 (2005) 森林・林業白書　平成16年度. 日本林業協会.
林野庁 (2008) 森林・林業白書　平成20年版. 日本林業協会.
林野庁 (2009) 森林・林業白書　平成21年版. 日本林業協会.
林野庁 (1964) 林業統計要覧累年版1964. 林野共済会.
林野庁 (1982) 林業統計要覧時系列版1982. 林野弘済会.
林野庁 (1992) 林業統計要覧時系列版1992. 林野弘済会.
林野庁 (1996) 森林・林業統計要覧1996. 林野弘済会.
林野庁 (2003) 森林・林業統計要覧2003. 林野弘済会.
林野庁 (2007) 森林・林業統計要覧2007. 林野弘済会.
森林科学編集委員会 (2002) 森林の多面的機能の評価に関する学術会議答申. 森林科学34：62-77.
山田容三 (2009) 森林管理の理念と技術—森林と人間の共生の道へ—. 昭和堂.

IV

北と南での森造り

13章　林業機械のライフサイクル・アセスメント

1. はじめに

　本稿は、機械化林業の本場であるスウェーデン農科大学のウメオ校(北緯63度)のメンバーが燃料、油圧オイル、ソーチェーンオイル、植物性オイル、エネルギーをキーワードにライフサイクル・アセスメント(LCA)について書いた論文(Athanassiadis and Wästerlund 1998)の訳文である。この論文が発行された1998年当時、環境との調和が重要視される林業工学分野においても、LCAのアイデアは新しい視点の一つであった。その後LCAは、循環型社会構築のキー技術の一つとして森林林業分野の多くの課題に取入れられるようになっており、林業機械に関する論文も数多く出されている。本稿のうち、LCA研究の歴史的な記述(第3項)の一部はこの10数年の間に少し変化が生じているが、全体の大部分を占める林業機械についての考察は、現在においてもその重要性を少しも失っていないであろう。

　さて、多くの林業労働は過酷なものであるが、機械化によって軽減することができる。これまでの機械化の試みは、林業のあり方を林業機械(以下、機械)に合わせることにより推進されてきている。近年では機械の機能を新しい造林技術に合わせたり、植物性油圧オイルや良質のディーゼル燃料を使用して、より環境負荷を軽減する試みが始まっている。ここにLCAの視点を導入すれば、さらに大きな進展が可能である。現在のところ林業機械に関するLCA研究は、燃料消費に関する調査を主体に行われている。例えば、最近のスウェーデンにおけるハーベスタ・フォーワーダ作業からは、$1 m^3$の素材生産に必要な燃料消費量が2リットル、油圧オイルまたはミッションオイルが0.1リットル、チェーンオイルが0.03リットルであることが明らかにされた。これらのデータから、機械作業のエネルギー消費はチェーンソーによる手作業と比較してまだ大きい

が、機械作業の生産性が向上していくと共に、チェーンソー作業と互角になってくると考えられる。

2. 環境に配慮した林業機械

　紙パルプや多くの木材製品を利用し続けるためには、森林の伐採が必要である。そのための林業労働は過酷なものであり、機械化が必要とされている。これまでに伐倒、枝払い、玉切りを行うハーベスタや、短幹材を林道まで運搬するフォーワーダが導入され成果を上げてきた。

　林業に関わる作業にはいくつかの満たすべき要件がある。最初に考慮すべきことは作業コストの低減であり、作業経費を差し引いた木材の販売価格は、当然できるだけ高くあるべきである。このためには、作業方法や使用機械そして作業班が仕事の内容と見合った高い生産性を発揮する必用がある。近年のスウェーデンにおける皆伐では、伐倒・枝払い・玉切り・路端への運材と椪積み（はいづみ：原木を積み重ねたもの）までの作業コストが 8.5 米ドル/m^3 までに小さくなっている。この高い生産性は、機械の改良と 1 日 2 交代 8 時間作業を行うよく訓練された作業班による成果である（地域によっては 3 交代 24 時間体制の場所もある。これは白夜も関係する）。また伐採は皆伐作業が主体であり、主な対象林分が成長の進んだ単相林であることも、生産性向上に大きく寄与している。

　地球サミットでリオ宣言と共に森林原則声明が合意されてから、これまでと異なった森林管理技術である非皆伐施業、例えば漸伐作業や単木択伐作業などが導入された。湿地周辺の立木など環境保全上重要な木は保全されるようになり、相対的に伐採面積は減少した。そのような条件下においては、機械は小径木から大径木まで扱え、残存木の被害が少なく、かつ経済的であることなど、多様な機能を持つことが必用になっている。短幹集材システムとその機械は、この条件に適合できるものである。

　次のステップは、機械をより「環境に優しいもの」にすることである。ここでは鉱物質油圧オイルについて考える。一度機械の油圧ホースが破れると、ハーベスタは毎秒 2 リットルものオイル漏れを引き起こすことになる。1 リットル

表13-1 環境に適合した油圧オイルのスウェーデン規格（SS 15 54 34）

アレルギー原因物質：	<1%
5%以上含有する成分：	水溶性の毒性を宣言すること
50%致死濃度（<1 mg/L）：	<1%
生物的分解性	
低水溶性物質（<100 mg/L）：	28日以内に60%が分解すること
溶解性成分：	28日で70%以上が分解すること

表13-2 ディーゼル燃料（軽油）に含まれる成分の制限値

環境クラス	クラス1	クラス2	クラス3
イオウ、最大%	0.001	0.003	0.3
芳香族成分、最大%	5	20	―
密度、g/L	800−820	800−820	800−840
沸点、℃	180−300	180−310	160−350

の鉱物オイルは百万リットルの水を汚染する可能性があるのである。これらの事実とオペレータの鉱物オイルアレルギーが相まって、スウェーデン林業では、「環境に優しい油圧オイル」を使用することになってきた。現在の油圧オイル規格を**表13-1**に示す。近年ではほとんど全ての新しい機械が、最高品質とは言えないまでも環境に優しい油圧オイルを使用している。また多くの機械が、近年では寒冷地でも使用できるようになった植物性オイルを使用している。

　ディーゼル燃料（軽油）も多くの有害排気物の原因となる成分を含んでいる。その中の一つ、イオウは排気管の中で二酸化硫黄となり、酸性雨の主要原因物質となる。ディーゼルエンジンの不完全燃焼により残される芳香族炭素連鎖塊は黒煙の原因となる。良質の燃料を普及させるため、スウェーデン政府はディーゼル燃料を品質別に3クラスに分け（**表13-2**）、低質のクラス2、3（古い燃料）には追加課税を行っている。そして今日では、林業機械もクラス1燃料の使用が勧められている。しかしながら、ディーゼルエンジンの排気に含まれる窒素酸化物の問題は依然として解決の難しい問題である。

3. ライフサイクル・アセスメント

　ライフサイクル・アセスメント（LCA；Life Cycle Assessment）は、製造過程

およびその製品寿命全体を見通し、その製品に起因するサービスが引き起こした環境上のインパクトを分析し評価する方法である。その手法は、製造業が、製造プロセス、製品および製造活動に関連した環境インパクトを管理し縮小することを目的に開発された(Ryding 1994)。

LCAの手法は、目的と範囲設定、インベントリ分析およびインパクト評価の3段階から構成される。またインパクト評価では分類、特性化および評価の3段階が行われる。

目的と範囲設定段階では、研究の目標、精度、データの必要条件および範囲が考慮され、機能的なユニットも定義される。

次にインベントリ分析段階では、対象とするシステムに投入される資源やエネルギーが記録される。入出力に関わる境界を明らかにするため、対象システムと他のシステムの境界、環境との境界、対象システムの中にあっても重要性の低いプロセスとの境界が定義される。複数の製品(投入源)があるシステムでは、環境に対する責任分担が決められる。

インパクト評価のうち分類段階では、同様の環境問題を引き起こす排ガスや資源消費などが、一般に知られているいくつかの環境問題に割り当てられる。このためまず最初に環境問題(環境に対する効果やインパクトの種類)が明確に認識される必要がある。これらの問題の割付は、環境への作用と効果に関する科学的知識を最大限に活用して行われる。

次の特性化段階では、一つの入出力が環境問題に寄与する程度を示すための重み付け係数(環境インパクト係数)が定められる。この数年、重み付け係数を定める多くの試みが提案・テストされているが(Guinèe 1994)、もっとも多くの関心を集めた試みは、Finnvedenら(1992)やHeijungsら(1992)によって提案された、異なったインパクトカテゴリ(地球温暖化、オゾン層の破壊など)に対して特性化係数を用いる開発手法であった。環境への入出力量にそれぞれの特性化(重み付け)係数を掛け合わせた合計が問題ごとの影響スコアとして計算される。この換算結果は製品の環境プロフィールと呼ばれる。

最後の評価段階では、インパクトカテゴリの重み付けが再度行われる。社会的に優勢な価値、政治的目標、専門委員会の意見などがこの重み付けに利用される。評価段階の結果は、統合化指標として製品のライフサイクルにおける総

環境負荷を表す。

　他産業を見渡すと、LCA研究は梱包(Tillman *et al.* 1991)や建築資材(Erlandsson *et al.* 1994)の比較や自動車産業(Persson *et al.* 1995)などで行われ続けてきた。林業セクターにおけるLCA研究は、その必要性が1995年5月にハンブルクで開催された国際ワークショップで指摘されたものの(Anon 1995)、本格的な仕組みにはまだなっていない。現在、木質製品(木製家具、床、パルプおよび紙)を対象にした分析が進行中である。しかしながら、原木収穫から工場までの一連の作業を対象にしたデータは、精度が十分ではない。今後のLCAの必要性からみて、収穫作業を対象にした分析の必要性が高まることが予想される。

　機械はより環境に優しく製造可能と考えられるが、総運転時間の大気や土中への排出物(オイル、燃料、洗浄液など)の量は、ライフサイクル中の他の部分と比較すると、はるかに大きいと考えられる。その場合、環境にやさしい燃料・オイルの使用(その一部はすでに実施されているが)が、強く求められるであろう。以上のような分析に大きな問題となるのが、インベントリのデータ取得である。多くの場合その出発点は、機械運転中の燃料およびオイル消費に関するデータの収集である。林業機械に関する最初のデータ収集は、カナダ(Sambo 1997)、フィンランド (Karjalainen and Asikainen 1996)およびスウェーデンでスタートした。ただしKarjalainenらの研究は現在のところ、潤滑油の消費と油漏れについてのデータ収集にとどまっている。

　林業機械は木材収穫作業用の道具であり、機械が環境に関する財を生産する点において、ここまで評価が行われた多くの機械などとは異なっている。したがって、この研究結果は、その生産(例えば材木 1000 m^3 分の CO_2 排出権)と関係があることになる。インパクト分析は、既存のデータ(それらはインターネット・ウェブ等で利用可能である)に基づくことができるから、この分析に必要な主要な問題はインベントリのためのデータ取得であろう。私たちはこの点に関して、機械運転中の燃料およびオイル消費に関するデータ収集から開始した。今後、整備や修理などを含む他の部分の重点的な検討も必要である。

4. スウェーデンにおける燃料およびオイル消費量

スウェーデンでは平年で5500万m^3の木材が収穫され、その伐採作業は主にハーベスタとフォワーダを運転するチームで行われている。私たちは、いくつかの森林会社およびコントラクタを選びアンケート調査を行った。調査された機械の台数は、会社所有機械189台とコントラクタ所有機械133台である。これらの機械所有者に、1996年の作業実績、燃料、油圧オイル、その他オイルとグリースの概算消費量(主に簿記から概算)の記入を依頼した。今回調査した機械の総作業量は、ハーベスタ作業がスウェーデン全体の5％、フォワーダ作業は3％の実績であった。

それぞれの機械の使用年数は25年にもおよぶものから全く新しいものまであった。フォワーダではコントラクタ所有機械が平均9年、森林会社所有のものでは平均6年であった。また、ハーベスタの機械使用年数は森林会社・コントラクタ所有の両者とも平均6年であった。

結果(**表13-3**)は、ツーグリップハーベスタと比較して、シングルグリップハーベスタの方が、材積当たりの燃料とオイル消費量がいくぶん多くなった。機械のサイズで比較すると、小形機械(7～10トンのフォワーダと80 kW以下のハーベスタ)が大形機械より高い燃料消費率となった。森林会社所有の機械はコントラクタ所有のものと比較して、油圧オイル、ミッションオイル、チェーンソーオイルの消費がかなり高くなった。使用されている油圧オイルの約90％は「環境にやさしい」ものであったが、油圧オイルの約40％(1000 m^3当たり約20リットル)が主としてホースの破裂により自然界の中に流出したと推定される。チェーンソーオイルと合わせると、木材生産量1000 m^3当たり約50リットルもの油がハーベスタ作業中に流出すると考えられる。コントラクタ所有のフォワーダが、林業会社所有のものより3年古いにもかかわらず、燃料とオイル消費量に関して両者の間に明確な差は認められない。

ハーベスタの油圧オイル・ミッションオイルおよびチェーンソーオイルの消費量の違いは、実施した作業の違いが一つの原因になっていると考えられる。森林会社所有の機械はコントラクタ所有のものより総じて小形であり、間伐作

表13-3 アンケート調査によるディーゼル燃料、グリースおよびオイル消費量

	フォワーダ	シングルグリップハーベスタ	ツーグリップハーベスタ
ディーゼル燃料	935	1167	1010
油圧オイル	17	34.6	32
潤滑油	8	8.5	6
ミッションオイル	6	3.5	5
グリース	1.5	1.8	1
チェーンオイル		35	21

＊単位：リットル/1000 m^3 幹材積、グリースは kg/1000 m^3 幹材積

業に使われることが多かった。最近の試算では、燃料と油圧オイルの消費量が以前の試算より少し大きくなっている(Löfgren and Myhrman 1994、ベルク 1996)。このことに関しては、フィンランドのデータにおいても同様の割合で増加しており(Karjalainen and Asikainen 1996)、またカナダの燃料消費量データは倍増していることが示された(Sambo 1997)。

5. エネルギー消費

エネルギー消費の観点から見ると、チェーンソー作業の方が有利ではなかろうか？ この点に関して、初期の計算では単に燃料消費量のみが注目された。チェーンソーは1時間当たり0.5リットルの燃料を消費し、それを使って作業者は幹材積にして2m^3の伐倒・枝払い・玉切りを行うことができる。したがってチェーンソー作業の燃料消費は1m^3当たり0.25リットルとなる(Karjalainen and Asikainen 1996)。一方近年のハーベスタでは、1m^3当たりの燃料消費が約0.6リットルとなっている。つまりハーベスタ作業では、人力による仕事を燃料と置き換えていることになる。

このことを消費エネルギーで比較すると、ハーベスタ作業では、機械自体の消費エネルギーが0.6×34 MJ、作業者は0.5 MJであり、合計で1m^3当たり21 MJである。チェーンソー作業では、チェーンソーが0.25×32 MJ、作業者は1.6 MJとなり、合計では約9.6 MJとなる。もしハーベスタの燃料消費を1m^3当たり0.3リットル未満にできれば、エネルギー効率においてもチェーンソーより

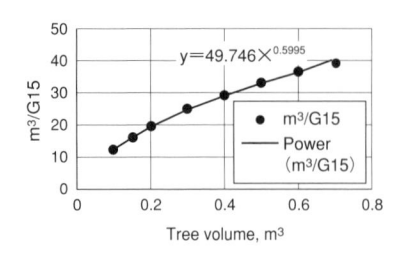

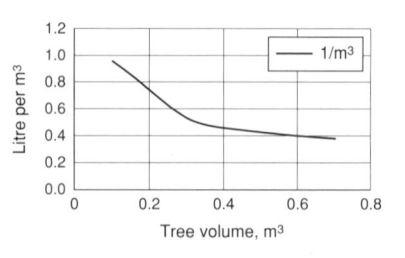

図 13-1　皆伐作業におけるハーベスタの生産性と平均材積（m³幹材積）

図 13-2　ハーベスタの燃料消費量と平均材積
ハーベスタは小径木で 12 L/h、大径木では 15 L/h の燃料を消費すると仮定している

優れたものになるであろう。さらにチェーンソー作業に関しては、ツーサイクルエンジンの排気は改良されたディーゼルエンジンと比べ環境にとって遙かに危険なものであることを、考えておく必要がある。

ハーベスタの燃料（エネルギー）消費は生産性に大きく依存し、生産性は木材のサイズ（材積）に応じて増加する（**図 13-1**）。従って、収穫する木材の材積が大きいほど、材積あたりの燃料消費率は減少することになる。しかしながら機械作業では、立木の材積が大きいほど作業負荷が大きいと考えられ、このため**図 13-2**の中の計算では、燃料消費量と立木材積の間に、0.1 m³ で 12 L/h、0.7 m³ では 15 L/h の直線相関関係があると仮定している。

以上の計算やアンケート調査の結果から、単に生産性の高い大形機械の選定が望ましいと解釈されるかもしれない。これについては以下の 2 点を考慮する必要がある。まずは伐採する立木の大きさである。もし初期間伐のような小径木のみを対象とするならば、大形機械による場合と小形機械による作業時間はほとんど変わらない。大形機械はより大形のエンジンを搭載しており、そのためこのケースでは単位出材積当たりの燃料消費量が小形機械より大きくなってしまう可能性がある。もう一つの側面は、小形機械（5 トン以下）は効率の良いエンジンを搭載していない場合が多いことである。いずれにしても、カリフォルニア州の厳しい排ガス規制などもあって、近年のエンジンの性能は大きく向上している。積載量 3 トンの小形フォーワーダ（総重量 5 トン）をテストした結果では、280 m の集材距離で 0.20 L/m³ まで燃料消費を下げることが示された（Johnson and Larsson 1997）。

6. 林地にもやさしいか？

　最後に機械の大きさに対していくつかのコメントを述べたい。もし間伐作業のみを考えるなら、土壌や根系へのインパクトを最小におさえるため、小形で高性能の機械を選ぶべきであろう。車幅2m以下、重量6～7トン以下で、平均接地圧が60kPa以下の機械であれば、普通またはやや強めの支持力を持つ林地における間伐作業では、顕著な"わだち"はほとんど形成されない(Wästerlund 1994)。

　択伐作業では大径木の収穫も行わる。直径30cm、樹高27mの立木の重量は1トン以上、50cm、30mの立木では3.5トンにも達する。このような大径木の伐採には大形の機械が必要であるが、その場合は林地全面の走行を避け、ブームを伸ばして作業を行うことが望ましい。このような作業の場合、60cmの立木を伐採できるハーベスタヘッドは1200～1400kg程度もあり、ブームにテコの効果が働くので、バランスをとるためハーベスタの車体重量はある程度大きいことが必要である。

　林業機械の使用は、リサイクル可能な木材資源の生産に役立っている。しかしながら林業機械の設計には、まだ多くの検討すべき問題が存在する。林業機械には耐久性と高生産性、つまり低コストによる生産性が求められる。さらに林業機械には、可分解性油圧オイルや低排出ガス燃料の使用など、自然環境に気を配ることが必要である。エネルギー効率の観点から眺めると、これら二つの問題は同じ方向性を示している。大きなエンジンの機械を低い生産性で稼働させることは効率が悪く、環境に与える影響も大きくなる。林業機械は、エネルギー消費、環境への影響など多くのことについて進歩しなければならないが、木材を収穫するための基本的性能向上が必要なことも忘れてはならない。

＜原　文＞

Athanassiadis D. and Wästerlund I. (1998) Life cycle assessment of forestry machines. Seminario de Atualização Sobre Sistemas de Colheita de Madeira e. Transporte Florestal, 10., 1998, Curitiba: UFPR; FUPEF. p. 107-115.

(木材伐採と森林輸送に関する新技術セミナー、パラナ大学・パラナ森林研究所、1998年10月、クリティバ・ブラジル)

＜文 献＞

Anon.(1995) Life-Cycle Analysis – A challenge for forestry and forest industry. Fruwald A. and B. Solberg (eds.). EFI Proceedings, No. 8.

Berg, S.(1996) Emissioner till luft från fossila bränslen i svenskt skogsbruk. En inventering för LCA av träprodukter. Trätek, Rapport p 9601004.

Erlandsson, M., Mingarini, K., Nilvér K., Sundberg, K. and Odeén, K.(1994) Life Cycle Assessment of building components. AFR Report 35.

Finnveden, G., Andersson-Sköld, Y., Samuelsson, M.-O., Zatterberg, L. and Lindfors, L.-G. (1992) Classification (impact analysis) in connection with Life Cycle Assessment – A preliminary study. In : The Nordic Council of Ministers "Product Life Cycle Assessment, Principles and Methodology". Nord 1992 : 9.

Guinèe, J.B.(1994) Review of classification and characterisation methodologies. In : "Integrating impact assessment into LCA". Proceedings of the LCA symposium held at the Fourth SETAC-Europe Congress, 11-14 April 1994. H.A. Udo de Haes, A.A. Jensen, W. Klöpfer, L.-G. Lindfors (eds.). The Free University, Brussels, Belgium.

Heijungs, R., Guinee, J. B., Huppes, G., Lankreijer, R. M., Udo de Haes H. A., Wagener, Sleeswijk A., Ansems, A. M. M., Eggels, P. G., R. van Duin R. and de Goede H.P.(1992) Environmental Life Cycle Assessment of Products. Guide and Backgrounds. NOH report 9267 and 9267. Leiden : Centre of Environmental Science.

Johnson, J. and Larsson, U.(1997) The small-scale forwarder Vimek 606 D – time and fuel consumption in a thinning object. Swedish University of Agricultural Sciences, Forest technology, Umeå. Students´ Reports No. 7.

Karjalainen, T. and Asikainen, A.(1996) Greenhouse gas emissions from the use of primary energy in forest operations and long-distance transportations of timber in Finland. Forestry 69(3) : 215-228.

Löfgren, B. and Myhrman, D.(1994) Vi satsar på miljön i maskinutvecklingen ! SkogForsk. Redogörelse nr 3.

Persson, J.-G., Luttropp, C., Ritzén, S. and Åkermark, A.-M.(1995) Design for recycling – a survey on activities in industry and at universities. AFR-Report 79.

Ryding, S.-O.(1994) International experiences of environmentally sound product development based on Life Cycle Assessment. AFR Report 36.

Sambo, S. M. (1997) Fuel consumption estimates for typical coastal British Columbia forest operations. Forest Engineering Institute of Canada. Technical Note TN-259.

Tillman, A.-M., Baumann H., Eriksson E. and Rydberg T. (1991) Miljön och förpackningarna. Livscykelanalyser för förpackningsmaterial – beräkning av miljöbelastning. SOU 1991：77.

WCED (World Commission on Environment and Development) (1987) Our future common. Oxford University Press, Oxford.

Wästerlund, I. (1994) Environmental aspects on machine traffic. J. Terramechanics 31(5)：265-277.

14章　熱帯林の伐採とその問題点
―― マレーシアの事例から ――

1. はじめに

　本章の冒頭に「熱帯林の減少が待ったなしの深刻な問題であるということは、いまや世界共通の認識になっている」と書き出してから、すでに7年以上が経過している。残念ながらこの間に問題が解決する兆しは見られていない。熱帯林がCO_2の吸収源として大きくクローズアップされ、研究には温暖化やCDM、REDDといった新しいキーワードも加わっているが、問題は依然として多く残されている。World Resourcesでは1960～90年の30年間に、アジア地域で30％、アフリカとラテンアメリカでそれぞれ18％の熱帯林が他の土地に転換されたとしており、FAOの統計によると、全ての熱帯地域で1981～90年の10年間に、1年あたり1540万ha(日本の国土面積の40％)の森林が失われた。この地球の将来にも関わる熱帯林の減少を止めるために、緊急な対策の必要性はこの間に一層高まったと言えるだろう。本稿に書いた内容は、7年の経過によって資料や記述の一部がやや古くなっている。しかし提起している問題の重要性は、上記のように熱帯林の問題が解決していないことから、ほとんど変化が無いと考えている。

　これまでに多くの熱帯地域に位置する諸国の天然林が、その管理に失敗し、失われてしまっている。そのため、一度伐採を行うと天然林の持続的経営は不可能であるとの認識も強まっている。熱帯林の破壊はいろいろな原因が考えられているが、その中で林業の伐採が最大の原因であり、そのことが他の全ての破壊のきっかけになるという主張も少なくない。他の大規模な農業・畜産・鉱業などの開発に比較して、林業の伐採に対する風当たりはあまりに一方的と感じることもあるが、とにかく林業の伐採が行われてきた森林が、次々に失われてしまったという事実がある。

一方で熱帯林は、現在の人間生活に不可欠な良質の資源である木材を供給しているという事実がある。東南アジア各国では、自国の森林資源として天然林の持続的有効利用を強く望んでおり、その伐採は今後とも続けられるであろう。それらの国では、もし森林に経済的価値がなくなれば、森として存続することが難しくなるという現実さえもある。森林の公益的価値を経済的に評価できない現在では、木材の生産できない森林は、経済的価値を求めてオイルパーム、コーヒープランテーション、エビ養殖場など大規模開発の標的になってしまうのだ。

そんな中、熱帯林を資源として有効に活用しながら持続的な森林管理を行うための多くの努力もなされており、わずかではあるが——そして今後も注意深く観察し続ける必要があるが——成功している例もみられる。それらの例は、我々の緊急な努力があれば熱帯林を救えるかもしれないという希望を与えるものである。筆者は、熱帯においても真の林業(資源を有効に活用しながらの持続的森林経営)の実現が森林を救う道であり、そのためには、伐採を止めさせるのではなく伐採を変えることが、今緊急に必要と考えている。林業は森を守り育てる仕事、熱帯林にあっても「森を育て木を伐って森を守る」ことができると考えている。

2. 熱帯林伐採のイメージと林業

林業における伐採は、技術的に未成熟で多くの問題を抱えているが、資源の持続的利用を前提として、森林を将来にわたって維持しようとする点において、

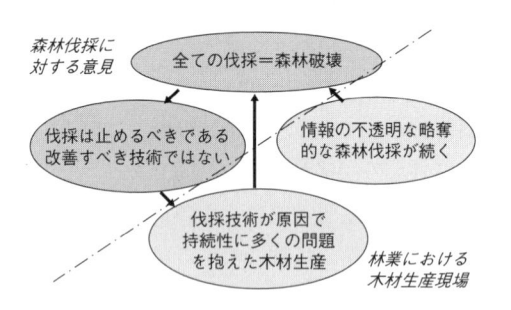

図14-1 熱帯林伐採のイメージと生産現場の問題

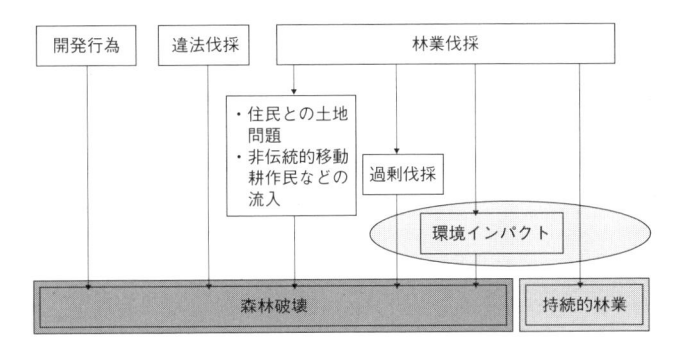

図 14-2 熱帯林の伐採と森林破壊の問題

自然を作り替える他の開発行為とは大きく異なるはずである。従って"全ての伐採イコール森林破壊"とし、山の機械やそこで働いている人達までをも森林破壊の象徴としてとらえる考え方が広く一般に広まっていること、保続を前提としている択伐作業の画像や写真が、熱帯林破壊の説明付きでテレビ番組や小学校の教科書などにも登場する事を残念に思う。このことは森林の管理方法や伐採技術を改善しようとする努力を、結局、損なわせることにつながり、現実に存在している木材生産現場の伐採という仕事をさらに悪い方に押しやることにしかならない。結果人々の目に触れない山奥で、持続性を考慮しない伐採が継続されれば、伐採はより破壊的になるという悪循環に陥ってしまう(図14-1)。

実際には、全ての森林伐採が同じ目的で行われ、森林破壊に直結している訳ではない(図14-2)。オイルパーム農園やエビ養殖場などを代表とする大規模な農業水産業開発、スズ採掘などの鉱工業、増加の一途と言われる違法伐採など、最初から森林の維持を意図していない伐採も非常に多く、これらをいかに止められるかが熱帯林減少を防ぐポイントであることは間違いない。

しかし、林業として森林を持続させることを予定している伐採の中にも、直接・間接的に森林破壊につながるものは少なくない。先住民の権利を奪ったり、非伝統的移動耕作民の流入を招いたりすることが、長期間の森林管理を不可能にしてしまう例、森林に対する科学的理解不足や収益優先の経営により、伐採量が森林の成長量や多様性を維持する上で過剰になっているものなどは、その例である。さらに、これらの問題がクリアーでき適正な森林管理システムのも

とで伐採計画が作られているはずなのに、実際の伐採の結果、森林が劣化したり、荒廃地に至ってしまう例も非常に多い。これが伐採技術の不足による環境インパクトの問題であり、持続的林業を行う上での最後に立ちはだかる大きなハードルになっている。

筆者らは森林の持続的管理と環境保全の観点から、伐採インパクトの定量を試みると共に、実際の伐採作業技術の低インパクト化を目指して、マレーシア森林研究所(FRIM：Forest Research Institute of Malaysia)との共同研究を実施している。以下に、その概要を含め、熱帯林の伐採に関する問題点を述べたい。

3. マレーシアの森林伐採

年間を通じた高い気温と豊富な降雨に恵まれているマレーシアには、丘陵・山岳地域を中心にフタバガキ科の巨樹を優先種とする熱帯降雨林が分布している。国土全体の森林率は61％(2000万ha)であり、その37.5％(全国土の23％、760万ha)が保護林(protective forest)、ほぼ同面積が生産林(productive forest)として、それぞれ永久森林(全国土比46％、1520万ha)(permanent forest reserve)に指定されている。また残りの25.0％(全国土比15％、480万ha)は、これから将来にわたり他用途に転換される予定の森林(state land forest)ということとなる。森林のタイプ別で見ると、82.2％が内陸林、7.9％が湿地林、2.8％がマングローブ林、7.1％がその他の森林となっている(MPI 1999)。

マレーシアの森林のうちかつて平野部に広く分布していた低地フタバガキ林の大部分は、早い段階で都市や農地特にゴム園として開発されてしまっているが、近年では残されている丘陵林のオイルパーム・プランテーションへの開発が急ピッチに進んでいるように見える。この近年の開発は転換可能区分の森林が順次開発されているものであり、以前から計画されたものとはいえるが、豊かな天然林が突然下層植生に至るまで皆伐され、プランテーションに造成される様は、森林を維持する立場の林業のための伐採とは全く異質のものとの感が強い。また注意すべきことは、永久森林区分から転換予定森林への区分変更があることであり、特に生産林でありながら、技術的理由により木材生産のできない森林にその圧力がかかりやすいことである。持続的な木材生産を続けるこ

とが結果的に森林を守ることになるのは、この理由からである。

　マレーシアの生産林の大部分は丘陵林にあり、Selective Management System と呼ばれる方法によって 25～30 年間隔で択伐が行われ、その後、天然更新による持続的経営が図られている。伐採対象木はフタバガキ科樹種が 50 cm、非フタバガキ科樹種では 45 cm を許容最小限度とし（これは国全体の最小限度であり、地域によって異なる値が定められている）、7～10 数本/ha となるのが普通である。

　一般に丘陵林の択伐には、技術的に比較的容易で省コストな方法であるブルドーザを使った集材が行われる。場所によって多少の違いがあるが、作業は 1 台のブルドーザを中心に、チェーンソー 2～3 名、荷掛手 1～2 名、ブルドーザ運転 1 名程度のチーム単位で行われる。一般的な作業手順は以下のようなものである（FDPM 1996）。

　①伐倒・玉切り作業：森林官によってタグを付けられた伐採予定木を、伐倒手がチェーンソーで伐倒し、枝払い、玉切り（6～7 m）を行う。②木寄せ・集材作業：魚骨状に作られる集材路を伝って、ブルドーザが林内に進入、車体後部のウインチを使って材を引き寄せる。その後、材をけん引しながら幹線集材路まで走行し、山土場に仮集積する。③運材作業：ログローダでサンタイウォン（山大王）と呼ばれる大形 6 輪集材車に積み込み、普通の運材トラックが入れる林道端まで、長いところでは数十キロにおよぶ運材を行う。

　ブルドーザはその不整地走行性、重量物けん引能力を生かして、集材作業の中心的役割を果たす。しかしながら、建設機械としての能力が高いため、森林機械としては破壊的になりやすい問題がある。ブルドーザ集材跡地を調査すると、天然状態では相当量存在する次代を担う後継稚樹のうち、半数以上が搬出路の取り付けや、引き出し作業による踏みつけで失われ、択伐–天然更新による持続的森林管理が危うくなる場合が非常に多い（Appanah 1999）。このため伐採インパクトの低減が、持続的経営を実現する上で大変重要なトピックとなってきている。

　マレーシアでは、環境に配慮した伐採技術の開発を国家計画にまで掲げている。さらに、熱帯林産物の国際間貿易を続けるためには、持続的経営が必要と取り決めている国際熱帯木材機構の西暦 2000 年目標（ITTO 1990）の実現のため

責任を果たすとしている(EPU 1996)。この方針のもとに具体的な問題を着実に解決していくことが必要である。

4. 伐採インパクト

4.1. 伐倒作業

フタバガキ丘陵林の伐倒対象木には、樹高50m、直径1m以上のものも少なくない(図14-3)。このような大きな樹木は巨大な位置エネルギーを保持しており、伐倒によってそのエネルギーが一気に放出される。仮に重心の高さを樹高の半分とすると、時速250kmの乗用車が壁に激突するエネルギーに相当すると考えられる。経験豊かなチェーンソーマンが細心の注意を払うことで、方向や落下位置を十分にコントロールしないと非常に危険であり、伐倒木自体が砕けてしまうような破壊的な作業となってしまう。また伐倒方向のコントロールに失敗すると、次代のために残したい樹木の幹を直撃して破損したり、急斜面や沢越えなどの不安定な場所に落下させてしまい、その後の枝払い・玉切り・木寄せなど一連の集材作業を非常に難しくするばかりか、林床や残存木等を著しく荒らすこととなってしまう。

熱帯樹木にはその根本の周りに盤根と呼ばれる大きな板状の根が存在し、その不規則な形状が伐倒方向のコントロールを大変難しいものにしている(図14-4)。そのため複雑な盤根を避けて、かなり高い位置(3mにもなることがある)で伐り倒す場合も多い。

伐倒作業の手順は、まず作業の足場作りから始まる。特に伐倒位置が高い場合、安定した作業と待避が容易にできるような足場作りが不可欠である。実際、熟練したチェーンソーマンほ

図14-3　フタバガキ丘陵林の伐倒対象木

14章 熱帯林の伐採とその問題点　　　　　　　　　　253

図14-4　盤根と呼ばれる大きな板状の根

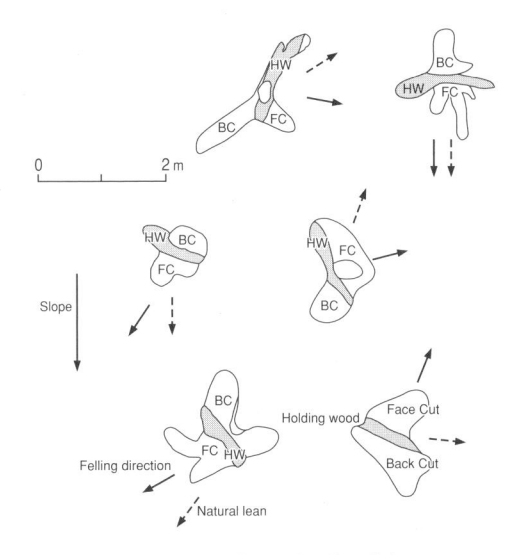

図14-5　伐根の形状と伐倒方向
伐倒方向は立木の傾斜に対して90°程度までコントロールが可能であった

ど、この準備作業を入念に行っているようだ。受口切りは一般に樹幹の1/3程度とされているが、マレーシアの伐採現場ではどのチェーンソーマンも一様に大きめであり、樹幹の中心まで切り込むことが多い。これは樹木の重量が大きく、くさびが効果を発揮しないことと関係すると思われるが、聞き取りの結果からははっきりした理由は見いだせなかった。伐倒方向のコントロールの要となる"ツル"（受口と追口の間の直径1/5程度の切り残し部分）には、ちょうつ

がいの役割が期待されているが、板根部分の形状が複雑なため、自由な角度にツルを残せないことがある。また立木の傾き、枝の張り方等の影響も非常に大きく、伐倒方向コントロールの自由度は、さほど大きくはない。

大径木(60 cm 以上)の伐倒方向コントロールの可能範囲、およびコントロールと撹乱面積の低減関係を調査した結果からは、板根の一部をツルとして利用できる方向に伐倒する場合は、比較的正確に方向コントロールが可能であるが、それ以外の方向に倒すのはかなり難しいことが分かった。また図 14-5 に示すように、立木の自然傾斜方向から目標角度までの許容角度は、左右 45°の範囲までは比較的容易であり、90°範囲まではどうにか可能であるが、それ以上はクサビや油圧ジャッキを利用しても困難であることが明らかになった(Sasaki 1998)。

急傾斜地では伐倒木が落下と同時に滑り落ちることが多いので、地面傾斜の上方に向かっての伐倒はできない。伐倒作業関係では、すでに述べた作業性やインパクトの問題に加え、安全面の検討も課題となっている。

4.2. ブルドーザ集材作業

林内には伐倒後、枝払い、玉切りの終わった丸太材が散在することになる。これらの材の集材には、車体重量 17〜20 数トンの D6 または D7 クラスのブルドーザが使われる。まずブルドーザは集材路を伝って丸太材の近くまで走行し、車体後部に備えられた集材用ウインチによって目的の材を林内から車体位置まで引き出す作業である(図 14-6)。

この作業(木寄せ)で問題になるのは、第一にウインチロープを目的の材まで引き出す作業である。これは人力に頼らざるを得ないが、ワイヤロープ自体が非常に太く(直径 25 mm)、重い(2.7 kg/m)、曲げにくいなど、扱いが容易ではない。現地での調査の結果、ほぼ平坦な林内でロープを 30 m 程度(ロープの自重は 80 kg 以上となる)引き出すと、その力は 50 kg 以上必要となった。登り斜面では当然これより大きな力が必要になる。木寄せ作業は通常 1〜2 人の荷かけ作業員によって行われるが、傾斜のある足場の悪い森林内を、このような重さのワイヤロープを引き出すことは非常に困難である。そのためロープの引き出し距離をできるだけ短くしようとして、ブルドーザは伐倒木の根本近くまで

林内深く進入することになり、結果として集材路の延長が必要になったり、林内植生を余分に踏みつぶすことになってしまう。

集材用ウインチは、直引力20トン以上とブルドーザの自重をも持ち上げる非常に強力なけん引能力を持っていて、最大重量5トン程度の大径木

図14-6　ブルドーザによる集材

丸太を地形条件の悪い場所から引き出すことができる。5トンの丸太を引くために20トンの直引力が必要な訳は、丸太の一端が地面に食い込んだり、林地の障害物と複雑な地形によって、引き出すときに大きな抵抗を受けるからである。また横方向に引き出したり、丸太の方向を変える時も同様に大きなけん引力が必要となる。中下層植生がなぎ倒されたり、表土がえぐり取られるなど、林内に残される損傷が大きいほど、これらのけん引抵抗も大きくなると考えられる。

丸太を車体後部に引き寄せた後、ブルドーザは集材路を集積土場までけん引走行する。この場面では集材路面の激しい浸食と踏圧が問題となる。

ブルドーザが走行する時のけん引力の大きさは、表土のせん断力と含水比などの土質条件に依存する。含水比の大きい集材路面上では、けん引力が自重よりかなり小さくなることが多く、そのような場合、スリップが激しくなって全くけん引走行できないような状態になりやすい。このようなときは、ブルドーザは路面の掘削を繰り返して、この状態から脱出しようとするが、大量の不安定土砂が新たに生み出されることになり、その土砂の流出が心配される。一方、表土の含水比が小さい場合スリップによる走行不能は少なくなるが、今度は路面が繰り返し踏圧を受ける。ブルドーザの踏圧により土壌の締固めは、特に幹線集材路、作業道、土場など走行頻度に応じて顕著となり、深さ10 cmの測定結果では密度が2～2.5と限界近くまで締固められていた。このような集材路面は、作業終了後も長い間植物の育たない裸地として残り、林地に回復するにはかなりの時間がかかってしまう。

4.3. 集運材路

伐採地には、運材トラック・サンタイウォン（図 14-7）などが往復する林道（forest road）・運材路（feeder road）等の恒久的な道路と、集材作業用に一時的に作設されるブルドーザ集材路（skid trail）など、路網が作られる。これら路網は伐採作業やその後の森林管理に無くてはならないものであるが、土砂の渓流への流出や森林更新を阻害する最大原因とも考えられる（図 14-8）。

集材路の路線計画は大まかなものであり、特に林内の末端支線に関しては、集材作業を担当するブルドーザのオペレータ任せになってしまうことも多い。そのため効率や容易さが優先されて、安易に新規路線が掘削されたり、幅員も広くなりがちとなる。

一方、林道や運材路の場合は、路線や路体構造が規格に合わせて設計され、支障木として伐採される樹木も事前に全て調査される。またブルドーザより緻密な土工作業が可能な油圧バックホーを使うことが一般になってきており、十分では無いにしろ、インパクトを小さくする努力がなされていると考えられる。林道・運材路は尾根上を伝って作られることが多い。このことは土工量を最小に押さえ、メンテナンスが少なくなる長所がある反面、線形の自由度が少なくなり登り下りの連続する道となってしまうこと、尾根上に多い樹種の更新を妨

図 14-7　運材トラック

図 14-8　土砂の渓流への流出

げる結果になることなどの問題がある。

　筆者らの調査結果(Sasaki 2000)では、運材路を山腹に掘削するときの切取り土工量は平均で$7.61 \, m^3/m$と、非常に大きな量になった。この掘削された土砂のうち、路側に堆積している土量は全体の半分程度にとどまっており、残りの半量は斜面下部に不安定な状態で堆積したり渓流に流出していると推定された。路面浸食量は$0.034 \, m^3/m$であり、切取り土砂量と比較すると二桁も小さい値であるが、土砂の流出経路の大きさ、路外に流出した後の土砂運搬力の強さ、路面浸食継続の程度などを表すと考えられ、重要な指標である。路面の浸食しやすさに関係する条件として、一般に路面傾斜が考えられがちであるが、実際は斜面長さ・集水面の大きさが問題であることも明らかになった。

　作業が終了して放置された集材路の2年後の植生回復状況を調査したところ、路面表面流の程度によって極端に違いが生じていることがわかった。路面の斜面長さと植生回復状況には、明らかな相関関係が認められ、斜面が長い場所での植生回復は進んでいない。全体としては、植生被覆30％以下の場所が、半分の距離を占めている。

　以上の結果からは、集運材作業道の作設と管理について、降雨時に路面上に表面流が集まらないような設計(連続した登りなど長い斜面をさける、路面に集まる集水面積を小さくする)が求められること、伐採後は、路面表面流による浸食を止めることによって、植生を回復させるような管理が必要であることがわかった。また掘削工事では、切取り土砂を安定させること、特に表面流の流出地点に不安定土砂を集積させないことなどの配慮が必要である。

5. 集材方法の改善の試み

5.1. 低インパクトロギングプロジェクト

　ボルネオ島サバ州の低地フタバガキ林では、CO_2吸収を目的とした低インパクトロギングのプロジェクトが、米国の電力会社の資金協力で行われている。集材インパクトを小さくすることによって救われる森林植生は、新たに一定量のCO_2を吸収することになるが、これをCO_2排出権として電力会社が買取る形でのプロジェクト運営が行われている。

ここでの集材方法はブルドーザを使った一般的なものであるが、厳しいガイドラインの設定と、現場の監督体制を整備することで、集材インパクトを最小に押さえようとしている(Marsh 1994)。ガイドラインは伐採前の準備として、収穫予定木の資源調査と立木位置図の作成、沢筋バッファゾーン・急傾斜地・野生動物保護地域の設定、樹冠ツルがらみの処理、伐採対象木の伐倒方向の表示、集材路予定線の表示、などを定めている。また作業基準としては、林道の設計基準、沢の横断、雨天の進入禁止、集材路の幅、土場の大きさと場所、集材後の林道、集材路の閉鎖方法などを定めている。

このプロジェクトの効果は、集材後の空中写真等による比較によって明らかにされており、これまでのところ非常にうまくいっているように見える。このように環境のためのコストを正しく認識するならば、特別な技術が無くとも集材インパクトを押さえることが可能となっている。

5.2. 低インパクトを目指したタワーヤーダの導入

架線集材は重量の大きい機械を林内に持ち込まないため、残存木や林地を大きく傷つけることが少なく、低インパクトな方法と考えられる。架線を熱帯天然林択伐で利用するためのポイントは、散在する大径木を効率良く集材することである。これまでに熱帯で試験されている架線集材は、大径材であることに対応して、長スパン、大径ケーブルを使用した大規模方式が一般的であった。

筆者らはFRIM研究者らとの共同研究として、タワーヤーダ(RME500T-M)による架線集材方式に取り組んでいる(図14-9)。この架線システムは機動性を重視し、主索ロープ径20 mm、最大スパン300 mとした熱帯天然林としては比較的小規模なものである。重量の大きい大径材には、架線の中央垂下比を一時的に最大0.1まで大きくとることで対応することにしてい

図14-9　タワーヤーダによる架線集材方式

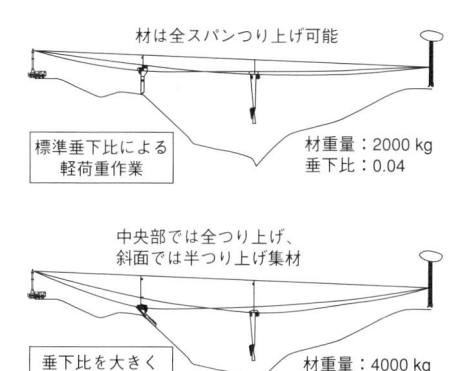

図中ラベル:
- 材は全スパンつり上げ可能
- 標準垂下比による軽荷重作業
- 材重量：2000 kg
- 垂下比：0.04
- 中央部では全つり上げ、斜面では半つり上げ集材
- 垂下比を大きくした大荷重作業
- 材重量：4000 kg
- 垂下比：0.08

図 14-10　タワーヤーダ架線集材システム
中央垂下比を変えることで大径材にも対応する

る。架設は原則的に沢越えとし、主索張力を作業中に調整できるようにした(図 14-10)。

　トレンガヌ州有林内で実施しているこのシステムの実作業試験によると、主索張力と中央垂下比を調整することにより、重量2トンまでの材は全スパンにわたって完全につり上げが可能であり、重量5トンまでの材は半つり上げ引き寄せにより集材が可能であった。またこのときの地表攪乱は、材が滑落するような急斜面上でのみ生じており、尾根上など緩斜面ではわずかであった。その結果、全体の攪乱面積割合(1.6%)はブルドーザ集材区域のそれ(12%)と比較して非常に小さくなった(Sasaki 2000)。

　これらのことからは、特にブルドーザ集材のインパクトが大きい急斜面では、タワーヤーダ集材を利用できる可能性が示されたと考える。今後は架設撤去の時間の短縮とコストの問題、線下伐開など新たなインパクトの調査、少数存在する5トン以上の大径木の扱いなどについて検討する必要がある。

6. 展　　望

　森林の公益的機能を重視し、熱帯林の減少をくい止める立場から、木材伐採は否定的に語られることが多くなっている。しかしながら、浪費型消費は緊急

に減らさなければならないにしても、木材が現代生活に不可欠で、石油化学製品や鉱物資源と比較して環境にやさしい良質の資源であることは事実である。熱帯林諸国では、森林資源の有効な持続的有効利用を強く望んでいる。従って、熱帯林議論をより現実に即したものにするためには、伐採が環境に与えるインパクトや、伐採方法と更新に関する技術的問題を解決していくこと、木材伐採を今後どのように続けていくかの議論を続けることが欠かせないと考える。

　林業は森林の公益機能を生かしながら、森林資源としての木材を持続的に利用しようとする生業である。他の多くの産業が自然を人間に都合の良いように改造するのに対して、林業は自然のあるままの姿から公益性と収益性を両立させようとする。伐採方法を受け入れられるものに変えることで、このような林業の本来あるべき姿を早急に取り戻し「林業伐採は森林を管理する仕事である」との認識が広まることを切に願っている。

<文　献>

Appanah, S.(1999) Management of Natural Forests. A Review of Dipterocarps, 133-149.

Economic Planning Unit, Malaysia (1996) Seventh Malaysia Plan 1996-2000.

Forest Department of Peninsular Malaysia (in Malay) (1996) Good Harvesting Practice Manual for Hill Natural Forest Peninsular Malaysia.

ITTO (1990) ITTO Guidelines for the Sustainable management of natural tropical forests.

Marsh, C. W.(1994) A Case Study of Reduced Impact Logging in Sabah, Malaysia and its Potential for Sustainable Forest Management and Carbon Sequestration. IUFRO workshop on sustainable forest management, Furano.

Ministry of Primary Industries, Malaysia (1999) Statistics on Commodities.

Sasaki, S.(1998) Directional felling and its effect on site in a Dipterocarp forest, Peninsular Malaysia. Proc. IUFRO Div. 8, Kyoto.

Sasaki, S.(2000) Report on Low environmental impact methods of harvesting timber. NIES Report.

V

21世紀の豊かな森造りをめざして
―― 森林利用技術の新たな展開 ――

15章　空から森をはかる

　森林の持つ様々な属性を測定する方法として、実際に現地に赴いて測定する方法と、空中から得た画像を用いて測定する方法とがある。この章では、航空機を使って撮影された写真を用いて測定可能な森林の属性とその植生研究への応用例について紹介する。

1. 森林の空中写真判読

　空中の一定間隔毎に重複して撮影された垂直写真を空中写真という。空中写真判読は、重複部分を立体視して行い、通常は反射鏡付立体鏡を利用する。
　森林の諸現象を空中写真判読によって把握し、解析する行為を森林判読という。したがって、空中写真からの測定も森林判読の範疇にはいる。ここでは、空中写真からの樹高測定方法と事例、応用としての材積推定の事例、樹種判読、森林の類型化について述べる。

1.1. 樹高簡易測定
　空中写真判読で大事な「集中力」を養うために、最初に樹高簡易測定を経験する。まず、撮影範囲が重複している2枚の空中写真と反射鏡付立体鏡、30cmの定規、赤の色鉛筆、容易に剥がせるテープ（カバーアップテープ）を用意する。
1.1.1. 立体鏡（実体鏡）の点検
　格納箱から取り出すとき、どのような状態で格納されていたか確認する。ミラーや双眼鏡のレンズに、手で直接触れないようにする。格納の状態を確かめたら立体鏡から順次取り出す。立体鏡のミラーのカバーを外し、格納箱に戻す。格納箱に入っている布巾でミラーやレンズを拭く。
1.1.2. 立体空間の再現（立体視）

1）写真には、四隅あるいは四辺の中央に示標(小さな○印)が印刷されている。向かい合う位置にある示標を定規で結び、中央に赤鉛筆で短い線を引き小さな＋印を写真に書き込む。これを写真主点と呼ぶ。

2）撮影範囲が重複している2枚の写真を並べ、互いの主点を移写する。その結果、一枚の写真には、その写真の主点と隣の写真の主点の2つが書き込まれることになる。

3）写真上の2つの主点を直線で結ぶ(主点基線と呼ぶ)。

4）重複する写真の左側の写真を左写真と呼び、左右写真を主点基線が一直線になるように定規を使って並べ、カバーアップテープで固定する。この場合、左写真主点と右写真上の左写真主点の間隔を25cmにする。

5）立体鏡を主点基線に平行に置き立体視する。立体視には視野の広さが異なる3つの方法(視野の最も広いプリズムのみでの立体視、ルーペをプリズムに重ねる立体視、視野が狭いが拡大して詳しく見ることのできる双眼鏡による立体視)があり、それぞれ試してみる。

以上の手続きで立体空間が再現できる。

1.1.3. 高さの測定

写真に見られる樹木や建物の高さは、格納箱に入っている視差測定桿(**図15-1**)を用いて測定することができる。測定の原理については「最新森林航測テキストブック」(渡辺 1993)に詳しく記述されているので、以下実際の手順についてのみ説明する。

1）測定すべき要素(単位：m)

①撮影高度(記号はH)、空中写真に記録されている；②左写真主点の標高(記号はh)、地形図から読み取る；③使用カメラの焦点距離(f)、空中写真に記録されている(たとえば、NAG II 7149 213.48と記録の場合213.48cmが焦点距離である；④引伸率(記号はn)、密着写真は1；⑤主点基線長(記号はb)、左右写真主点基線長の平均値；⑥写真縮尺の分母数(記号はR)、$R=(H-h)/f$；⑦1/100 mm当たりの高さの係数(記号はK)；⑧1/100 mm(記号はpで0.00001 m)；⑨1/100 mm当たりの高さの係数(K)の計算式、$K=(R\times f\times p\times n)/b$。

2）視差測定桿の使用方法

まず、**図15-1**のマイクロメーターを回して、マイクロ目盛を目盛範囲の中

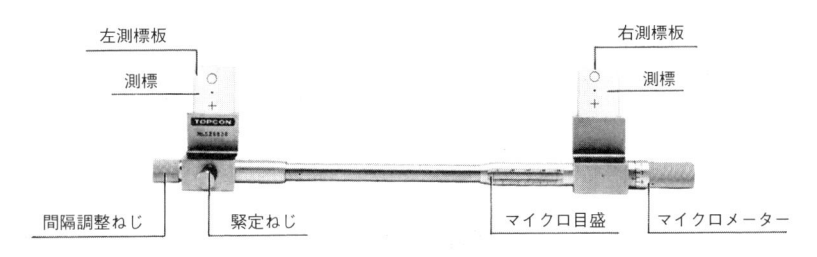

図 15-1 視差測定桿

央値 20.00 に合わせる。次に、視差測定桿左側測標を左写真の主点に合わせ、左側上向きの緊定ねじをかるくゆるめる。左端の間隔調整ねじを回して右写真の左写真主点に、視差測定桿右側測標を合わせた後緊定ねじを締める。

3) 視差差から高さを測定

①樹木や建物など、測定対象物を決める。視差測定桿の測標を対象物の基部付近に移動させ、立体視しながらマイクロメーターをゆっくりと回転し（右回しで測標が空中に浮きあがり、左回しで下がる）、測標が頂点にきたときの数値 (pa) と地上部にきたときの数値 (pb) の差（視差差、dp）をもとめる。②たとえば、樹高測定の場合、$pa=20.58$、$pb=19.60$、$K=0.25$ のとき、dp が 0.98（1/100 mm 単位で示すので 0.98＝98）、樹高は $98×0.25=24.5$ m になる。

4) 浮標が決めて

浮標は 図 15-1 の測標のことで、これが立体視のもとで空中に浮遊することから名付けられた。別名メスマークとかフローティング・マーク（空中に浮いているマーク）とも云う。浮標を追う眼は「集中力」を養い、浮標の正しい位置感覚の把握は「決断力」そのものである。

1.1.4. 樹高測定の精度

北海道大学檜山研究林の 2.5 倍引伸写真を使用し、ブナ・シナノキ等供試木 86 本について視差測定桿を使って樹高を測定した。その後現地で実測し、確からしさを、樹高級 5 m〜8 m、8 m〜11 m、11 m〜15 m、15 m 以上の 4 つに分けて検討した。その結果、11 m〜15 m が最もよく、誤差率 −0.9 %〜6.8 % であり、5 m〜8 m では誤差率 26.8 %〜35.8 % で最も悪く、15 m 以上では誤差率 −5.1 %〜−12.2 %、8 m〜11 m では誤差率 11.5 %〜20.4 % となった。

上に述べたような手順で自分の測定傾向について確認しておくことが、正しい測定につながる。

1.2. 森林材積推定

北海道北見地方における上層木樹高 17 m 以上の天然林複層林の樹種別標準材積の推定例を紹介する。

1.2.1. 調査資料

大きさ 50 m×50 m の標準地、針葉樹林 11 個所、広葉樹林 14 個所、針広混交林 29 個所の現地調査を行った。

1.2.2. 材積表の調整

使用した材積式は林分の疎密度級を変数とする 1 変数材積式で、以下の通りである；

$$Y = \overline{Y} + b(X - \overline{X})$$

ここで、Y は ha 当たり材積推定値、$\overline{Y}$ は S_Y/n すなわち実測された n 個の標準地の ha 当たり材積の平均値(定数)、X は疎密度の変数、$\overline{X}$ は S_X/n すなわち実測された n 個の標準地の疎密度の平均値(定数)、b は Y の X に対する回帰係数である。ここで、疎密度級(X)について、密林 85％、中林 55％、疎林 25％とした。

①針葉樹林材積式　$n=11$、$\overline{X}=74.1$、$\overline{Y}=265.8$、$S_X=815$、$S_Y=2924$、$S_X^2=64475$、$S_{XY}=225440$、$S_Y^2=833874$、$r=0.578$、$b=2.15$、標準誤差$=61.4$ m³、標準誤差率 $= 23\%$、材積式 $Y=265.8+2.2(X-74.1)$

②広葉樹林材積式　$n=14$、$\overline{X}=63.6$、$\overline{Y}=212.6$、$S_X=890$、$S_Y=2976$、$S_X^2=64550$、$S_{XY}=201960$、$S_Y^2=664411$、$r=0.802$、$b=1.60$、標準誤差 $= 29.5$ m³、標標準誤差率 $= 14\%$、材積式　$Y=212.6+1.6(X-63.6)$

③針広混交林材積式　$n=29$、$\overline{X}=73.6$、$\overline{Y}=246.4$、$S_X=2135$、$S_Y=7146$、$S_X^2=168725$、$S_{XY}=552510$、$S_Y^2=1907160$、$r=0.642$、$b=2.28$、標準誤差 $= 55.4$ m³、標準誤差率 $= 22\%$、材積式　$Y=246.4+2.3(X-73.6)$

以上から 表 15-1 の材積表が調整された。回帰図は 図 15-2 のとおりである。

表 15-1 北見地方における上層木樹高 17 m 以上の林分材積（板垣 1975）

単位：m³/ha

密度 樹種	疎 林	中 林	密 林
針葉樹林	158 96～219	224 162～285	290 228～351
広葉樹林	151 121～180	199 169～228	247 217～276
針広混交林	135 79～190	204 148～259	273 217～328

注）分母は林分材積の下限と上限を示し、分子は標準材積を示す

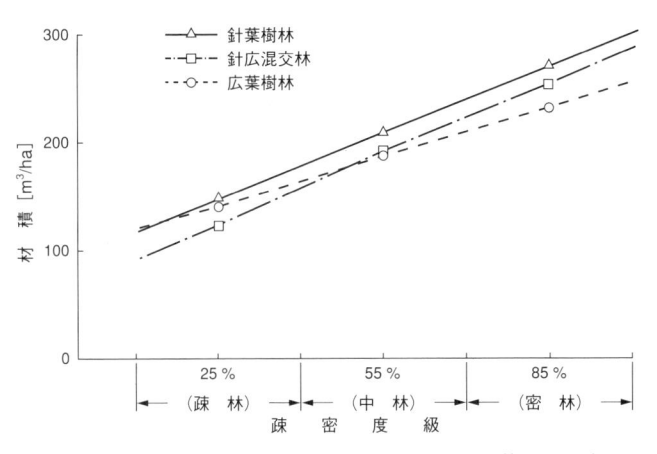

図 15-2 疎密度と ha 当たりの材積の回帰図（板垣 1975）

2. 森林判読

2.1. 樹種判読

2.1.1. 樹種判読の意義および方法

樹木は種によって異なった利用価値をもち、気候、土壌、造林的取り扱いなどについても異なった要求を示すといわれている。森林調査はじめ各種調査における樹種判読の意義がここにみいだされる。

一般的に樹種判読の難易は、写真の鮮明なものが不鮮明なものより、またカ

ラー写真は白黒写真よりも、立体視による方法が単写真による方法よりもそれぞれ容易である。写真縮尺に関しては、個樹の場合は相対的に大縮尺(低高度撮影)が小縮尺よりもよく、林分は大縮尺よりも小縮尺のほうがよい。具体的には、縮尺1/600位においては、枝の構成と葉のつくりから類似樹種を除けばよく判読され、1/2,500～1/3,000では枝が細くなるが、一応容易に行なわれ、これ以上1/7,000位までは樹形像・樹冠像のみからでは困難となり、1/15,000位においては樹形像・樹冠像は判読の主要因ではなく、むしろ写真の色調・感触が重要視される。一般的に判読は1/10,000程度の写真(引伸写真)を反射鏡付立体鏡で行なうが、この場合は「基準形」を決め、色調と関係させて判読する。樹種の季節変化や撮影時刻も判読に影響する要因である。また、樹種(植生)は地域の環境を反映しているので、地域にどのような樹種が出現しているかなども知っておく必要がある。たとえば、高山帯のハイマツや湿原のヤチハンノキがその好例である。

2.1.2. 樹種の写真像の特徴
―― 北海道大学構内及び北海道大学苫小牧研究林における調査事例 ――

使用写真は原縮尺1/12,000～1/14,000白黒写真である。この密着写真と2倍引伸写真を用い、反射立体鏡、インタプリトスコープ(判読機)で樹木の判読要因すなわち、樹木の色調・樹形像・樹冠像・樹影に注目して判読の難易を判定した。この結果、最も効果的な組み合わせは、密着写真をインタプリトスコープ8倍で判読する場合で、つぎは同様4倍と12倍であった。密着写真を反射鏡付立体鏡で判読する場合、5m以下の樹木で困難であるが、6mを越えるものでは支障なかった。同様に引伸写真を反射鏡付立体鏡で判読する場合は、5m以下でもおおむね判読可能であることがわかった。白黒写真の判読は、カラー写真に比べ困難であるが、基礎として白黒写真判読をしっかり覚えておくことがカラー写真判読を豊かなものにする。また、昔の写真はほとんどが白黒写真であり、時系列で調査研究をする場合は是非必要な技術である。

表15-2はこの実験で作成した樹種ごとの写真像の特徴であり、参考として挙げた。

15章 空から森をはかる

表 15-2 樹種ごとの写真像の特徴(板垣ら 1968)

樹　種	経過年数および樹高	樹形像および樹冠像	色調板の値	対応色	林分の相対濃度	樹　形
チョウセンゴヨウマツ	27・28年	樹形は円筒形(頂部は鋭角円錐形)、樹冠はけが形あるいは球型	30〜40	灰白色・灰色	18.420〜23.341	頂部に細い楕円形でやや暗い
カラマツ	10年	樹形は円筒形、樹冠は球形	40〜50	灰色	28.197	頂部に鋭く下部に広い三角形で明るい
カラマツ	36年	樹形は円筒形(頂部は鋭角円錐形)、あるいは鋭角円錐形、樹冠は星形	40〜50	灰色	26.962	頂部に鋭く下部に広い三角形で明るい
ヨーロッパトウヒ	48・52年	樹形は鋭角円錐形、または円筒形(頂部は鋭角円錐形)、樹冠は星形	70〜80	灰黒色・黒色	25.762〜29.672	粗く、頂部に鋭い三角形で明るい
バンクスマツ	46年	樹形は円筒形(頂部は鋭角円錐形)、樹冠は球形	80〜90	黒色		頂部に鈍い三角形で中央部に丸みをもって明る
エゾマツ	8〜18m	樹形は鋭角円錐形、または円筒形(頂部は鋭角円錐形)、樹冠はけば形	80〜90	黒色		頂部に鋭い三角形で樹形をよく現し暗い
トドマツ	31年	樹形は円筒形(頂部は鋭角円錐形あるいは鈍角円錐形)、樹冠は球形	90〜100	黒色・濃黒色	27.471	頂部に丸みをもつ楕円形で暗い
トドマツ	39年	樹形は円筒形(頂部は鋭角円錐形あるいは鈍角円錐形)、樹冠は球形	90〜100	黒色・濃黒色	38.425	樹形をよく現し濃厚
イチョウ	5〜8m	樹形は鋭角円錐形、樹冠は球形	70〜80	灰黒色・黒色		頂部に鋭い三角形で暗い
ポプラ	3〜10m	樹形、樹冠は明るい黒点状	40〜50	灰色		細長く明るい
ポプラ	20〜25m	樹形、樹冠は不規則な円形あるいは楕円形	30〜40	灰白色・灰色		箒状の明瞭な影で明るい
ハルニレ	5〜10m	樹形は頂部に丸みのある円筒形、樹冠は球形または卵形で整っている	60〜70	灰黒色		楕円形でやや暗い
ハルニレ	20〜25m	樹形は不規則な円筒形、樹冠は凹凸部を有し柔らかく整っている	60〜70	灰黒色		広く大きな楕円形でやや暗い

注) 色調板は色調を10段階に区分したもので、10を白色とし100を濃黒色として段階的に表現したものである。林分の相対濃度は濃度測定機による林分の測定濃度である。

表 15-3 林分分類の基準(板垣ら 1969)

区　分	林　分　の　内　容			
樹冠層	単層林的林分(Ⅰ)	二段林的林分(Ⅱ)	複層林的林分(Ⅲ)	
樹種群	針葉樹林(N)：全樹冠に対する針葉樹の樹冠占領面積 75％以上の林分	針広混交林(M)：全樹冠に対する針葉樹の樹冠占領面積 25％〜75％未満の林分	広葉樹林(L)：全樹冠に対する針葉樹の樹冠占領面積 25％未満の林分	
樹冠疎密度級	密林(密)：林地面積に対する全樹冠占領面積 70％以上の林分	中林(中)：林地面積に対する全樹冠占領面積 40％〜70％未満の林分	疎林(疎)：林地面積に対する全樹冠占領面積 10％〜40％未満の林分	散生林(散)：林地面積に対する全樹冠占領面積 5％〜10％未満の林分
上層木平均樹高級	H3：上層木平均樹高 17m以上の林分	H2：上層木平均樹高 9〜17m未満の林分	H1：上層木平均樹高 9m未満の林分	
その他	無立木地(樹冠疎密度級5％未満の林地)・造林地(樹種別)・崩壊地など			

2.2. 森林の類型化

2.2.1. 類型化(林分分類)の方法

　森林を経営する場合、その規模や施業の集約度に応じて森林区画が行われる。この区画は地利的区画としての林班と、施業上の取り扱いを異にする小班区画の二段階にわたって行われる。空中写真はこれら区画に大変有効で、特に小班区画の基準となる林相区分(樹種構成の概括的区分)に威力を発揮する。森林の類型化は、林相、林型、群落など周囲のその他の部分と明瞭に区別される部分すなわち「林分分類」によって行なわれ、これは林業的見地からの小班区画に限らず、植生調査、被害調査、環境調査などに応用される。表15-3は北海道大学北方生物圏フィールド科学センター森林圏ステーションで適用の林分分類の基準である。

　林分の括り、すなわち空中写真を立体視しながら林分境界を記入する手順は、樹種や疎密度などの明瞭な括りを第一とする。判読基準に従い順次括りを入れてゆき、最後に残った所は総合的な判断できめる。次に現地確認を行ない、二回目の判読で最終決定になる。

　判読精度について、38個の標準地について「判読率」で検討してみたところ、樹冠層92％、樹種群92％、樹高級82％であった。疎密度級は地上調査よりも空中写真が正しいので考慮しなかったが、仮にこれが90％であるとすれば最終

図 15-3　立体空中写真にみる中川研究林

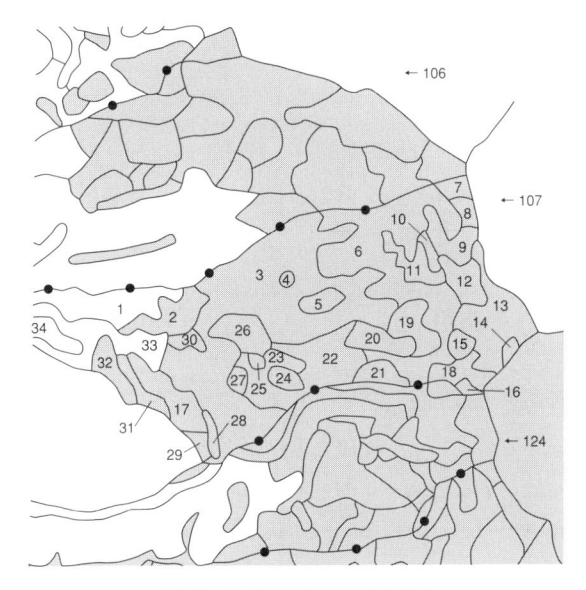

図 15-4　立体写真対応の位置図

的判読率はこれらの相乗積から 62 % になる。

2.2.2. 類型化の事例

　北海道大学北方生物圏フィールド科学センター中川研究林での判読事例を紹

表15-4 林分の内容

林分番号	林相	林分番号	林相	林分番号	林相	林分番号	林相
1	ⅢM密H3	10	ハイマツ	19	ⅢL疎H2	28	崩壊地
2	ⅢN密H3	11	未立木地	20	ⅢM中H2	29	ⅢL疎H3
3	ⅢM密H3	12	ⅢL疎H1	21	ⅢL密H2	30	ⅢM疎H3
4	未立木地	13	未立木地	22	ⅢL疎H3	31	ⅢL疎H3
5	ⅢL疎H3	14	ハイマツ	23	ⅢL疎H3	32	ⅢM密H3
6	ⅢL中H2	15	低木群落	24	未立木地	33	ⅢM中H3
7	未立木地	16	ハイマツ	25	崩壊地	34	ⅢM密H3
8	ハイマツ	17	ⅢL密H3	26	ⅢN密H3	35	ⅢM密H3
9	未立木地	18	ⅢL疎H1	27	未立木地	36	ⅢL密H3

介する。中川研究林は北海道中川郡中川町と音威子府村にまたがる19,345haの地域で、汎針広混交林帯に属する森林地帯である。**図15-3**は中川研究林106〜108林班の空中写真で、立体視できるようになっている。**図15-4**は立体視できる部分のそれぞれ林分の位置を示し、とくに107林班の一部について林分番号を付している。**表15-4**の林分分類の基準で、たとえば、林分番号6の「ⅢL中H2」は、「複層林的林分・広葉樹林・疎密度級中林・樹高階9〜16m」の内容をもっている林分である。その他の判読対象として林床植生も取り上げているので植生図作成等に応用できる。

3. 植生研究への応用

空中写真を使った森林判読は、上にも述べたように植生図を作成する際に用いられることが多く、そのような研究事例が多数みられる。ここでは、森林判読の技術としては最も基礎的なものである樹冠疎密度の測定を用いて行った植生研究への応用例について舟根(2002)から紹介する。

孤立林の種数と植物相——札幌市の例——
都市近郊では、人間による様々な干渉(農耕地化、人工林地化、市街地化など)によって森林の減少、消失が進んでいる。その結果、大面積の森林が分断・細分化され、住宅地や農耕地などに取り囲まれて孤立する減少が起こっている。この分断・細分化された森林は、孤立林(forest island あるいは fragmented

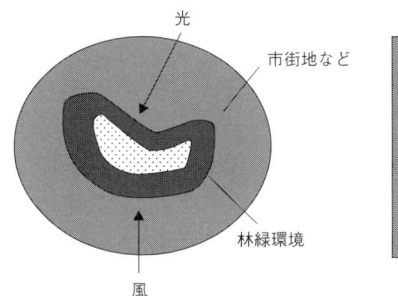

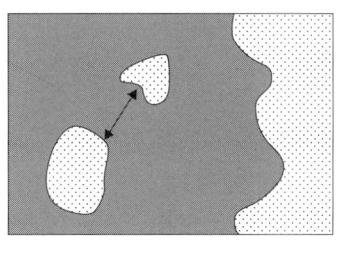

図 15-5 孤立林の種多様性を支配している要因
面積、周囲長、形状の複雑さ(左図)、最寄の林分までの距離(右図)

forest)と呼ばれている。これら都市に隣接して存在する孤立林は、生物生息空間(ビオトープ)や市民と自然とのふれあいの場として機能しているばかりでなく、都市景観の重要な要素ともなっている。このように多様な機能を持つ孤立林の保護や保全を考える際、その機能を科学的な根拠に基づいて示す必要がある。特にビオトープとしての機能を示すためには、動・植物相、種の行動あるいは分布などについて系統的に資料を収集することが必要である。

札幌市は、1970年の政令指定都市化以降急速に市街地化が進み、特に南東部の丘陵地で森林の分断・細分化が著しい。この地域の森林は伐採や山火事跡地に成立した二次林と人工林(主としてカラマツの植栽)から構成され、二次林にはミズナラ、コナラ、クリ、カシワが優勢な萌芽再生林と、シラカンバあるいはヤマナラシが優占する山火再生林がみられる(佐藤 1992)。

孤立林の種数を支配する要因は、孤立林そのものの属性とこれをとりまく属性に大きく分けることができる(図15-5)。前者の要因として、面積(生育環境の多様性)、周囲長・形状の複雑さ(林縁環境の比率)、後者の要因として最寄りの林分までの距離・周辺の宅地率(他の林分からの種子供給や住み着き)などが上げられる(括弧内はこれら属性の持つ意味を示す)。前者の要因としてはさらに、森林を作る樹木自体が作る構造、すなわち林分構造を挙げることができる。具体的には、階層構造やサイズ構造などが挙げられる。

札幌市内で孤立林が数多く分布する南東部の16の孤立林を対象に、植物相の記録を生育期間を通じて行い、各林分の種数を明らかにした。その結果を用い、

表 15-5 孤立林分の属性と種数との間の相関

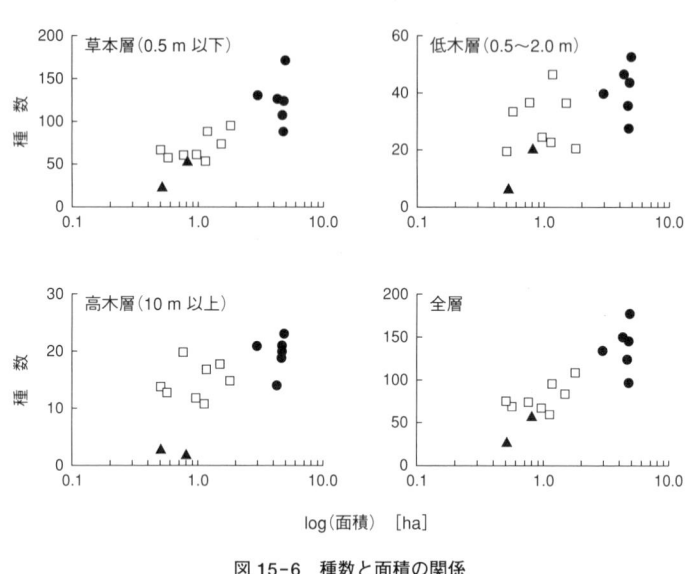

属 性	種 数				総種数
	草本層	低木層	亜高木	高木層	
林分面積	0.824	0.585	0.407	0.622	0.843
周囲長	0.755	0.510	0.297	0.562	0.776
形状の複雑さ	0.190	0.141	−0.105	0.116	0.202
最寄りの林分までの距離	0.132	0.419	0.080	0.178	0.141

草本層は 0.5 m 以下、低木層は 0.5〜2.0 m、亜高木層は 2.0〜10.0 m、高木層は 10 m 以上

図 15-6 種数と面積の関係
● 湿性立地を含む林分、□ 湿性立地を含まない林分、▲ 人工林

調査した 16 の孤立林の種数と面積、周囲長、形状の複雑さ、最寄りの林分までの距離との間の相関を求めた（**表 15-5** と **図 15-6**）。取り上げた孤立林の属性のうち、有意な相関が認められたのは面積と周囲長であった。面積が大きくなれば当然周囲長も増すので、孤立林の種数を支配している要因として重要なのは面積であるといえる。面積が大きくなると種数が増すのは、森林内に様々な立地が含まれるためで、相対的に大きな孤立林内には谷や小川などの湿生立地が存在したのに対し、小面積の林分ではそのような立地は見られなかった。出

現種のリストから、湿生立地を含む孤立林に偏って分布する種としてカサスゲ、ムカゴイラクサ、オニシモツケなど27種が草本層に出現していた。また、湿性地に特徴的に出現する高木種としてヤチダモやハンノキなど6種がみられた。これら湿性地に特徴的に出現する植物の存在が、相対的に大きな面積の林分の種数を大きくしている一因であることが分かった。しかし、相対的に大きな林分の種数とこれ以外の孤立林の草本層における種数の間の差(平均で約50種、図15-6参照)は、これら湿性の立地に分布の偏る種の出現だけでは十分に説明することはできない。

孤立林のもつ属性として林分構造を挙げた。森林の下層に生育する草本や低木性の樹木は、それぞれ特徴的な光-光合成曲線を示し、生産力を最大にするような適応を示す。その結果、光環境が多様な森林の下層には、その光環境に適応した様々な種が生育し、全体として多くの種が共存可能となることが予想さ

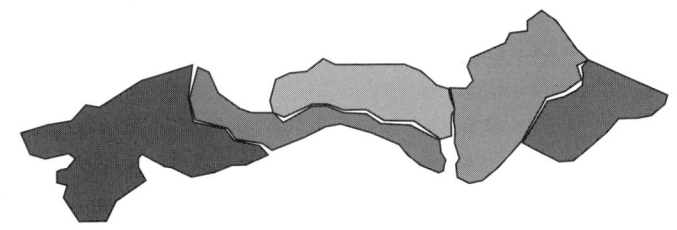

図15-7　樹冠疎密度の多様性
上の空中写真に樹冠疎密度板を当て、疎密度階級の異なる部分を括る(下の図)。括られた疎密度階級別に面積を求め、全体に対する面積の比率 p_i を求め、Shannonの多様度指数(Pielou 1969)を以下の式から算出した；

$$H'(e) = -\sum_i p_i \ln p_i$$

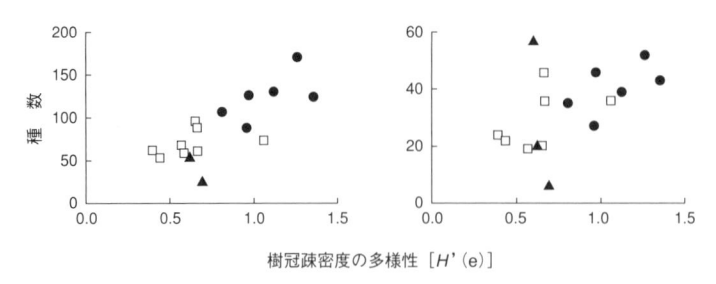

図 15-8 樹冠の疎密度の多様性と草本層(左)・低木層(右)の種数との間の関係
● 湿性立地を含む林分、□ 湿性立地を含まない林分、▲ 人工林

れる。森林の下層に到達する光の量や質が、森林の上層を形成する葉群の密度に依存することに着目し、葉群密度の指標として樹冠疎密度を測定し、その多様性を森林の下層における光環境の多様性の指標とみなした。

樹冠疎密度の多様性は、対象とした孤立林の空中写真に樹冠疎密度板を当て、4つの疎密度階級(0〜10％、10〜40％、40〜70％、70〜100％)に括り、その面積比率を求め、この比率をもとにShannon-Weinerの多様度指数［$H'(e)$］を算出して測定した(**図15-7**)。この値が大きいとき、疎密度によって括られた4つの疎密度階級の面積が孤立林内に同じような比率で存在し(多様性が高い)、小さい場合にはある特定の疎密度階級に括られた面積が大きな比率で存在する(多様性が低い)ことを意味する。したがって、前者の場合に森林下層の光環境は多様で、後者の場合には均質であることを示している。この樹冠疎密度の多様性と草本層および低木層の種数との間の関係を検討した(**図15-8**)。その結果、草本層および低木層の種数は樹冠疎密度の多様度と正の相関を示していた。

光環境を評価する方法として、森林下層で光合成有効光量子密度(葉緑素の吸収波長域である400〜700 nmの波長の光量子が単位時間、単位面積当たりに入射する個数)を直接測定することも可能で、群落内の特定の位置における光合成に利用可能な光量を評価するための指標として有効である。一方、ここで用いた樹冠疎密度の多様度は、森林下層のある程度広い範囲に入射する光の量や質の積算的な指標として有効で、種数や組成など群落レベルでの解析には有効な手段であると考えられる。

<文　献>

舟根香織 (2002) 北海道教育大学大学院教育学研究科　修士論文, pp. 63＋vii.

Hill, M. O. and Gaugh, H. G. (1980) Detrended correspondence analysis, an improved ordination technique. Vegetatio 42：47-58.

板垣恒夫 (1975) 航空写真による林分分類にもとづく材積推定―北見地方天然林の解析例―. 北方林業 318：18.

板垣恒夫・合沢義孝・谷口信一 (1968) 航空写真による樹種の判読について. 日林北支講 17：42.

板垣恒夫・菱沼勇之介・石川善朗・谷口信一 (1969) 林分の分類とその作業法の予察(第1報)―航空写真による林分の分類. 日林北支講 18：16.

小沢行雄 (1962) 斜面の日射量について. 農業気象 18(1)：39-41.

Pielou, E. C. (1969) An Introduction to Mathematical Ecology. Wiley-Interscience, New York.

佐藤　謙 (1992) 札幌市とその周辺の自然概況.(札幌の植物. 原　松次編著, 北海道大学図書刊行会, 札幌). 1-8.

渡辺　宏 (1993) 最新森林航測テキストブック. 日本林業協会, 東京.

Whittaker, R. H. and Niering, W. A. (1965) Vegetation of the Santa Catalina mountains, Arizona：A Gradient analysis of the south slope. Ecology 46：429-452.

16章　石狩平野の農村景観における防風林の実態とその意義

1. はじめに

　北海道の低地、特に石狩平野、十勝平野、斜里平野、および根釧台地などでは、農地に防風林が広がっている。いうまでもなく、防風林では木材生産機能は二の次であり、農業の生産性を高める防風・防雪機能がもっとも重視されてきた。しかし、同時にイメージの上では、景観を構成する要素すべてが小規模な本州の農村に比べ、広大な北海道の農村景観において、防風林は規則的で整った美しい景観を区画・構成する重要な要素といえよう。このような景観を保つ機能、快適性(アメニティー)を高める機能などは、森林が持つ多面的機能のうちの一つとして知られている。今日、我々は、高度経済成長時代にもてはやされた経済一辺倒、効率重視の風潮の息苦しさやその限界に気づき、これまで以上に森林を主体とした自然に恵まれた美しい景観を求め、そこにアメニティーや安らぎを見出すようになったといえる。また農業そのものに対して、総合的な環境保全機能が求められる時代になった(竹内1991)。しかしこのような森林の諸機能の多くは、すでに古くは新島・山村(1918)が大正時代には紹介しており、決して最近になって認識されたものではない。近年述べられている森林の多面的機能のうちで本当に目新しい内容は、現代が全地球的な環境変化に起因する生物の大量絶滅時代であることを踏まえた、動植物の住みかとしての機能くらいのものであろう。このような考え方は古くからあるが、問題なのは、それがどこまで達成されたかなのだと思う。防風林の何が解明されており、何がわかっていないかをきちんと認識することが、今後の防風林を考える際に最も重要だろう。
　防風林の防風機能に関しては、すでに多くの取り組みが行われている(林野庁1971など)。防風林の造成が充分ではなかったり、防風機能が足りない場所が

あったとしても、こうした問題は、防風機能に対する旧来からの情報の枠組みを用いれば、解決可能である。また、ヒトがどのような景観を美しいと感じるかという人間の心理面に関しても、アンケート調査にもとづいた研究例がいくつかある。基本的には、北海道の農村景観において防風林は自然豊かな北海道らしさを演出する高い評価を得ており、雄大で牧歌的な美しい景観の形成に一役かっている。ところで、ここでいう"自然"とは一体何なのだろうか。また美しいといっても、一体何を見て、そう言っているのだろうか。アンケート調査においては、被験者の知識の内容やその多少によって、意識や結果に差が出ることが知られている。実際のところ、防風林の中身についてはどれだけ知られているのだろうか。北海道のカラマツ防風林やドイツトウヒ防風・防雪林は観光ポスターでよく目にするが、こうしたカラマツ防風林内には他に何が生育していて、ドイツトウヒ（ヨーロッパトウヒ：*Picea abies*）防雪林はどこにどのくらいあるのだろうか。実は、防風林を構成する植物の生物学的な内容を検討できる資料は少ないのである。各人が持っている知識によって防風林に対するイメージと評価が変わるのであれば、今後の防風林を考える際に、防風林の実態について多くの人が情報を共有することが最も重要と思われる。本章ではこのような認識に立ち、北海道の中央部、石狩平野の防風林を舞台にして、植物を中心に開拓前の姿、現状に至る歴史的経緯、現在での種の組み合わせと延長、群落全体の種組成などの実態を紹介する。その上で、良好な自然を残した防風林の判別ポイントをまとめる。最後に、北海道の農村景観の中で、農業の環境保全機能を高めるために、また防風林自体の多面的な機能を発揮するために、防風林がどのようにあるべきかを論じる。

　なお、石狩平野においては、おもに国有地として管理されていて規模の大きい幹線防風林と、農家個人が中心になって後年に造成され、樹木の並びが1列から数列の耕地防風林との2種類の防風林が存在する（図16-1）。幹線防風林にも後年に造成された部分は多いが、開拓以来ずっと残されている良好な残存林も含まれている。本章では、規模の大きさや機能の多様さから幹線防風林を対象として話しを進め、以下では単に防風林と称する。一部には、耕地の幹線防風林ではないものの、それに近い幅を持った樹林帯も含めている。また、後述のように石狩平野でも美唄市より北側には幹線防風林が残存・造成されなかっ

図 16-1　幹線防風林（左：長沼町八区）と耕地防風林（右：北村豊正）

たので、ここでは美唄市以南を対象として、その地域を石狩平野と称する。

2. 開拓前の姿と変遷

2.1. 地形、地質と原植生

石狩平野は、石狩川の河口からおよそ110 km 遡った平野北端でも標高は80 m 程度であり、極めて低平な地形をしている。後氷期の最暖期であった縄文海進期（約7000年から6000年前頃）には、石狩湾の海水面が現在の江別付近まで到達していた（古石狩湾）。この後、やや寒冷になって現在に至るが、それに伴う海水面の低下と石狩川の堆積によって古石狩湾は埋め戻された。このため、開拓以前の石狩平野の植物群落は低湿地の群落が卓越していた。

石狩平野の土壌図（音羽ら 1987）と、北海道内における植物群落のタイプごとの立地条件に関する既存の研究（宮脇 1988、恒屋 1996 など）とを対比させて、原植生を推定した（図16-2）。対象としている石狩平野中部、南部では、石狩川本流と支流それぞれの流路沿いには自然堤防が分布しており、その背後の後背湿地の中央部に高位泥炭を作るミズゴケ類が生育していた。その周辺には中間泥炭が分布し、さらにそれを取り囲むように分布する低位泥炭には、ヨシを主体としてヌマガヤやハンノキも混じって生育していたと思われる。対象地域内に分布する中間湿原は少なかったので、図では低層湿原に含めて図示した。また豊平川扇状地が分布する札幌周辺と、長沼町以南では、湿原、特に高層湿原の発達は悪かった。一方、流路に沿う自然堤防上には灰色低地土系やグライ低

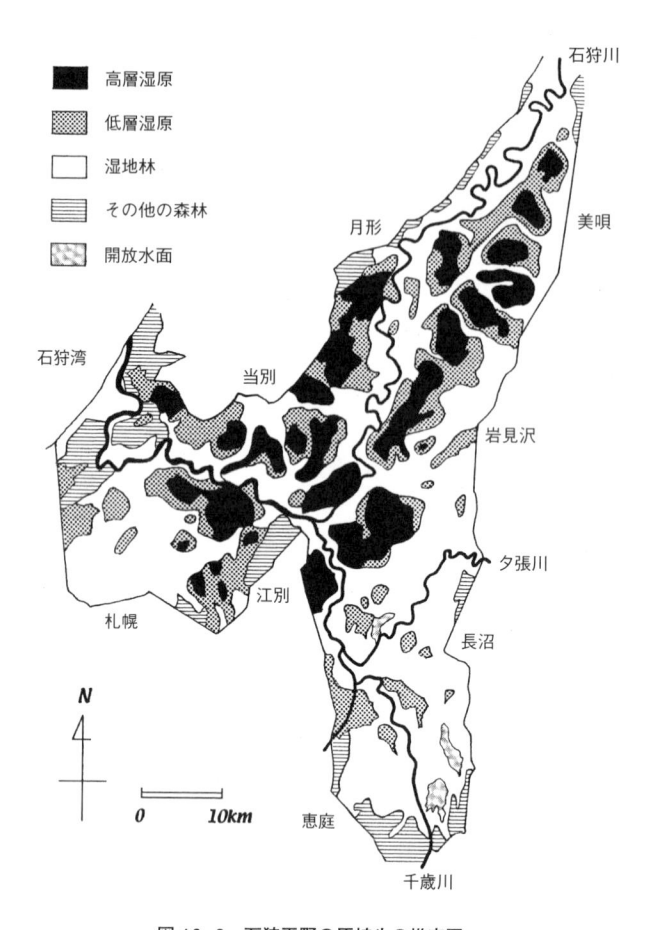

図16-2 石狩平野の原植生の推定図

音羽ほか(1987)の土壌図をもとに、高位泥炭土の分布域は高層湿原に、また低位泥炭土は中間泥炭土を含めて低層湿原に読み替えた。同様にグライ低地土、灰色低地土、褐色低地土と湿性火山放出物未熟土の分布範囲を湿地林に読み替え、またそれ以外で対象域に分布する土壌の分布範囲をその他の森林(中湿から乾燥立地の森林)とした。

地土系の土壌が分布しており、ハンノキ、ヤチダモやハルニレが混生する湿地林があったと考えられる。一部にはヤナギ類の若い森林もあっただろう。また周辺の山地から小河川が石狩平野に出る部分には扇状地が形成され、褐色低地土系の土壌の上にハルニレ主体の林分が分布していた。こうした扇状地には、河川経由で上流の山地から有機物に富む肥沃な土壌が運ばれていたため、その

当時アカダモと呼ばれていたハルニレの林は北海道開拓当初から入植適地とみなされ（北海道庁 1891）、真っ先に開墾されたのである。現在の北海道大学のキャンパスももともとは豊平川扇状地の上に位置しており、残存するハルニレの大木はかつてのハルニレ林の名残であることは良く知られている。

2.2. 歴史的経緯

次に旧版の5万分の1地形図をもとにして、明治の開拓期から今日の石狩平野における防風林の姿が整うまでの変遷を示す（図16-3）。開拓初期の1890年代後半には、まだほとんど手つかずの植生が残されており、前節の図16-2で示したような各種の湿原や湿地林が混在していたと考えられる。この時点の地形図では、その後の地形図では識別される荒地、広葉樹林や針葉樹林などの区画も示されていない。これに対して、開拓された居住地、農耕地として区画されている部分は圧倒的に少なく、現在の札幌中心街のほかに、当時の琴似村、発寒村、江別村、岩見沢村、沼貝村（現、美唄市）、奈江村（奈井江町）あたりにわずかに分布するだけであった。

その後、急速に開拓が進行したとはいえ、1910年代には現在の千歳市北部、恵庭市北部、札幌市東部、新篠津村、南幌町、岩見沢市西部から奈井江町にかけては依然として沼、湿原や湿地林が広く残っており、1930年代（図は省略）になってもその状況は変わらない。さらに、戦後の1950年台には一部の湿原で排水が進められて荒地の凡例に変化したもののそれ以外の状況に大きな変化はなかったが、1970年代（図の右上）になると状況は一変する。すなわち、千歳市北部の長都沼とその周辺、千歳川と旧夕張川の合流点周辺、札幌近郊の厚別原野と対雁原野、また幌向原野、篠津原野、美唄原野などが次々と農耕地化された。それと同時に、部分的に残された森林部分や新たに造成された防風林の配列が線状に明らかになり、ほぼ現在の景観が完成されたことが見て取れる。

開拓期から一貫して、美唄市より北側には幹線防風林は残されなかった。また、主に石狩川本流に沿って草地の凡例が多くなり、結果として石狩川本流の形がくっきりとわかるようになった。これは堤防の整備に伴って高水敷が広がったためである。以上のように、石狩平野における防風林を含む農業景観が現在の姿を整えたのは、わずか最近40年間ほどのことなのである。

V 21世紀の豊かな森造りをめざして

図16-3 石狩平野の植生変遷図

1890年代は陸軍陸地測量部1896年前後発行の5万分の1旧版地形図を、1910年代は同じく1916年前後発行の図をもとに描いた。1950年代は建設省国土地理院1957年前後発行の5万分の1旧版地形図に、また1970年代は同じく1972年前後発行の図による。

1990年代初頭には、石狩平野の幹線防風林の総延長は約290 kmに達しており、耕地面積あたりに換算すると約0.34 km/km^{2}になる(石川 1993)。なお、これらの防風林は、現在でも50 mほどの幅を持つものが多いが、開拓期の造成当初にはさらに幅が広く、百間(約180 m)を基本に、周辺の森林を耕地化する際に残し置かれた(小関 1971)。その後、耕地拡大をもとめる農家の要望によって徐々に林帯幅を狭められ、現在では最大でも50 m程度になった部分がほとんどを占めている。したがって、現在の規模は、必ずしも本来の姿ではないのである。

3. 防風林の現状

3.1. 樹種組成と延長

　美唄市以南に現存する幹線防風林では、石狩平野がもともと低湿地であることを反映して湿性の落葉広葉樹の天然林が残存しているのに対して、針葉樹の天然林は分布しない(石川 1993)。のちに造成された林分としては落葉広葉樹植林、針葉樹植林、針葉樹と広葉樹の混植林が見られる。天然生の落葉広葉樹林では湿地に分布するハンノキ、ヤチダモ、およびハルニレの林分がほとんどであるが、一部には中湿な立地に分布するイタヤカエデ、アサダやミズナラなどの林分が残っている。造成された落葉広葉樹ではヤチダモがもっとも多く、その他に一部にはシラカンバ、ヤマナラシ、その他のポプラ類なども植えられている。針葉樹では北海道の在来種はごく少なく、本州中部から持ち込まれたカラマツと欧州原産のヨーロッパトウヒが主体で、その他に外来のマツ属も植林されている。針葉樹と広葉樹との混植の組み合わせは、針葉樹1種と広葉樹1種の計2種(シラカンバ・カラマツ、シラカンバ・ドイツトウヒ、ヤチダモ・カラマツ、あるいはヤチダモ・ヨーロッパトウヒ)から、最大5種(シラカンバ・ヤチダモ・改良ポプラ・ヨーロッパトウヒ・ストローブマツ)まで千差万別であり、一貫性があるようには見えない。

　天然林、人工林をまとめて各自治体別、防風林の種類別の内訳を見みると(**表16-1**)、総延長では湿性の落葉広葉樹防風林がもっとも長くて全体の約54％を占め、針広混植防風林、針葉樹防風林が続いていた。中湿の落葉広葉樹防風林

表 16-1 石狩平野美唄以南の各市町村における現在の防風林の種類と延長(石川 1993 を改変)

市町村名	総面積 km²	耕地面積 km²	防風林の種類と延長 (km)					耕地面積当たりの延長 km/km²
			湿性落葉広葉	その他落葉広葉	針葉	針広混植	合計	
美唄市	275.02	90.6	19.2	6.9	13.2	26.4	65.7	0.73
岩見沢市	207.49	76.8	0.2	—	1.3	10.9	12.4	0.16
札幌市	1121.12	45.6	—	—	—	6.8	6.8	0.15
江別市	188.83	70.4	2.5	—	3.3	12.8	18.1	0.26
恵庭市	294.71	42.0	20.9	2.0	1.3	0.8	25.0	0.60
千歳市	594.36	61.2	6.8	5.4	14.8	—	27.0	0.44
石狩市	119.78	28.8	28.0	1.9	—	—	29.9	1.04
北広島市	121.05	18.7	1.5	—	—	—	1.5	0.08
当別町	420.09	82.6	12.4	0.8	1.4	5.7	20.3	0.25
栗沢町	180.61	50.0	0.4	—	—	—	0.4	0.01
長沼町	170.07	102.4	30.1	0.6	1.8	1.9	34.4	0.34
南幌町	79.21	56.8	5.6	—	3.3	6.4	15.3	0.27
月形町	153.38	29.2	—	1.1	0.9	4.2	6.2	0.21
北村	98.30	67.8	1.6	0.3	4.8	5.0	11.7	0.17
新篠津村	78.51	49.2	23.9	5.2	0.9	1.1	31.1	0.63
合計	4103.22	872.1	153.1	9.1	46.7	69.8	292.2	0.34

はごく少ない。耕地面積あたりの防風林延長は全体で 0.34 km/km² であったが、石狩市、美唄市、新篠津村、恵庭市の順に耕地面積あたりの防風林延長が長くて、これら 4 自治体では 0.60 km/km² 以上であった。一方、岩見沢市、札幌市、北広島市、当別町、栗沢町、南幌町、月形町と北村では、全体の平均値より短かった。北広島市と栗沢町では、延長そのものが 2 km に達せずに短かった。恵庭市、石狩市、長沼町では湿性落葉広葉樹防風林の占める割合が 80 % を越えて高かった。岩見沢市、江別市では針広混植防風林の割合が 70 % を越えていたが、これは岩見沢〜江別間の JR 線路沿いに造成されている鉄道防雪林である。北海道の鉄道防雪林といえばヨーロッパトウヒがよく知られており、この防雪林でもヨーロッパトウヒが目立つものの、ヤチダモを主体とした落葉広葉樹が混植されており、実体の多くは混植林である。

3.2. 群落の植物種組成

次に、歴史的経緯で用いたと同じ地形図をもとに、さらに一部は森林管理署

の施業管理計画図なども参照して、明治以来ずっと残存してきたと考えられる幹線防風林を明らかにして、植生調査を実施した。もちろんこれらの防風林は、生育する林冠木のサイズなどから判断しても原生林とはいえず、多少の抜き切りなどは行われたと考えられるが、少なくとも過去に完全に伐採されたことはないと考えられる天然生の高い林分である（以下、天然生防風林と呼ぶ）。調査した天然生防風林の主な所在地は、石狩市生振、美唄市一心町、長沼町北長沼、恵庭市春日と上山口、千歳市長都である。また、これ以外に、後年に植林されて造成された人工の防風林でも同様の調査を行い、天然生防風林と造成された人工防風林とを比較した。なお、人工防風林と区分された防風林の中には、天然生ではあるものの保存状態が悪くて荒れた状態になったために、整った組成と構造を持った天然性の森林として認識されなかった林分が一部に含まれている可能性もある。

　調査した58地点の防風林において、合計で276種の植物が出現した。その中には、全国版、ならびに北海道版レッドリスト（環境省 2000、北海道 2000）に掲載されている絶滅危惧種12種（エゾハリスゲ、クロユリ、サルメンエビネ、トケンラン、エゾエノキ、クロバナハンショウヅル、ヤマシャクヤク、クロミノハリスグリ、ホザキシモツケ、クロミサンザシ、クロビイタヤ、オオバタチツボスミレ）が確認された。これら希少種の数は、「緑の国勢調査」における「すぐれた自然調査」の貴重種や、「自然公園法」における指定植物などを確認すれば、さらに増加する可能性がある。さらに、石狩平野は温帯性植物がややまとまって分布北限を迎える地域であることを考えると、それぞれの分布北限に位置する種の孤立個体群を含んでいる可能性もあるだろう。例を挙げると、クリやコナラはポピュラーな落葉広葉樹であるが、それぞれ岩見沢〜美唄、滝川あたりを北限としている種なのである。一方、防風機能を作り出す植栽樹木のうちで本来は北海道に自生しない種と、それ以外の帰化植物、逸出植物を加えた外来種は21種確認された。

　天然生防風林と考えられる23地点ではヤチダモが12地点で優占しており、その他にはハンノキ、ミズナラ、コナラ、カシワ、アサダとイタヤカエデがそれぞれ数地点で優占していた（**表16-2**）。ヤチダモとハンノキの湿性の天然生防風林は石狩平野全体に分布しているが、それ以外の種は、石狩湾に近い砂堤列

表16-2 天然生防風林と人工防風林の特性の比較

	天然生防風林	人工防風林
地点数	23	35
平均出現種数	40.8	21.7
優占種(地点数)	ヤチダモ(12) ハンノキ(2) ミズナラ(3) コナラ(2) カシワ(1) アサダ(1) イタヤカエデ(2)	ヤチダモ(11) ハンノキ(4) カラマツ(7) シラカンバ(4) ドイツトウヒ(6) ヨーロッパアカマツ(3)
希少種*	9	6
外来種**	4	19

＊：環境庁(2000)および北海道(2000)の植物レッドリストより抽出した指定種。
＊＊：帰化植物の他に、カラマツやドイツトウヒのような植栽樹木、さらにソバのような栽培種が野生化した逸出植物を含む

上と、北長沼の馬追丘陵西斜面の防風林に限られていた。調査地点あたりの平均の出現種数は40を越えて多く、絶滅危惧種は9種(エゾハリスゲ、サルメンエビネ、トケンラン、エゾエノキ、クロバナハンショウヅル、ヤマシャクヤク、クロミノハリスグリ、クロミサンザシ、クロビイタヤ)が生育していた。外来種は4種が生育していたが、いずれも1カ所で量的にもわずかだった。このような野生動植物のハビタット(生育地、生息地)としての機能も、防風林の重要な機能である。都市地域や農村地域に断片化して残っている森林は孤立林と呼ばれており、そのハビタットとしての機能が評価されている。またここで述べている防風林のように長細いものは、動物のコリドー(移動回廊)の機能もあるといわれる。

　これに対して人工防風林である35地点では、在来のヤチダモが11地点で優占していたほかに、同じく在来のハンノキとシラカンバ、また外来のカラマツ、ドイツトウヒ、ヨーロッパアカマツが、いずれも3地点から7地点で優占していた。平均の出現種数は天然性防風林の半分近くに減少しており、外来種も多かった。絶滅危惧種は5種が確認されたが、いずれも1地点だった。

　並川・奥山(2001)は、ここで述べているのと同様の石狩低地帯の湿地林を調

査し、南部から北部、すなわち太平洋側から日本海側への気候変化に応じて、群落の種組成が変化することを明らかにしている。人間活動の影響が卓越しているのではなく、種組成と気候条件との本来の対応関係が維持されているこれらの天然性防風林は、環境指標の役割も果たしているといえる。またこれまで見たように希少種も多いことから、開拓以前のオリジナルな組成を維持している森林といえる。

3.3. ヤチダモ防風林の抱える問題

　開拓以前の姿を色濃く留めている天然生防風林でも、周辺の開発によってさまざまな影響を受けていると思われる。まっ先に思い浮かぶことは、周辺の開拓に起因する排水、乾燥化の影響である。厳密な水位観測を行っているわけではないが、実際に乾燥化は進行している。天然生防風林23地点のうち、湿性の立地に分布するとされるヤチダモとハンノキが優占する14地点で林床に生育する種を検討すると、湿性立地に生育することが多い種(ザゼンソウ、トクサ)が優占している防風林は2地点に過ぎなかった。これに対して、中湿から乾性立地に生育するクマイザサやツタウルシなどに占有されているところが6地点と多かった。このような構造を持つのは、上層を構成する樹木は寿命が長いために古い時代の湿っていた立地条件を反映しているのに対して、林床に生育する草本植物やツル植物は最近の乾燥しつつある立地条件に定着したことを反映しているのだろう。

　しかし、最大の問題は防風林として区画されたために世代交代がほとんどの場合、保証されないと思われることである。一般に防風林帯のように幅の狭い森林では、自然林として存続していくための仕組み、すなわち更新プロセスが阻害されやすいと考えられる。本来の自然林では、サイズの大きな個体から構成される発達した部分、上木が死亡したあとの林冠ギャップに次の世代が定着している部分、さらに回復途上の部分など、さまざまな発達段階のパッチがモザイク状に隣接している構造をとる。森林におけるギャップダイナミクスについては、日本でも山地の森林において1980年代に研究が進展した。石狩平野に分布するような水辺の森林では河川の影響が大きいので、より大きなスケールも含んで、複雑なモザイク構造が発達していたと考えられる。水辺の森林の生

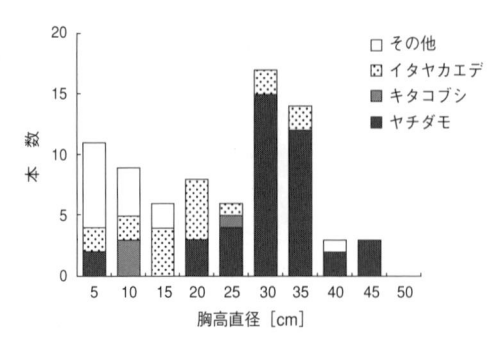

図 16-4 美唄市開発町のヤチダモ幹線防風林における胸高直径階別本数
調査面積は 500 m² (幅 10 m、長さ 50 m の帯状区)

態には近年、注目が注がれており、大面積の調査地を設定することによってハルニレやシオジなどの更新過程が明らかにされている (Sakai et al. 2001 など)。次にこの点について、石狩平野の防風林を代表するヤチダモを例にとって検討する。

ヤチダモの生態的特性については不明な点が多い。美唄市開発町にある天然生のヤチダモ防風林にプロットを設けて毎木調査を行ったところ、胸高直径階別に区分した場合に明らかな一山型の分布を示した (**図 16-4**)。また、近接した場所で農道拡幅工事が行われた際に、伐採されたヤチダモ林冠木 10 個体の樹齢を根株上で判読したところ、いずれも 58 年から 78 年の範囲に収まり、明らかに 60〜80 年ほど前に集中的に定着していた。北海道内のヤチダモ林で樹齢構成を調べた例はほかにあまりないが、サイズ構成はここと同じように一山型になることが多く、ある時期に集中的に定着・更新したことを示唆する。そこでさらに、ヤチダモ稚樹がどのようなサイトに定着するのかを実際に確認しようと思い、石狩川をはじめとした北海道内各地の河川や湿地に出かけてみたが、定着後間もない林分がほとんど見つからない。ようやく 2003 年になって、石狩川上流部の支流の山間渓流部で定着したばかりの集団を探し当てた。そこでは、渓流に沿って 1 m ほど比高が高い小規模な氾濫原にケヤマハンノキとオノエヤナギの林齢 20 年を少し過ぎる林分が形成され、その下層にヤチダモ稚樹が多数定着していた。土壌断面を観察したところ、下部にある直径数 cm から数 10 cm の円礫層の上に、少なくとも 3 回の氾濫によって土砂が堆積しており、その厚

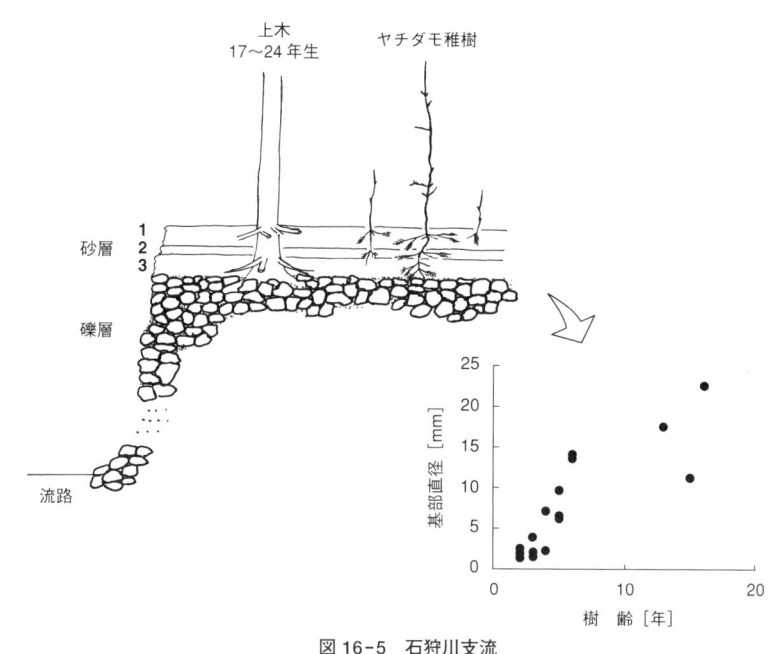

図16-5 石狩川支流
白川の渓流氾濫原における基質の堆積状況(左)とヤチダモ稚樹の樹齢構成(右)

みは3層合計して30 cmに達していた(図16-5左)。ここに定着している樹齢の高いヤチダモ稚樹数本について、幹の年輪数と根系の年輪数や土砂層内での分布とを対比させながら土砂の堆積年代を推定したところ、この場所は、数年おきに土砂が数cm～十数cm堆積するような氾濫に見舞われてきたことが分かった。またヤチダモ稚樹の樹齢は2年から16年であった(図16-5右)。

これらのデータから判断すると、ヤチダモ稚樹の定着サイトは、氾濫に伴って土砂が堆積されるような小規模の撹乱が起こる場所と言ってよいだろう。本種は湿潤な立地に生育することが知られているが、この場所で見る限り水面からの比高が1mを越えているので、定着初期に好適なサイトは、渓流の水位が高い春先の融雪期などを除けば、常時帯水するような過湿条件ではない場所と推察される。石狩平野のような河川下流の広い氾濫原地帯では、この場所と同じように、土砂を堆積させる同質の撹乱が起こるかどうかは未確認であるものの、少なくとも、ある種の撹乱によって定着サイトが形成されることは間違い

ないと思われる。また、こうした撹乱をきっかけとして短い間にまとまって定着するので、できあがった林分ではサイズや樹齢がそろうのだろう。

一方、このことは逆に、北海道内各地の河川において若いヤチダモ林分が見つかりにくい、すなわち少なくなっているのは、河川改修が進んだことと、上流のダム建設によって水位がコントロールされたことによって氾濫が著しく減少したため、ヤチダモの定着サイトが形成されにくくなったことが原因であることを強く示唆する。このことを念頭において現在の石狩平野の防風林を見ると、河川管理が徹底していることと周辺が農地化されたことから、河川本来の影響を受けることはほとんど期待できないといえる。河川と防風林との間のつながりは断ちきられ、機能的な関係が失われているのである。したがって、防風林の更新機能は機能不全に陥っていると言わざるを得ない。

4. 自然性の高い防風林の意義と役割

以上見てきたように、石狩平野の防風林には本来の自然ではない森林も多い。また、天然生ヤチダモ防風林でも更新チャンスは失われている。我々は、こうした現状を「自然が豊か」とか「美しい」などと言っていて良いのだろうか。

農村地域、都市地域とに関わらず、日本各地で自然を生かした空間の回復、創造の取り組みが広く行われるようになった。しかし、それらをよく検討すると、独善的な"一見自然風な景観"が作られている例も見られる。山間地域の渓流で治山事業を行う際や親水空間を作る場合に、多自然型工法と称して公園的な施設を配置したり、日本庭園的な石組みを多用して、本来の河川・渓流とは似て非なるものにしてしまう例は多い（渓畔林研究会 2001）。それらの最大の問題は、自然・生物素材を用いたとしても地域本来の自然とは関わりのない材料を使い、地域本来の自然ではあり得ない種組成や構造の植物群落を作り、ありえない景観や不必要な景観を作ってしまう点にある。

防風林が農地を整然と区画する石狩平野において農村景観の維持と創出を考える場合も、まがい物の自然ではなく、この地域本来の自然に根ざした内容を備えていなければならないことは明らかである。農業の作物生産性を考えるだけならば、防風林は防風機能だけを考えればよい。この場合、樹種は何でもよ

いだろうし、極論すれば樹木ではなくても、ある程度の通気性をもった人工の壁でもよい。しかしそれでは、防風機能以外の多様な機能を果たすことはできない。農業に総合的な環境保全機能を期待するのであれば、農業が備えていた地域本来の自然と調和した姿に防風林も総合的に貢献することが重要である。この場合、自然性の高い防風林が特に重要である。なぜならば、農地そのものが人工物であることを考えれば、農村景観の中における農地以外の構成要素が自然性の高さを発揮することが必要だからである。言い換えれば、石狩平野において農業が総合的な環境保全機能を発揮する際に、防風林は地域の自然の目標値としての役割を果たすことになるだろう。この場合、樹木組成で示した外来種の防風林は異質であることはいうまでもない。もちろん、外来種が多用されてきたことには理由があり、苗木の供給、育林技術などの制約などから、やむをえなかった面も多いだろう。数十年の歴史を持つヨーロッパトウヒやカラマツの防風林は立派に防風機能で役立ち、石狩平野の一員としての市民権を持っているといっても良い。しかし、これらは本質的には異質なのである。

　また、多用されてきた在来のヤチダモといえども、天然生の林分に比べて後年に造成された林分は、樹木の配列は画一的で、林床植生も乏しくて単純である。防風林内で整然と並んでいる樹木の列を美しいと感じる向きもあるだろう。しかし、天然の森林であれば、樹木の大きさにはばらつきがあって、規則的には並んではいないはずである。農村の自然の豊かさを高く評価するのならば、規則的な配列は異質であると認識することが前提であり、そのことを見極められる目、すなわち、「みどりの質」を判断できる目が必要なのである。外来樹種の防風林や在来種であっても造成された防風林を"自然"ということは、本来の森林を壊して造成したコースの多いゴルフ場を"自然"ということと等しい。私たち皆が、何が本当の自然かを理解しなければならないのだ。同時に森林科学は、そのための判断材料を提供しなければならないし、それを広める責任があると思う。

　さらに、天然生のヤチダモ防風林は人工防風林より種組成が多様とはいえ、そこでも乾燥化の影響によって林床植生は変質しつつあり、断片化したことによって更新チャンスはすでに失われている。農薬の多用や排水溝の三面護岸が原因でゲンゴロウやメダカがある地域で絶滅に瀕すれば、誰もが危機感を抱く

時代になった。そうであるならば、更新チャンスを奪われている天然生ヤチダモ防風林も危機的であることは明らかだ。それは、このまま上層のヤチダモが寿命で枯死してしまえば、ヤチダモは消滅してしまうからである。ヤチダモそのものは絶滅危惧植物ではないが、北海道内各地のヤチダモ林の多くは本来の自己維持機能、すなわち更新機能を失っており、その意味で絶滅危惧群落といえる。ただ、寿命の長い樹木であるために、その危機が顕在化しにくいだけなのだ。この問題の根本的な解決は、原理的には簡単である。防風林に接したどこかで、河川が自由に動けるような場所を設ければよいのである。河川を堤防に囲まれた狭い堤外地に閉じ込めずに開放してやれば、自由に蛇行し始めた河川自らが、前節に示したようなヤチダモに適した定着サイトを形成する機能を復活させ、防風林になる以前の本来の更新過程も復活するだろう。しかしもちろん、何から何まで原生自然に戻しては、農地と防風林、そしてその他のさまざまな要素から構成される農村景観自体が失われてしまうし、もとより、農村としての生産活動が困難になる。これら相反する方向のバランスをとって、農業、農村がもっている多面的な環境保全機能を最大限に発揮できるようにすることが必要なのである。

　では、石狩平野におけるバランスの取れた姿とは、いったいどのようなものなのだろうか。残念ながら、現時点でその姿を示すことはできない。長期間に渡って、植物群落と人間の利用とがバランスを維持していたシステムとして、本州の里山が挙げられる(竹内ら 2001)。里山は、山とは言うものの地形的な山そのものではなく、人間との付き合いの長い歴史を持ち、人間に薪や炭など燃料を供給するとともに管理されることによって特有の構造と種組成を維持してきた、コナラやクヌギなどの二次的森林である。薪炭林とも呼ばれるこの林には、エネルギー革命によって薪や炭の利用度が落ちたために極相林を構成する常緑広葉樹が侵入し、常緑樹林に遷移する部分が全国的に増加して問題になっているが、維持管理方法は経験的に確立されている。それに対して、北海道の農村景観はたかだか100年を少し上回る歴史しかもっていないし、石狩平野の農村景観が今の姿となったのは、すでに述べたようにたったの40年ほど前なのである。このため、石狩平野において、農村の景観を構成する自然要素と人間の活動との間でのバランスが取れた姿は明らかにはなっていないといえる。そ

もそも、防風林の種組成の詳細は、ここで述べた調査例がある程度で、全域が充分に調査されているわけではない。動物のハビタットとしての機能も含めて、生物学的な基礎データの調査例はごく少ないなど、調査そのものが進んでいないし、また仮にそれが明らかとなっても、それを作りだす手法は確立されていないのである。

　石狩平野における20世紀の防風林の利用は、防風機能に関してだけは具体的なデータをもとに、皆が一致しやすい基準で進められてきた。しかし、その多面的な機能はコンセプトとしては認識されていたものの、誰もが納得できる実体を伴ったものではなかったといえる。21世紀において防風林の意義や利用を考える場合には、本質的に自然に依存した農業の総合的な環境保全機能を高めるためにも、現場のデータをもとにして、本来の森林としての自然性や現時点での希少性を第一の評価基準にする必要がある。なぜならば、防風機能やその他の気候緩和機能などは外来樹種や人工物でも代用可能だが、本来の自然そのものは天然生の防風林以外では代用不可能だからである。したがって、今ある自然性の高い天然生防風林は、極力保存する事が求められる。阻害されている更新機能の補助手段として、森林科学的な知識や技術を充分に活用して、機能修復に取り組むことも必要だろう。そして、この考え方を根本にしたうえで、石狩平野全般にわたって多面的な機能を具現化できるよう、防風林と景観の整備をあらためて検討してゆく必要があると思う。

　なお文末になるが、本稿をまとめるに際して、景観の考え方に関する論議に付き合ってくださった専修大学北海道短期大学園芸緑地科、小林昭裕教授に謝意を表する。また、防風林の現地調査にご協力いただいた専修大学北海道短期大学造園林学専攻科(当時)の綿谷隆宣、杉谷誠司両氏にも、謝意を表する。

<文　献>

北海道 (2000) 北海道レッドリスト http://www.pref.hokaido.jp/kseikatu/ks-kskky/yasei/yasei/redlist.plant.html (2000年5月10日アクセス).

北海道庁 (1891) 北海道植民地選定報文　完 (復刻版. 1986. 北海道出版企画センター). 405 pp.

石川幸男 (1993) 石狩低地帯における幹線防風林の種類とその分布.(空知支庁委託調査報

告書 農村緑地整備に関する調査. 専修大学北海道短期大学地域農業研究会編). 110-130.

環境省編 (2000) 改訂・日本の絶滅のおそれのある野生生物 植物 I (維管束植物). 660 pp, 財団法人自然環境研究センター.

渓畔林研究会編 (2001) 水辺林管理の手引き. 213 pp, 日本林業調査会.

小関隆祺 (1971) 第1章第2節 北海道開拓行政における防風防霧林の設定について.(北海道の防風、防霧林. 林野庁監修, 水利科学研究所). 41-57.

宮脇 昭編著 (1988) 日本植生誌 北海道. 563 pp, 至文堂.

並川寛司・奥山妙子 (2001) 北海道中央部石狩低地帯における湿性林の種組成と群落構造. 植生学会誌 18：107-117.

新島義直・山村醸造 (1918) 森林美学 (復刻版. 1991. 北海道大学図書刊行会). 680 pp.

音羽道三・富岡悦郎・赤澤 傳 (1987) 石狩川水系の土壌 農牧地および農牧適地. 219 pp ＋1 plate, 北海道開発局農業水産部農業計画課.

林野庁監修 (1971) 北海道の防風、防霧林. 398 pp, 水利科学研究所.

Sakai, T., Tanaka, H., Shibata, M., Suzuki, W., Nomiya, H., Kanazashi, T., Iida, S. and Nakashizuka, T.(1999) Riparian disturbance and community structure of a *Quercus-Ulmus* forest in central Japan. Plant Ecology 140：99-109.

武内和彦 (1991) 地域の生態学. 254 pp, 朝倉書店.

武内和彦・鷲谷いずみ・恒川篤史編 (2001) 里山の環境学. 272 pp, 東京大学出版会.

恒屋冬彦 (1996) 北海道石狩町生振の低地に成立する森林群落について―主な樹種の分布様式と生育地の特性―. 日本生態学会誌 46：21-30.

17章　森と魚
―― 河畔林の機能と保全 ――

1. はじめに

　我が国はその周りを日本海、太平洋、オホーツク海および東シナ海などに囲まれ、寒流と暖流が交わることから豊かな水産資源に恵まれた国となっている。森林は沿岸や河川の水産資源に好ましい影響を及ぼすことが経験的に知られ、古くから各地に魚つき林、網付き林などとして保護されてきた。こうして設置された魚つき保安林は全国で3万haにのぼっている。魚つき林の機能について古くからいろいろ論議されてきたが未だに概念論にとどまっており、その生態的影響に関してほとんどわかっていないのが現状である。魚つき林機能の研究は森林科学のみならず、水産学の両面から進めなければならないが、従来の縦割り組織の中ではその境界領域にはほとんど目を向けられてこなかった。

　しかし近年、遠洋漁業の衰退と共に沿岸漁業・養殖漁業の比重が高まるにつれて沿岸環境の保全に強い関心が寄せられる様になってきた。栽培漁業の環境を良好に保つ上で海域に注ぐ河川水質の保全、ひいてはそれを取り巻く河川流域に分布する森林の保全は不可欠との認識から、北海道東部サロマ湖岸の常呂漁協では1961(昭和36)年から山林の購入と植林運動を始めた。こうした動きは全道的な広がりを見せ、北海道漁協婦人部連絡協議会で「お魚を増やす植樹運動」を始め、これまで全道120の漁協婦人部が参加し植樹が行われている。また北海道では植樹運動を行政的にバックアップするため、1998(平成10)年度から豊かな海と森づくり総合対策事業を設立し、魚を育む森づくり整備や新たな魚つき保安林の整備などを進めてきている(北海道水産林務部 1998)。

　このような社会的な背景からみて、これらからの森林の整備は沿岸に配置された狭い範囲の魚つき林のみならず、内陸部河川沿いの河畔林、さらには源流部の水源林まで広げて行う必要がある(柳沼 1999)。しかし現在の生産林業の技

術体系からは、魚を増やすために何が必要なのか、どのような樹種を造成すればより効果的なのか、さらには森林を増やせば本当に魚が増えるのかという疑問に応えるべく技術的知見の蓄積は極めて少ない。そこで、この小文では内陸から海域までの水産資源に及ぼす森林の働きに関するこれまでの知見を概略的に総括し、今後の河畔林整備の方向性、研究の課題を述べてゆきたい。

2. 魚つき林機能に関するこれまでの研究

前述のとおり魚つき林の機能について古くから関心が持たれてきたが、森林科学(林学)・水産学の境界分野であることから、研究手法が確立されておらず、科学的解明はほとんどなされてこなかった。古く犬飼(1938)は森林と水産資源との関係を指摘し、その関係の解明の必要性を述べた。とくに北海道東部厚岸湾の牡蠣(かき)資源の減少について、以下の要因を指摘した。厚岸湾では古く江戸時代から明治年間にかけて牡蠣漁による多くの漁獲が上げられていたが、大正期から激減した。犬飼はこの減少を開拓民の入植による森林の開発と関連づけ、燃料木の伐採が始まった時期と牡蠣の減少時期が一致することを指摘した。そして減少のメカニズムとして、牡蠣の産卵から幼生の成長期に当たる7、8月はこの地方の降水量の最も多い時期になっているが、上流の森林がササ地化または荒廃することにより、湾に注ぐ河川の流量が増大し、多量の土砂が湾内に流入して、稚貝を窒息させたためと推定している。

また飯塚(1951)は、全国の魚つき林の分布と諸機能に関して総括的な報告を行っている。この報告の中で、魚つき林の効果は以下の3点に集約されている。
1) 魚つき林のために水面に魚の好む陰ができ、安息所をつくる。
2) 森林が降雨水を蓄え、急激な出水を防ぐ。このため、陸水が長期的に安定的に海に流入する。また同時に土砂の流出を防ぎ、河口域の水産資源に及ぼす影響を減少させる。
3) 魚つき林から生産される水は有機物・栄養塩に富んでおり、プランクトンの発生を助ける。

この報告書の中で、各地域の漁協に魚つき林に付随する漁場の調査を行い、魚種ごとの森林への依存度を検討した。

北海道内でニシン漁が行われ始めたのは、1600年代渡島半島の南端地域であり、江戸時代には松前と江差は毎年訪れるニシン群の捕獲により、「江差の春は江戸にもない」といわれるほどの隆盛を極めた。明治以降も漁具の改良や就業人口の増加と共に漁獲高は増加し80～90万石に達し、全盛期を迎える。しかし大正から昭和にかけて次第にニシンが捕れなくなり、不漁、好漁を繰り返しながら1954(昭和29)年を最後に北海道内から姿を消してしまった。こうしたニシン資源の消滅原因に関して海洋状況の変化、乱獲など様々な要因が論じられる中で、三浦(1971)は内陸の森林資源減少による影響を指摘した。消滅原因は北海道西南沿岸に注ぐ流域に生育していた森林の変質、とくに針葉樹林の消失が河川を流下する陸水を通じて春ニシンの産卵場を荒廃させたことにあると述べている。この説では森林とそこから流出する河川水、そして沿岸域でのニシンの産卵と稚魚の成育を関連づけ、今後魚を育てる林業の展開の必要性を強調した点できわめて先見性に富むものである。しかし状況証拠的な事例は示され演繹的な推定はなされているが、具体的なデータに基づくものではなく、その因果関係が科学的に証明されたとは言い難い。

　北海道沿岸はかつて豊かな森林に広く覆われていたが、沿岸漁業の進展に伴い燃料として伐採されてきた。海岸域の森林は厳しい気象条件から再生がきわめて困難で、様々な地域で長い時間をかけて植林事業が行われ、その結果、漁業資源が増加したことが報告されるようになってきた。北海道南部、日高管内えりも町の海岸林造成事業はまさにそうした典型例としてよく紹介される(長崎1998)。この地域は古くから日高コンブを主とする品質の良い海産物がとれていたが、明治以降急速に樹木の伐採が進み、地表面は裸地化して土砂が流出し、コンブに大きな被害を与えるようになった。この地域は強風地帯として知られており、特に裸出した地表から土砂が舞い上がり、海は濁り漁業ができる状態ではなかったとされる。こうした状況を改善するため、戦後になって国有林により本格的な緑化が開始された。強風にさらされる地表面を保護するため、雑海藻で地表面を覆いこの上に草本の種子をまき、クロマツなどの樹木を植栽するなどの努力が重ねられた。そして30年後にはクロマツの海岸林が形成され、水産物の魚種・漁獲量が飛躍的に増大したとされている(**図17-1**)。しかし、この説に中村(1997)は疑問を投げかけている。つまり、図に示された漁獲量の多

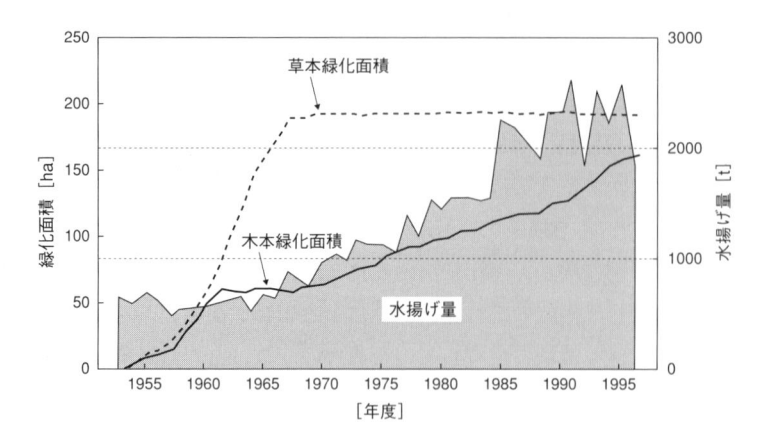

図 17-1　えりも岬の緑化と水揚げ量の経年変化（国有林資料に基づいて作成）

くはサケであり、えりもの漁獲量の急上昇は明らかに孵化事業の影響を受けているとみるのが妥当である。したがって植林は土砂の流亡には効果があったが、そのことと漁獲量増を直接結びつけるのは問題であるという指摘である。

　また、同様の論議は磯やけ現象と森林の関係に関する諸説にも見られる。磯やけとは、一般的に大型のコンブ科植物からなる海藻群落が何らかの原因で崩壊し、わずかに無節石灰藻類で覆われた岩盤のみが残り、そのため有用海藻および有用水産動物が消滅する現象をいう。この現象は天保年間から伊豆半島で報告されているが、北海道では昭和30年代から後志、檜山の海岸で顕著に見られるようになった。現在では磯やけが沿岸の岩礁・転石地帯の50〜60％、ところによっては70％以上にも達する場所がある。こうした磯やけの要因として、谷口(1998)は無機環境の変化、海水温・海流の変化、ウニなど摂食動物の食害、また人為的な要因としては取り過ぎ、土砂流出、生活排水、除草剤の影響などを挙げている。

　一方、松永(1993)は海藻が光合成をおこなう上で不可欠な元素である鉄分の不足が磯やけを生み、そしてその鉄不足は森林伐採に起因すると考えた。森林の落葉は分解される段階で水溶性のフルボ酸という腐植物質が出来る。フルボ酸はカルボキシル基などの強いキレート作用を有しており、これが土中の鉄(イオン化した鉄)と結びついてフルボ酸鉄という物質になる。フルボ酸と結合した

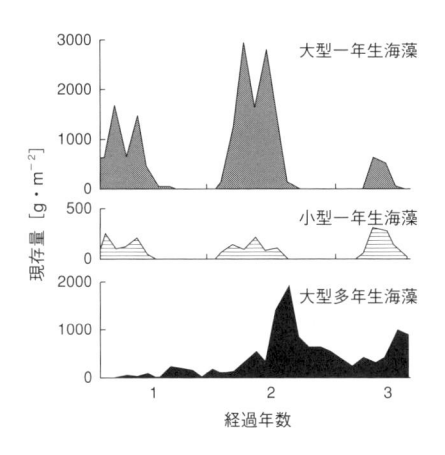

図17-2 摂食者除去後の海藻群落の復活過程（吾妻1997を改変）

鉄は極めて安定的で、そのままの形で河川を通じて海に届く。海水中の鉄は大部分細胞膜を通過できない大きな粒子であるが、フルボ酸鉄は海藻の細胞膜を通過できる大きさなので容易に吸収される。しかし森林が伐採されるとフルボ酸鉄の供給量が減少し、海藻類が生育できなくなると述べている。

この説は森林と海をフルボ酸鉄という化学物質で結びつけた点がユニークでわかりやすいため、マスコミ等で取り上げられ、多くの人に受け入れられている。

しかし、この説に関して谷口(1998)は大きな疑問を投げかけている。外洋ではコンブ養殖が盛んに行われていることからわかるように、鉄がコンブ類の生育制限因子とはなっていないこと、また起源がはるかに古く生産力が高い海藻類が陸上森林に生活を依存するとは考えがたく、砂漠地帯でも立派な海中林が形成されているなど多くの事例を挙げて反証している。北海道立水産試験場は磯やけが持続するメカニズムとしてコンブ類の若芽を摂食するウニが原因であるとの仮説に基づき、実験的にウニを除去することによりコンブを主体とする多年生海藻を再生することを証明した（**図17-2**）（吾妻 1997）。こうした事例からも、森林と海との関係を単一要因で結びつけることは極めて危険で、多くの環境要因を総合的に把握し、慎重に検証してゆかなければならない。

3. 河畔林の機能

　内陸部の河川に沿った森林と河川の生態系の関係に関して、北米ではすでに1970年代から多くの研究が行われ、河畔林が河川生物に大きな影響を与えることが明らかにされてきた (Meehan 1992, Naiman and Bilby 1998)。そして産業的に重要な資源であるサケ科魚類を保全するためのガイドラインが、多くの国有林や州有林などで作成されている。具体的な機能として、渓畔林は落ち葉や倒流木を供給し、日射を制御する。河畔林帯の土壌層は地下に浸透する水質を変化させ、また様々な栄養塩およびミネラルを添加する。川に滞留した流木は土砂を貯留し、渓流生物の生息場を提供する。上流域ほど森林の影響が大きく、下流になるほどその影響は小さくなる。河川幅が広くなると樹冠で被覆される割合が小さくなり、より多くの光が供給され河畔林からの葉の供給量が減少する。この結果、増加した日射を利用する藻類の生産が盛んになり、河畔林から流入するエネルギーを利用することにより、河川群集は成長と行動そして再生産のエネルギーを得ることができる(中村 1995)。

　ここで森林と河川の相互作用を、比較的最近研究が行われてきた水温と一次生産、落ち葉の供給そして倒流木の供給の面から見てゆく。

3.1. 水温の抑制と藻類の発生

　河畔林が渓流の水面を覆うと、太陽の光が遮断され、川の表面は暗く木漏れ日が差し込む程度になる。こうした樹冠の日射遮断により、水温と水中の藻類の繁殖がコントロールされる。河畔林による日射遮断の研究は古くから知られており、とくに日射と河川水温の関係に注目した米国西海岸針葉樹林帯における研究が先駆的である(Brown 1969)。北海道苫小牧地方の落葉広葉樹林帯で実施した調査によると、樹冠により河川水面が鬱閉されているところでは日最大日射量で1/4、日総量では1/7まで低下することが明らかになっている(中村・百海 1989)。落葉広葉樹林帯における落葉期と開葉期の水温変動は明瞭に異なり、落葉期には水温変動の幅がきわめて大きい。また河川に生息するサケ科やカジカ科魚類の成長や生息密度は水温に大きく影響を受ける。河畔林の伐採に

より流路が開放された場合、開放区間の流路長が 1 km を越えると夏期の最高水温は 25 ℃ を越える場合が多くなる(Sugimoto et al. 1997)。したがって、河畔林伐採区間が長いほど、サケ科魚類に深刻な影響をもたらす。水温が上昇するとサクラマスの摂餌停滞を引き起こし(図 17-3)、結果的に稚魚の成長にも大きく影響する(佐藤ら 2002)。

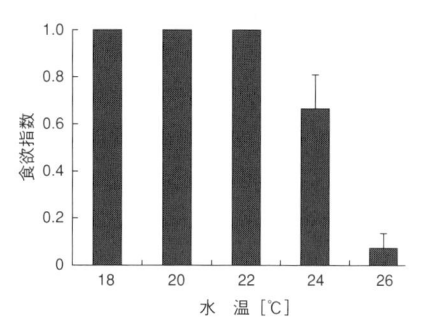

図 17-3 水温とサクラマス稚魚の成長
(佐藤ら 2002)

一方、河川生物の栄養源である付着藻類の生産量は日射量に比例して増加することから、森林による水面の被陰は渓流の生産性の制限要因ともなる。河畔林伐採により付着藻類の生産性が高まり、このことが魚の現存量の増加に寄与したことが報告されている(Murphy and Hall 1981)。したがって、樹冠の開放は渓流の生産性を増加させる上で有効であるが、同時に水温の上昇を引き起こすことも配慮しなければならない。

3.2. 落ち葉の供給と分解

河畔林は落葉時に著しく多量の有機物を供給する。冷温帯では落ち葉の供給量は、広葉樹林において 300〜500 g/m^2 であり、その 7 割を落ち葉が占め、ついで枝などの木質、球果や果実、および食葉性昆虫によって生産された糞などからなる。大部分を占める落ち葉は北海道では 9 月以降に多量に生産され、10 月でほぼ終了する。こうした落ち葉の大部分は地上で分解され土壌となるが、その一部は河川に供給され河川に生息する生物の栄養源となる。

落ち葉は以下のプロセスで分解される。まず葉に含まれる成分が溶出し、微生物による条件づけ、水生動物による摂食や物理的な破壊を経て細かい有機物になる(Anderson and Sedell 1979)。分解される速度は化学的組成によって大きく異なり、同時に温度に規定される。一般的にリンや窒素の含有率が大きいものほど葉は早く分解され、水温が高いほど早く分解される。

水中に落下して最初の数日の内に約 10〜20％の溶存成分が溶出する。溶出量

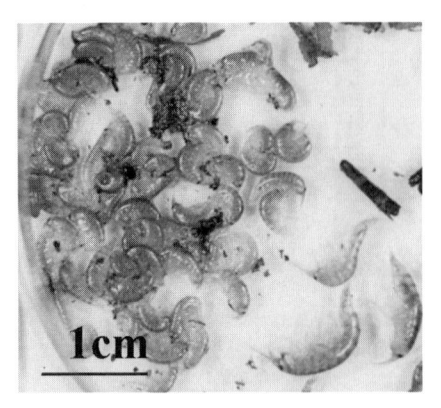

図17-4 落ち葉を食べる水生動物。コカクツツトビケラとタキヨコエビ（石狩管内濃昼川）

はC：N比の小さいケヤマハンノキのような樹種が大きく、逆にミズナラのように堅いクチクラ状の膜がある樹種では少ない。成分の溶出後、菌類と微生物が葉の表面に繁殖し葉の約10〜30％を分解し、同時に微生物は落葉中の窒素などの含有率を増加させる(Subercropp *et al.* 1976)。その後落葉は水生動物類によって摂食される。北海道内に見られる典型的な落葉食者(破砕食者)はコカクツトビケラ科(トビケラ目)、オナシカワゲラ科(カワゲラ目)、ガガンボ科(ハエ目)などの幼虫、そしてヨコエビ類である(図17-4)。一般的に、水生動物類は微生物の多い葉ほど摂食しかつ成長が良いが、栄養は葉組織そのものではなくその上に繁殖した微生物から得てい

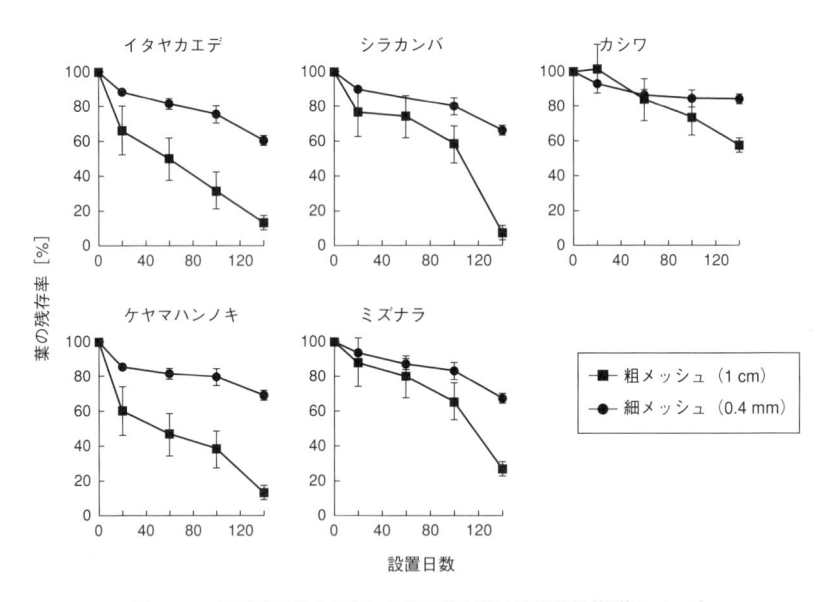

図17-5 石狩湾沿岸小河川における落ち葉の分解過程(柳井ら 2003)

ると考えられている。しかし夏の間に落下した緑葉は栄養分を多く含んでおり、これらの葉は多くの水生昆虫によって直接摂食される場合がある(河内 2002)。また大河川の河岸では粉砕食者の個体数が少ないにもかかわらず葉は消失してゆくことから、微生物のみでも葉を完全に分解できるとみられる。

葉は樹種ごとに異なる分解特性を持っており、分解の過程は指数関数(e^{-kt}：kは係数、tは時間)で表わされ、係数 k の値に基づいて、早い($k>0.01$)、中間($0.005<k<0.01$)、そして遅い($k<0.005$)の3つのクラスに分類されている(Petersen and Cummins 1974)。わが国でこうした落ち葉の分解を測定した例は少ないが、石狩湾に注ぐ小渓流(三次渓流)で秋季に実験を行ったところ、最も分解が早いのがケヤマハンノキ、イタヤカエデで、4カ月程度で完全に分解された。しかしカシワは4カ月たっても40％程度しか分解されず、完全に分解されるには半年以上の時間を要することがわかった(図 17-5)。

河川周辺に広く生育するケヤマハンノキなどの樹木は、木材としての資源的価値は少ないが、水生生物にとっては栄養源に富み食べやすい葉と言う点で重要な意味を持っている。また水生昆虫にとっては年間を通して利用可能な食料源が存在することは重要で、多様な分解速度を持つ樹種の存在は不可欠である。さらに分解が遅い落葉は出水の度に下流に流されてゆくため、その場で動物類に利用されるためには倒流木など物理的な保持機構が必要になってくる。

3.3. 流木の供給

河川周辺から生産される多量の樹木は河川内に滞留し、瀬・淵など変化に富んだ河川地形を造る上で重要である。淵は蛇行部の渓岸が洗掘されて形成される場合が多いが、渓流沿いの森林から樹幹が倒れ込み、これが滞留してダムアップし淵をつくる場合も多く観察される(図 17-6)。こ

図 17-6　自然河川に滞留した倒流木ダム(網走川)

図17-7 流木を活用して河川の安定化と魚類生息場をつくるログダム(網走管内幌内川支流)

のように河川に滞留した樹木は北米ではLWD（Large Woody Debris）と呼ばれ、河川地形の重要な構成要素であり、礫や有機物を貯留する上で重要な働きをする（Bilby and Likens 1980）。倒流木の分布は渓流の大きさや周辺の河畔林によって異なるが、アメリカ太平洋沿岸での調査例では、渓流内に形成される階段状の落ち込み構造の30～80％が倒流木によって形成され、淵の50～100％が倒流木によって形成されることが報告されている（Bisson et al. 1987）。倒流木によって作られる淵はサケ科魚類の生息場として重要であり、倒流木の本数と魚類の生息密度との関係に強い相関が報告されている。そして倒流木の除去により魚類の生息密度が減少することが野外実験によって確かめられている（Elliott 1986, Fausch and Northcote 1992）。とくにサケ科魚類の幼魚に対しては、出水時の退避場や捕食者からの隠れ場、さらに流下昆虫を摂餌する安定した採餌場などを提供する。また遡上してきた親魚に対しても倒流木が淵やカバーを形成し、安全な生息場を提供するなど様々な働きがある。こうした知見に基づき、北米太平洋岸に流入する河川においては、流木を河川内に設置しサケ科魚類資源を増殖する試みが広く行われてきた（Slaney and Zaldokas 1997）。

一方わが国の大部分の渓流では倒流木は洪水時に流出し橋脚に滞留し、洪水被害を増幅するなど、災害要因となる場合が多く、防災的観点から解析が行われ、生態的な観点から調査した事例は極めて少ない（阿部・中村 1996、1999）。しかし、わが国の河畔林の殆どは人為的な手が加わり小径の広葉樹が多く、北米での事例や保存状態の良い河川の例がそのまま当てはまるかは明らかではない。しかし流域環境の改善方法として、木材を河川内に設置しサケ科魚類の生息環境を創出する試みも徐々に始められている（**図17-7**）（柳井 2004）。

4. 河畔林から海にいたる物質の流れ

4.1. 有機物の貯留と流出

　河川に堆積した様々なタイプの有機物や非有機物は生態系構造の資源を形成する。有機物は粒径サイズにより、溶存有機物（Dissolved Organic Matter＝DOM）（0.45 μm 以下）、細粒有機物（Fine Particulate Organic Matter＝FPOM）（0.45 μm～1 mm）そして粗粒有機物（Coarse Particulate Organic Matter＝CPOM）（1 mm より大きい）に区分される（Fisher and Likens 1973）。これより大きい樹幹はエネルギー源よりむしろ、渓流に与える地形的影響が大きいため、LWD（Large Woody Debris）として分けて取り扱われる（Bilby and Bisson 1998）。

　細粒有機物やその他の資源は、底生の食物網の中で何度もリサイクルされる。微生物は破片に繁殖し、水生昆虫はそれを捕食し消化する。その残渣を再び排出し、これに微生物が繁殖するという繰り返しが行われる。採集食者（コレクター）は細粒有機物を分解する上で重要な役割を果たす。典型的なコレクターは造網性トビケラであるシマトビケラ属（*Hydropsyche*）、ヒゲナガカワトビケラ属（*Stenopsyche*）などである。これらは水中にクモの巣のような網を張り、上流から流れてくる有機物を捕捉する。彼らは一般的に粒子の表面に繁殖するバクテリアを捕食して栄養を得る。これらの水生昆虫は有機物の一部分しか利用しておらず、大部分を胃内部から通過させて排出し、その糞に再び繁殖した微生物を下流に生息する昆虫類が利用する。

　上流域で生産された有機物は、水流に乗って下流域に流送されるが、その流送量は水文条件、粒径のサイズ、そして流路形態によって規定される。有機物は比重が軽いため、シルトや砂より早く流出する。細粒有機物はわずかな流量の増加で移動を開始するが、大きな倒流木は数年に1度の大雨により移動する。また森林小渓流では有機物の大部分は落ち葉に由来するが、大河川では河床に繁殖した藻類の細胞、破片に由来する場合が多い。

　有機物を保持する能力は渓流微地形や倒流木によって大きく異なる。特に倒流木は有機物を保持するために重要で、上流から流送される堆積物も貯留する働きもある。北米での調査例では年間生産物質の40％を貯留しているという報

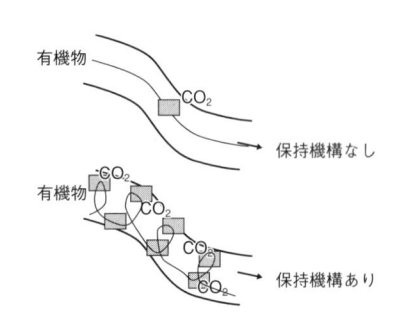

図 17-8 有機物の保持機構と循環
(Wallace et al. 1977 を改変)

告がなされている (Bilby and Ward 1989)。渓流の淵や湾入地形、二次流路も流下物質の保持能力を高める上で重要である。また水系網での位置も重要で、一次渓流には倒流木や巨礫が階段状の地形を形成し、落葉が多く保持されており、そこでデトリタスは FPOM、DOM に変換される。しかし渓流が大きくなればなるほど、保持機構が少なくなり水流の掃流力が強くなり、わずかな降雨でも流出してしまう。

保持機構の有無が渓流内の有機物利用に及ぼす効果に関して**図 17-8**に示した (Wallace et al. 1977)。保持機構のない単調な川では、生物による有機物の利用がほとんどされずそのまま下流に流送される。一方、保持機構がある複雑な渓流では、有機物が滞留して何回も渓流生物に利用されながら下流に流れてゆく。この結果、流下の途中でたくさんの生物群集を支えてゆくことになる。この河川内の保持機構と資源利用の関係は極めて重要で、生物の多様性を考慮した河川の取り扱いの基本となる。

4.2. 河口域での森林起源有機物の利用

森林域から生産された落ち葉は最終的に河口に達し、河口域で落ち葉だまりを形成する。冬の激しい波浪が収まった春に海岸を歩くと、河口近くに膨大な量の落ち葉が海岸に打ち上げられているのをよく目にする (**図 17-9**)。この定期的に供給される落ち葉は河口域の生物に大きく影響すると考えられるが、この関係を詳しく調べた例は極めて少ない。筆者らは落ち葉が河口域の水産動物にどのように影響を及ぼすのかを明らかにするため、安定同位体比測定法により解析を行った。安定同位体とは原子番号(陽子数)が同じで質量数(陽子と中性子の数の和)が異なる原子のことで、例えば自然界の生物体を構成する生元素の炭素では、通常 98.9 % の ^{12}C が占めているが、他に中性子が一つ多い安定同位体 ^{13}C が 1.1 % 存在している。その他水素、酸素、窒素などにも安定同位体が

17章 森と魚

存在するが、その割合はきわめて僅かであることから、特定の標準試料からの比の1000分率(‰)(＝安定同位体比)として表されている(表記はδ^{13}C、δ^{15}Nなど)。

 δ値がプラスの場合、標準試料より同位体含有量が多く、マイナスの場合標準試料より少ないことを表している。

図17-9 融雪出水によって上流から流された森林落葉・落枝(石狩管内厚田川河口)

標準試料として炭素は海水中のHCO_3^-とほぼ等しい矢じり石(PDB)、Nは大気中のN_2が用いられている。炭素安定同位体比(δ^{13}C)は一次生産者(陸上—植物、海洋—植物プランクトンや海藻)の値を反映しており、夫々の食物に依存する動物類(一次、二次消費者)は基本的にそれらに近い値を取る。したがって消費者群が森と海由来のどの資源に依存しているかを判断できる(Wada et al. 1991)。また窒素安定同位体比(δ^{15}N)は、生物がより高次の消費者に利用されていく段階で、3‰前後濃縮されることから、食物連鎖系内の栄養段階を知り、生態系の構造を解析する上での有効な指標となっている(和田 1988)。

 図17-10は石狩湾に注ぐ小河川の河口で得られた有機物や底生動物のサンプルを同位体マップとして表したものである。横軸の炭素の値は−30〜−15‰の

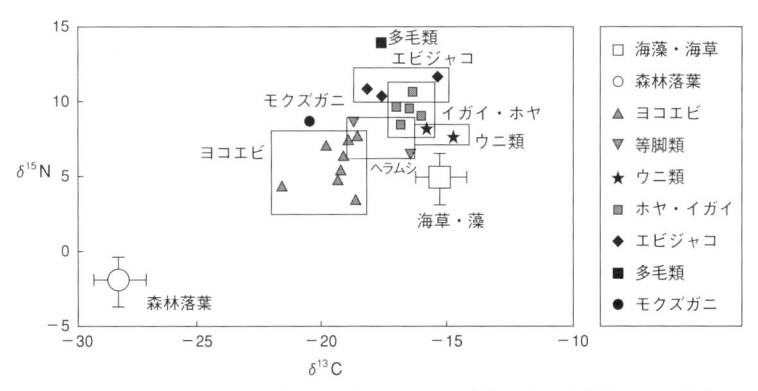

図17-10 河口域における炭素・窒素同位体マップ(北海道石狩湾小河川の事例)

範囲を取り、標準試料よりかなり低い分布を示している。一方、$\delta^{15}N$ は−5〜15‰ と大気中の N_2 と同じかやや大きい範囲となっていた。一次生産物で値が高いのが沿岸部に生育するコンブなどの海藻類で、$\delta^{13}C$ が−17〜−14‰、$\delta^{15}N$ が5‰ と相対的に高い値を示した。次に、河口付近に生息する代表的な底生動物類の同位体比をみると、ウニ類は $\delta^{13}C$ が−17〜−14‰ で海藻類と同じ範囲にあり、$\delta^{15}N$ が8‰ と約3‰ 高かった。河口域の岩場に付着しているホヤについても $\delta^{13}C$ は同様で、$\delta^{15}N$ はやや高い傾向を示した。これらは、海藻類に依存した食物連鎖系を持つものと考えられた。肉食者で一次・二次消費者のエビジャコや多毛類は $\delta^{13}C$ が海藻類に近いにもかかわらず、$\delta^{15}N$ は10‰ を超える高い値を示し、食物連鎖の上位に位置するほど $\delta^{15}N$ が高くなる傾向を裏付けている。

一方、森林起源の落葉を利用する動物類も多く存在する。落葉の同位体値は $\delta^{13}C$ が−28‰、$\delta^{15}N$ が−2‰ 前後を示しているが、河口域に広く分布するヨコエビ（トンガリキタヨコエビ）は典型的なデトリタス食者であり、このヨコエビの $\delta^{13}C$ 値は−22〜−20‰ と海藻類と落葉の中間に位置し、ウニなどの底生動物類と比べて低く、森林起源の落ち葉を食べる傾向が示唆された。河口から沿岸域に生息する回遊性のモクズガニは $\delta^{13}C$ が−22‰ と低い値を示した。これは河川内で成長し産卵のために海に降りてくる性質を持っているため、陸域での餌の影響が強く残存していると考えられる。

河口域は稚魚の生息場としての役割が大きく、様々な魚が遊泳してくる。なかでもカレイ類稚魚の密度は高く、まるで蝶々が舞うように海底をヒラヒラと群れて泳いでいる。人が泳いでゆくと、その後を追うようにしてついてくるが、彼らのねらいはフィンの撹乱によって舞い上がる底生動物を食べることにある。河口の豊富なヨコエビ類は格好の餌となり、時期によっては胃袋の6〜9割を占めることもある。年間を通してカレイに対する落ち葉の寄与率は2割程度と推定され（Sakurai and Yanai 2006）、森の落葉は確かにヨコエビを通し魚類につながっているようだ。

4.3. 海からのエネルギーの環流

物質の流れは陸域から海域へと一方通行ではなく、その逆方向の流れも存在

し、海からのエネルギー環流の担い手としてサケ科魚類が重要な役割を果たすことが指摘されている(**図17-11**)(室田1995, Cederholm *et al.* 1999)。遡上したサケ類は、産卵後死体が分解されそこに生息する魚類、昆虫類そして溶出した窒素やリンは水中の一次生産に大きく影響する。アラスカの湖水に遡上するベニザケが供給するリンは、湖水に流入するリン総量の約5〜20％に相当するという推定もある。窒素と炭素の安定同位体を用いた解析から、サケの死体や産卵された卵は湖に生息する魚類の栄養源として利用される(Kline *et al.* 1989)。サケの死体の一部は水生昆虫の栄養源として利用され、トビケラを対象とした研究ではサケの死骸の有無がその成長過程に重要な影響を及ぼすことがわかった(Minagawa *et al.* 2002)。最終的に上流域に達したサケ類が捕食され陸上に引き上げられる割合は30〜79％にのぼる。そしてサケの死体を利用する動物の種類として、クロクマ、カワウソ、ネズミ類、およびカワガラス、カラス、ワシ類などの鳥類が報告されている(Cederholm *et al.* 1989)。

　北海道でも明治以前ではサケ類の遡上が一般的に見られ、上流域の林地まで達してヒグマなど様々な動物に利用されていたと考えられる。しかし現在では、

図17-11　産卵後斃死したシロザケの親魚
(根室管内標津川)

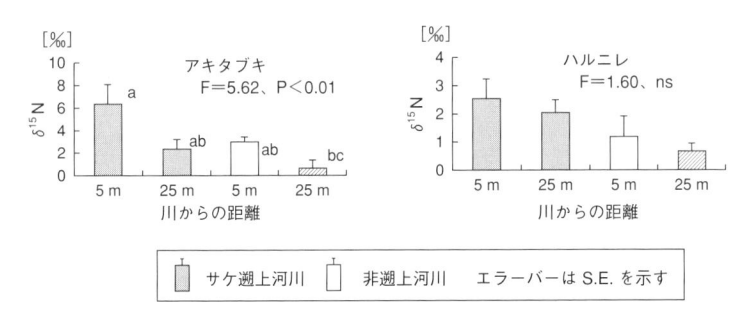

図17-12　河畔林植生の窒素安定同位体比(柳井ら 2006)
サケ遡上河川と非遡上河川の河川近傍5mと25m以上離れた地点からサンプル採取

河口でのウライから始まってダムや潅漑施設で上流域にさかのぼれない状態である。そのサケ類の遡上が流域の森林に及ぼす影響に関して、道東地域のサケが遡上する河川において前述の安定同位体比測定法を用い解析を行った例を示す(図17-12)。ここでは植物の必須栄養塩としての$\delta^{15}N$に注目し、サケ遡上河川と非遡上河川において河畔林の葉と水生昆虫類を採取し分析を行ってみた。一般的に海から遡上したサケ類は森林起源の落葉(0‰)に比べて著しく高い$\delta^{15}N$値(10‰程度)をとり、遡上しない河川と比較することによりサケの影響を評価できると考えられる。

この結果、サケが遡上する河川では、ハルニレは遡上河川の5mでやや高い値であったが、遡上の有無、河川からの距離で有意な違いは認められなかった。大型多年生草本であるアキタブキに関しては、遡上河川の河川近傍が最も高く、遡上サケの影響を受けている可能性が示された。一方、水生昆虫について比較したところ、全ての種や属で遡上河川の方が0.3～2.7‰高いことがわかった。とくに、落ち葉を利用する破砕食者であるガガンボで最も違いが大きかった。このことから、死骸から流出する栄養塩が微生物に取り込まれ落ち葉の栄養価を高め、それを水生昆虫が利用するという関係が推定された(柳井ら 2006)。

いずれにしても森と海の関係は未解明な部分が多く、今後多くのデータの蓄積が重要である。しかし、現在、氷河時代から延々と続く陸から海までの物質の流れ、そして海から森に至る物質の流れが人間活動によってあちこちで分断されていることが大きな問題となることは間違いないであろう。

5. 河畔林の保全と流域環境再生に向けて

これまで良い木材を生産することが林業の主たる目的であったが、環境の時代を迎え公益的機能重視へと方向転換を迫られるようになった。しかし、公益機能を発揮させるには自然の仕組みを知ることが大前提であり、その知見に基づいて新たな実験を行い検証して行く必要がある。残念ながらこれまでそうした知見は乏しく、これまでの木材生産技術をそのまま当てはめている場合も多々みかける。また、流域全体にわたって他産業との調整を図ることが公益的機能を発揮させる上で不可欠といわなければならない。現在下流では河川には多く

の人工構造物がつくられ、動物の行き来ができない状態が生み出されており、元々存在していた物質の循環も人為的に寸断されているのが現状である。人間社会が循環型に変わろうとする時、自然もまた循環を復元することが重要である。そのためには様々な空間レベルでの取り組みが重要になってくる。

例えばミクロなスケールでは砂礫が流出し、その礫は魚類の産卵床となり、堆積地には種子が侵入し、森林がつくられ、やがて倒れて流木は水生生物のハビタットを形づくり、さらなる川の変動を引き起こす。こうした変動をどの程度まで許容し、復元させるかが鍵となる。また変動が起こりにくい場合、人為的に撹乱を起こしてやることも必要である。この自然プロセスによって形成された生息場は微細でデリケートな存在であるため、大規模な土木工事などで破壊される場合も多かった。これまでハードなコンクリート構造物が中心であった工法にかわり、植栽や水質浄化、礫の貯留と流送、流木の管理、魚類資源の再生などきめ細かな事業が注目されるべきである。

一方、流域全体を俯瞰するようなマクロなレベルの取り組みも重要である。サケ類の遡上障害を解消することや、山から海まで連続した河畔林帯の設定などが重要な課題である。また経済活動の拡大とともに産業間の利害が対立する場合が頻繁に生じているため、それらを調整する必要がある。流域内は人間が設定した様々な境界(行政的)が存在するが、流域を生命地域の基本的な単位とし土地利用を調整することが重要となろう。土砂流出や家畜糞尿流出による水質悪化が大きな問題となっている地域では、利害関係者が集まり問題を解決しようとする動きも始まっている。そこでは河川流域の自然環境や地域の社会的特性を理解した調整役の存在は不可欠であり、流域の住民の総意で、水質の保全、自然再生、環境教育まで含めた施策が決定されるべきである。今後こうした動きが発展することにより、清冽な川と豊かな河畔林、健全な生態系の復元、そして特色ある地域づくりが行われると考えている。

<文　献>

阿部俊夫・中村太士(1996)北海道北部の緩勾配小河川における倒流木による淵及びカバーの形成.日本林学会誌 78：36-42.

阿部俊夫・中村太士(1999)倒流木の除去が河川地形および魚類生息場所におよぼす影響.

応用生態工学 2：179-190.
吾妻行雄（1997）キタムラサキウニの個体群動態に関する生態学的研究. 北水試研報 51：1-66.
Anderson, N. H. and Sedell, J. R. (1979) Detritus processing by macro-invertebrates in stream ecosystems. Annual Review of Entomology 24：351-377.
Bilby, R. E. and Likens, G. E. (1980) Importance of organic debris dams in the structure and function of stream ecosystems. Ecology 61：1107-1113.
Bilby, R. E. and Ward, J. W. (1989) Changes in characteristics and function of woody debris with increasing size of streams in western Washington. Transaction of American Fisheries Society 118：368-378.
Bisson, P. A. and Bilby, R. E. (1998) Organic matter and trophic dynamics. In River ecology and management. Naiman R. J. and Bilby R. E. (eds.), John Wiley & Sons, New York, 373-392.
Bisson, P. A., Bilby, R.E. *et al.* (1987) Large woody debris in forested streams in the Pacific Northwest：Past, present and future. In Proceedings of the Symposium on Streamside Management：Forestry and Fishery Interactions. Salo E.O. and Cundy T.W. (eds.), University of WA, College of Forest Resources, Seattle, WA, 143-190.
Brown, G. W. (1969) Predicting temperatures of small streams. Water Resources Research 5：68-75.
Cederholm, C., Housten, D. B., Cole, D. L. and Scarlett, W. J. (1989) Fate of coho salmon (*Oncorhynchus kisutch*) carcasses in spawning streams. Canadian Journal of Fisheries and Aquatic Science 46：1347-1355.
Cederholm, C. J., Kunze, M. D., Murota, T. and Shibatani, A. (1999) Pacific salmon carcasses：essential contributions of nutrients and energy for aquatic and terrestrial ecosystems. Fisheries 24：6-15.
Elliott, S. T. (1986) Reduction of a Dolly Varden population and macrobenthos after removal of logging debris. Transactions of the American Fisheries Society 115：392-400.
Fausch, K. D. and Northcote, T. G. (1992) Large woody debris and salmonid habitat in a small coastal British Columbia stream. Canadian Journal of Forest Research 49：682-693.
Fisher, S. G. and Likens, G. E. (1973) Energy flow in Bear Brook, New Hampshire：an integrative approach to stream ecosystem metabolism. Ecological Monograph 43：421-439.
北海道水産林務部（1998）平成 9 年度北海道林業の動向. 239 pp.

飯塚　肇（1951）魚附林の研究. 132 pp, 日本林業技術協会, 東京.

犬飼哲夫（1938）山林が漁業に影響する実例. 山林　大正 13：17-18.

Kline, T. C., Goering, J. J., Mathisen, O. A., Poe, P. H., Parker, P. L. and Scalan, R. C.(1989) Recycling of elements transported upstream by runs of Pacific Salmon：I. δ^{15}N and δ^{13}C evidences in Sashin Creek, Southwestern Alaska. Canadian Journal of Fisheries and Aquatic Science 47：136-144.

河内香織（2002）渓流における生葉の分解過程とシュレッダーの定着. 日本生態学会誌 52：331-342.

松永勝彦（1993）森が消えれば海も死ぬ―陸と海を結ぶ生態学―. 194 pp, 講談社ブルーバックス.

Meehan, W. D. ed.(1992) Influence of forest and rangeland management on Salmonid fishes and their habitates. 751 pp, 83 American Fishery Society special publication.

Minakawa, N., Gara, R. I. and Honea, J. M.(2002) Increased individual growth rate and community biomass of stream insects associated with salmon carcasses. Journal of North American Benthological Society 21：651-659.

三浦正幸（1971）北海道春ニシンの消滅と内陸森林. グリーンエージ 21：36-42.

室田　武（1995）遡河性回遊魚による海の栄養分の陸上生態系への輸送―文献展望と環境政策上の含意. 生物科学 47：124-140.

Murphy, M. L. and Hall, J. D.(1981) Varied effects of clear-cut logging on predators and their habitat in small streams of the Cascade Mountains, Oregon. Canadian Journal of Fisheries and Aquatic Science 38：137-145.

長崎福三（1998）システムとしての＜森―川―海＞　人間選書 218. 224 pp, 農山漁村文化協会.

Naiman, R. J. and Bilby, R. E.(1998) River ecology and management. 705 pp, John Wiley & Sons, New York.

中村太士・百海琢司（1989）河畔林の河川水温への影響に関する熱収支的考察. 日林誌 71：387-394.

中村太士（1995）河畔域における森林と河川の相互作用. 日本生態学会誌 45：295-300.

中村太士（1997）森と川と人. 森林科学 19：69-73.

Petersen, R. C. and Cummins, K. W.(1974) Leaf processing in a woodland stream. Freshwater Biology 4：343-368.

Sakurai, I. and Yanai, S. (2006) Ecological significance of leaf litter that accumulates in a river mouth as a feeding spot for young cresthead flounder(*Pleuronectes schrenki*). 水産海洋研究 70：105-113.

佐藤弘和・永田光博・鷹見達也・柳井清治 (2002) 河畔林の被陰がサクラマスの成長に及ぼす影響—夏期河川水温を指標とした解析—. 日本林学会誌 83：22-29.

Slaney, P. A. and Zaldokas, D. (1997) Fish habitat a rehabilitation procedures. Watershed Restoration Technical Circular No. 9. 297 pp, Ministry of Environment, Lands and Parks and Ministry of Forests.

Subercropp, K. F., Godshalk, G. L. and Klug, M. J. (1976) Changes in the chemical composition of leaves during processing in a woodland stream. Ecology 57：720-727.

Sugimoto, S., Nakamura, F. and Ito, A. (1997) Heat budget and statistical analysis of the relationship between stream temperature and riparian forest in the Toikanbetsu River basin, northern Japan. Japanese Journal of Forest Research 2：103-107.

谷口和也 (1998) 磯焼けを海中林へ—岩礁生態系の世界. ポピュラーサイエンス. 196 pp, 裳華房, 東京.

Wada, E., Mizutani, H. and Minagawa, M. (1991) The use of stable isotope for food web analysis. Critical Review in Food Science and Nutrition 33：361-371.

和田英太郎 (1988) 化学構造から見た食物連鎖.(河口・沿岸域の生態学とエコテクノロジー. 栗原 康編, 東海大学出版). 74-84.

Wallace, J. B., Webster, J. R. and Woodall, W. R. (1977) The role of filter feeders in flowing waters. Archive für Hydrobiologie 79：506-532.

柳沼武彦 (1999) 森はすべて魚つき林. 246 pp, 北斗出版, 東京.

柳井清治・長坂 有・佐藤弘和 (2003) 森林から海域に流出する落葉の分解に及ぼすヨコエビ類の役割. 平成 12～14 年度重点領域特別研究報告書.「森林が河口域の水産資源に及ぼす影響の評価」北海道立林業試験場・北海道中央水産試験場・北海道立水産孵化場. 29-41.

柳井清治・長坂 有・佐藤弘和・安藤大成 (2004) 都市近郊渓流における木製構造物によるサクラマス生息環境の改善. 応用生態工学 7：13-24.

柳井清治・河内香織・伊藤絹子 (2006) 北海道東部河川におけるシロザケの死骸が森林—河川生態系に及ぼす影響. 応用生態工学 9：167-178.

18章 「道づくり」からのアプローチ

1. 林道作設における自然環境保全・景観保全の課題

　森林の環境保全や景観保全的意義が強調されるなかで、森林施業や森林管理の主要施設である林道の作設や維持・管理方法についても新たな検討が求められている。林道の作設と環境保全・景観保全との関連においては、大規模な構造や過大な工作物をできるだけ持ち込まないことが基本となろう。また、林道の保護や維持の場面においても、大規模な土工や大型工作物による対策の代りとして、きめ細かな水処理や法面の保護対策がもとめられることになる。林道に求められる今日的な課題と対応策の事例として、北海道大学北方生物圏フィールド科学センター・森林圏ステーション(旧農学部附属演習林)における取り組みのいくつかを紹介してみたい。

　「林業基本法」の改訂により、環境保全をはじめとした森林の多面的機能の持続的発揮や水土保全・森林と人との共生を中心に据えた「森林・林業基本法(2001年)」が制定された。また、京都議定書も発効し、「地球温暖化対策推進大綱(2002年)」(地球温暖化対策推進本部 2002)の制定などがあいつぎ、森林にたいする環境保全や生物多様性保全・自然景観保全などへの期待がいっそう高まっている。ただし、これまでの森林の取扱いにおいても、環境保全や景観保全への配慮がなされなかったわけではない。森林の重要な役割の一つである木材生産(生物生産)においても、森林伐採などによるマイナス影響を軽減するための努力が払われ、景観の保全や野生生物の保全などにたいする配慮もおこなわれてきた。

　近年における森林保全への期待は、酸性降下物対応や地球温暖化対応・生物多様性保全などの新たな課題をより積極的にとりこんだ体系が求められているということであり、それぞれの目的に応じた森林保全技術の開発と具体的な森

林利用のあり方や保全技術の適用方法を総合的に判断するためのシステムづくりが求められているということであろう。

　生物生産を目的とした森林の造成や伐採はもちろんのこと、環境林の造成や維持管理・森林の環境保全機能の発揮や自然景観の保全を目的とした森林のとりあつかいにおいても、森林への働きかけを可能する林道の整備が不可欠である。森林への効果的な働きかけが保証されるためには、効果的なアクセス条件が確保される必要があり、そのためには林道の作設が欠かせないためである。一方、大規模な森林改変をともなう林道の作設には、森林環境や景観へのマイナス要因となる可能性もふくまれる。森林改変とともに、森林の分断や、森林の環境保全機能の低下・森林景観の破壊をもたらすことも考えられるためである。また、林道の保全施設や付帯施設として、大型でハードな工作物が導入される場合も多い。そのため、林道の整備や保全対策においても、「林道網整備の基本方向(2001年)」(林道技術問題検討委員会 2001)などでも強調されはじめたように、環境保全や景観保全への対応をふくめた新たな体系づくりが求められるようになっている。

　環境保全や景観保全などもふくめた森林整備においては、森林の大規模改変や過大な工作物の導入をできるだけ回避することや、必要最小限の林道構造の決定・保全施設の小規模化や保全施設を必要としない林道形態の追求などが重要な検討課題となっている。また、林道による森林へのアプローチが効果的になされるためには、行き止まりなどによる利用効率の低下や、必要以上に道路密度を高くすることなどを回避した、適切な路網ネットワークづくりが求められることになる。

　なお、林道の構造や線形に関する技術開発は、実際のフィールドにおける試行錯誤や検証の繰り返しによってすすめられている。林道構造の一部として使用される材料の強度試験など以外は、ほとんどが室内実験や模型実験などによって検討できる対象ではないためである。したがって、林道に関する技術開発は、実際の施工現場から課題や検討方向が提起され、現地での試験的施工や施工後の経過観測の繰り返しなどから一定の方向性が導かれ、更なる現場実証によって定式化していくといった、いわばフィールド科学的手法でおこなわれる必要がある。また、それぞれの施工試験は、同一林内での試験であったとしても、

それぞれが異なった条件のもとでの取り組みとなる。技術開発の成果は、一定の適用範囲をもった技術体系として整理・蓄積されていくことになる。

2. 森林圏ステーションにおける作業道の作設と維持対策

2.1.「作業道」計画と路線の選定

「林道規定」（昭和30年；1955年）によって、一般への供用を前提に、林道幅員などの道路構造やカーブ（曲率半径）・傾斜度（縦断勾配・縦断曲線）等の規定がなされている。ただし、森林圏ステーションにおいては、森林生態系や森林景観の保全も重視して、目的達成のための必要最小限の路網計画とすることや、できるだけ小規模な構造にすることなどを追求してきた。このような林道においては「林道規定」からはずれる部分も多く出現するため、「規定」による林道とは区別して、「作業道」として作設することにしている。また、経費の節約や除伐材などの利用も追求しており、その結果が不必要な路線の作設や過大な林道構造の回避、木材を中心としたソフトな工法による「作業道」の作設につながっている。

「作業道」の路線選定にあたっては、対象森林全体での作業を効率的におえることと、森林や景観への負荷をできるだけ回避するように、路線延長や構造をできるだけ小規模化できる路線の選定が前提とされる。そのうえで、a) 切り土・盛り土などの土工量ができるだけ少なくなるような路線を選択する、b)「作業道」自体の保全や環境保全のために、渓流の横断や渓流に沿った路線の選定はできるだけ回避する、c) 排水のための横断管敷設についても、できるだけ少なくなる路線の選定を心がけてきた。また、これらの事項を優先させることによる少々の路線の延長や急勾配部分が発生するばあいには、環境・景観の保全を優先させた判断をおこなうことにしている。

事前に対象地域の植生や地形・地質等の状況把握をおこない、図上でのおおよその検討をおこなった後、現地における踏査の繰り返しによって予定路線を確定していく。現地踏査は、積雪期を利用して2月・3月を中心におこなうようにしている。これは、北海道森林の林床には丈の高いササ類が密生しているため、夏期における踏査はほとんど困難なためである。とくに、長距離・広区

域での踏査のくりかえしが必要となる路線調査には、「かた雪」は広域における行動を保証することになり、かえって有利な条件となる。ただし、積雪期間であるために、路線上で問題となるような凹凸が埋設されており、積雪期の調査では把握できない部分が発覚する場合もある。このようなばあいには、現地の再調査をおこない、路線の修正がおこなわれることになる。

2.2. 作業道の構造

作業道の幅はできるだけ狭くとるようにしているが、学生実習のバスや運材車などの大型車輌の走行があることも考え、幅員4m・有効幅員3.5mを基準として、**図18-1**のような形態を基本としている。法面(山側にできる掘削斜面)の勾配は8分～1割程度を基準とし、崩れやすい地質条件ではこれより緩い勾配で作設している。たとえば、地滑りや斜面崩壊が発生しやすい第三紀層や蛇紋岩地帯などでは、5分から1割以内法勾配としている。法面の長さも、崩壊の危険性を少なくするため、できるだけ短くし、掘削斜面(裸地)を少なくするようにしている。たとえば法長が5m以上に長くなるばあいには、法面の途中に小ステップ(犬走り)を設け、長大な連続斜面の出現を防ぐようにしている。この工法により、長大な法面を出現させないことで、法面の崩壊や積雪移動を防ぐ効果が期待できる。また、この効果は、盛土部分についても同様に考えることができる。排水側溝は、法面からの崩落土砂による直接的な埋積を避けるために、法尻から0.5m～1m緩衝空間を設けて設置している。

土工は、できるだけ乾燥期におこなうこととし、6月から8月を中心に実施している。夏期において掘削や盛土および土留などの保全対策をおこなった後には、冬季をふくめた一定の放置・観察期間をおくようにしている。これは、掘削や盛土をおこなった直後の土層がもっとも不安定で崩壊や崩落・浸食・陥没などが発生しやす

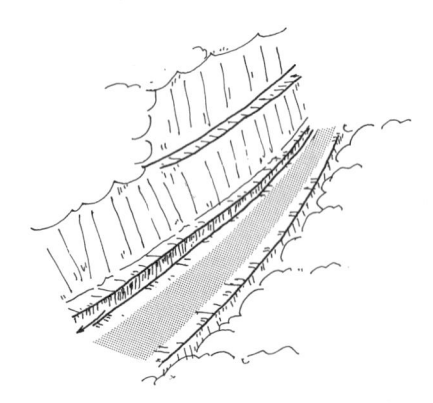

図18-1 作業道の基本形態

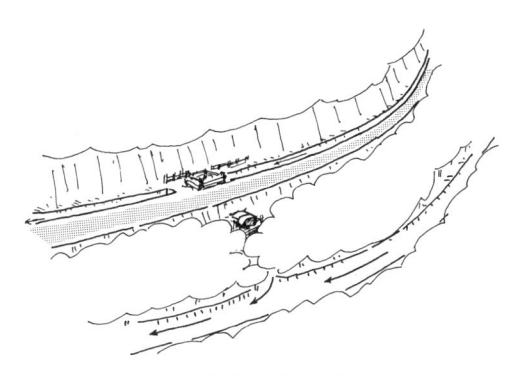

図18-2 作業道における排水対策

い時期を放置・観察してみることで、必要な対策や手直しを作業道の完成前に効果的におこなうことするためである。また、この時期における手直しは、完成後の手直しよりも少ない経費で実施することができることになる。さらに、開設直後の作業道を一積雪期間放置することは、積雪重による路盤等の安定化を促し、完成のための手直しや路面へのジャリ敷きなどの効果的実施をもたらすことにもなっている。観察期間は少なくとも一冬期をふくめるようにしていることから、作業道の最終的な完成は翌年の夏となる。

2.3. 作業道における排水対策

　厳密な作業道路線の選定がなされたとしても、山地を通過するうえでは最低限の渓流の横断や流水の集中は避けられないことから、きめ細かな排水対策が必要となる。
　側溝による排水対策の基本は、側溝延長を長くして集水量を多くしてしまわないようにすることである。そのためには、図18-2のように、側溝のはけ口を必ずしも沢まで延長させず、短く分断しながら作業道の地下部を横断させ、流水を林内に分散させる横断排水方法が考えられる。また、横断管による排水方法においては、法面からの崩落土砂や側溝内の洗掘土砂・枝条などの流入物による排水管の目詰まりが発生したばあい、溢出した流水によって路面の洗掘や路盤の崩壊が引き起こされることもある。横断管の目詰まりの回避が必要となることから、排水管の飲み口においては木枠類の施工を中心とした水処理を

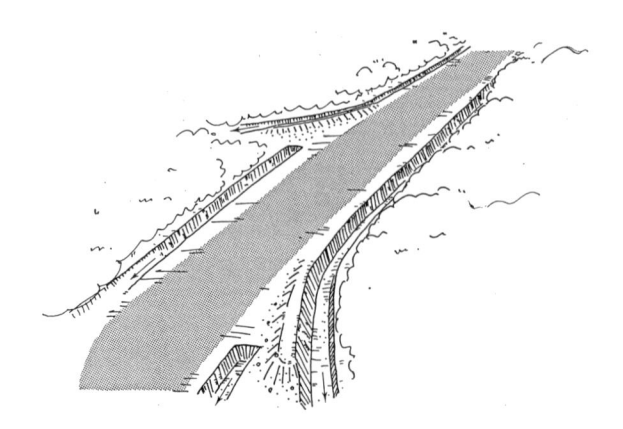

図18-3 分散側溝の形態（笹ら 1986）

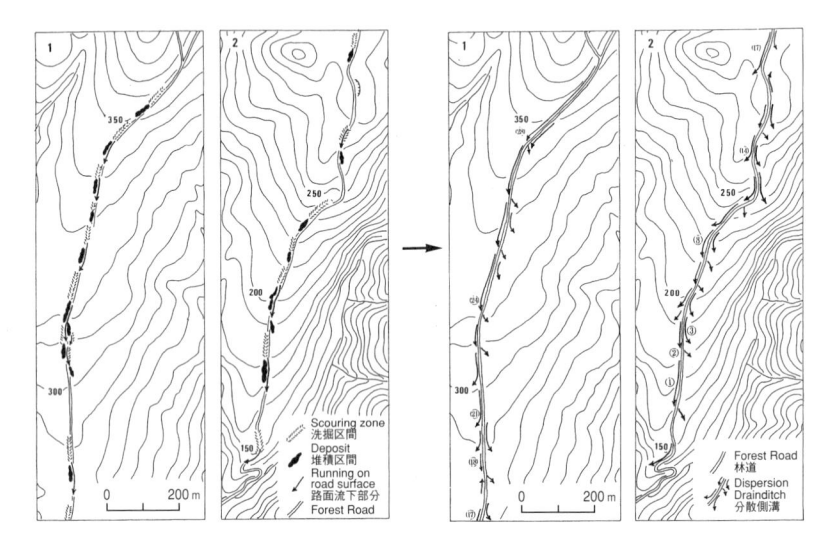

図18-4 林道の荒廃状況と分散側溝による安定化（笹ら 1986）

おこなっている。木枠類の施工材料には、造林地からの除伐材を利用している。

　側溝による水処理方法の一として、図18-3のような、分散側溝（笹ら 1986）も設置している。この方法は、側溝延長を短く分断しながら、末端を林内で開放させ、流水を林内に分散させて処理する方法である。この工法では、横断排水の必要が無くなり、排水管飲み口での対策も必要がなくなる。ただし、この

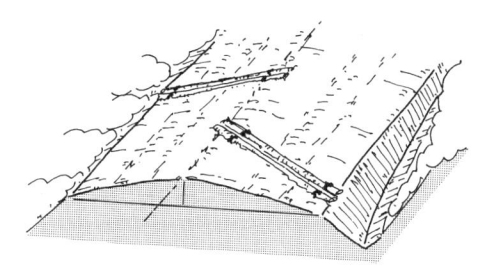

図18-5 「カマボコ型」路面とL字型側溝

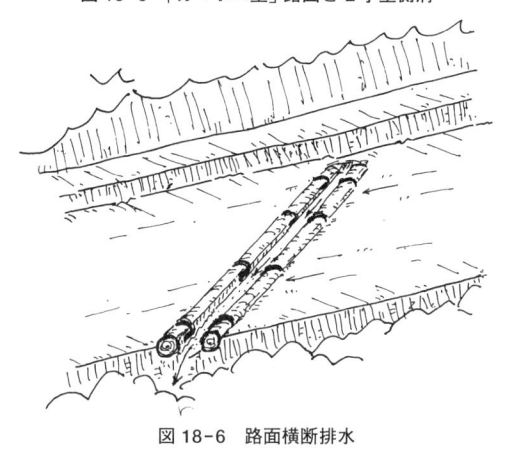

図18-6 路面横断排水

工法の施行は地形条件に制限されることから、とくに作業道が尾根筋を通過する際や平坦面での施工が可能となる。具体的には、**図18-4**に代表されるような施工がなされており、大きな効果がもたらされている。なお、火山灰地のように浸透能の高い林地においては、側溝末端部に浸透池を掘削し、流水を浸透処理する方法が用いられている。

　車輌等の走行により作業道路面には轍（わだち）が形成され、この部分に流水が集中することで、路面の洗掘が発生することが多い。このことの対応策として、**図18-5**のような、「カマボコ型」路面の作設やL字型側溝・路面排水施設の施工をおこなっている。している。「カマボコ型」路面の作設は、路面中央部をやや凸型にした「カマボコ型」の路面を作成することで、路面水を作業道の両脇に速やかに導き、側溝や林内への排水を容易にしようとするものである。L字型側溝は、箱形の側溝のかわりに、「カマボコ型」路面から連続したL字型の側

溝を作設使用とするものである。L字型側溝には、路面排水のしやすさとともに、ブルドーザの排土版を斜めにかまえて洗掘するだけといった施工しやすさと、手入れしやすいといった利点も備えている。路面配水施設が必要となるばあいには、「カマボコ型」路面においては、左右に分断した路面配水施設を設置することになる。また、「カマボコ型」路面の作設がむずかしい地点においては、図18-6に示したように、平坦な路面の全体を横断した配水施設を設置することにしている。

2.4. 法面へのササやツル性木本類の導入

作業道においては、できるだけ小規模な構造にすることを目指していることから、法面や法尻への木本侵入は車輌等の走行の障害となることが多い。また、小規模で比較的急な勾配もとらざるを得なくなることから、木本類の導入は困難な斜面となる。木本類の自然侵入も部分的にみうけられるが、積雪の移動などにより、個体が大きくなるとともに変形し、最終的にはほとんどが引き抜かれてしまう。このような状況下にある法面においては、ササ類の導入やツル性木本類の導入による法面の保全と緑化を考えている。

ササ類は北海道の林床に広く分布する植生であり、密な根系を形成することから、法面の保護にも大きな効果を持つものと考えられる。法面へのササ類導入は、古くから播種や根系の移植(倉田 1979)などとして試みられてきたが、本森林圏ステーションにおいては法面への自然導入の可能性をさぐっている。法面へのササの侵入は、上部の自然斜面から法肩への地下茎による侵入としておこなわれる。そのため、上部の自然斜面から法肩へのつながりがスムースな、連続した斜面形態であることが必要とされる。法肩のササ根系層が法面にたいして張り出し(オーバーハング)状になっていては、ササ地下茎の法面への侵入が困難となるためである。また、ササ地下茎の法面への拡大のためには、表土移動などが発生していない安定法面であることが求められる。不安定な法面においては、まず土留や枠工などによって斜面の安定化がはかられることが必要である。さらに、ササ群落を法面全体に拡大させるためには、土留や枠工の材料に隙間や孔隙が設置されるなどとして、ササ地下茎が工作物内を通過できる条件が必要となる。なお、ササによって覆われた法面では積雪が移動しやすくな

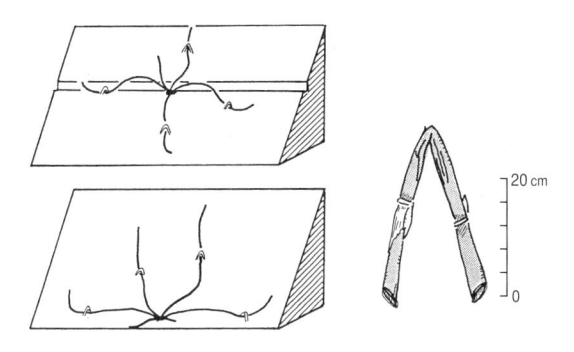

図18-7 作業道法面へのツル植物の導入（笹ら 1986）

ることから、くい打ちや小ステップの作設などによる積雪移動や雪崩への対策を合わせて実施することが求められる。

　法面へのツル性木本類の導入については、道路脇での果実採集の期待もこめて、コクワ(サルナシ)やマタタビの導入を試みてきた。コクワやマタタビは、播種のほか、挿し木による導入が可能である。播種や挿し木による導入では、**図18-7**のように、法尻の小ステップや法面に設けた小ステップを対象におこなっている。切土法面のように表土が極端に少なくなるばあいには、ステップへの客土が必要となる。比較的乾燥状態にあるステップであるが、播種による導入では、密生状態の発芽結果が得られている。挿し木試験においては、数％から約50％の活着率となっている。山引き苗の移植では、ほぼ100％の確率で導入可能との結果が得られている。ただし、切土の法面においては、伸張してきたツルの法面への密着は少々困難なようである。法面の被覆を効果的にすすめるためには、ツル部分を斜面に密着させるための補助作業も必要となる。補助作業は金属ピンなどにより簡単におこなうことができるが、近い将来における腐朽・消失も考慮し、図示したようなササを折り曲げた「ピン」での固定による効果が確かめられている。

3. 環境保全・景観保全もふくめた技術開発の方向

　本研究林においては、環境や景観保全への配慮とあわせて、作業道作設経費

の節約や除間伐材などの林内「生産物」の有効利用をはかってきた。それらの結果として、研究林における作業道の作設は小規模でソフトな材料の利用や、補修・改修などにおける柔軟性をふくんだ技術の蓄積がなされることになった。環境保全や景観保全への対応をふくめた林道計画の基本は、森林利用の将来的可能性の確保もふくめて、大規模な構造やハードで過大な工作物の導入をできるだけ回避することであり、森林の反応を細かく観察しながら小規模な補修・改修が常にくり返されていくことである。その方向にそった路網計画のあり方や個別工法の検討もふくめて、作業道の作設や維持対策に関する技術開発がいっそう求められることになる。

また、林道の作設や維持・管理対策においては、一般の林内工作物とは異なった、林道独自の対応策も必要となる。まず、林道の開設においては、工事着工後は速やかに一応の完成まですすめてしまうことが必要である。長期にかかる土工作業や工事途中での放置は、切り土斜面や盛土斜面・路面を保護対策のないまま長期に降雨などに晒してしまうため、法面崩壊や路面浸食を発生させてしまうことになりかねない。一連の作業として保護対策までを完了させてしまうことにより、林道の早期完成とともに、余分な対策や経費の節約も期待できる。これらの作業を容易におこなうためにも、小規模な構造で、過大な構造物を持ち込まない林道計画が必要となる。

環境保全や景観保全への対応策の一つとして、停滞状況にある造林地の除間伐や手入作業の展開が考えられる。そして、森林整備と林道経費削減の目的を兼ねた、造林地から「生産」される除間伐材を有効利用したソフトな土留や水処理工法のいっそうの開発が課題となっている。この種のソフト工法の開発は、結果的に林道の小規模構造と適切な工作物の導入につながり、将来的な変更や改修への対応をも容易にした林道の作設をもたらすことになる。また、森林整備の多目的化や整備方向の変更などにたいしても、路線の変更や廃止をふくめて、比較的柔軟に対応できる条件を保持した林道の作設にもつながることになる。

いっそうの多様化が予想される森林への期待に備えるためには、林道網の整備とともに、日常的な維持・管理の継続が必要となる。森林作業は、対象森林の全体で常におこなわれるわけではなく、施業計画などにもとづいて区分され

た林分間において、一定のローテーションのもとに実施されている。したがって、林道においては、集中的に使用される期間や利用頻度が低くなる期間が生じる。数年先や十数先の集中的利用への備えや、将来の多様化する利用へ備えておくためには、林道の点検や維持作業が日常的におこなわれる必要がある。数年間でも維持作業からからはずされた林道では、路面への樹木の侵入がおこなわれ、法面の崩壊や路盤の崩落などが多発してしまう。そのままでの利用はほとんど不可能な状態となることから、再利用の際には多大な補修作業が新たに必要とされる。日常的な監視ときめ細かい維持作業が継続されることが、結果的には、低経費で効果的な林道の維持をもたらすことになる。

　林道の作設・維持などに関する考え方や技術開発の進展は、普段の検討や試行錯誤もふくめた技術開発の繰り返しによってもたらされる。そのためにも、林道の点検や維持作業が日常的に継続されることが必要であり、そのことは森林にたいする日常的な目配りと対処にもつながることになる。本稿で紹介した事例のほとんども、そのような森林圏ステーションの技術スタッフのとりくみによって得られた成果である。

<文　献>

倉田益二郎 (1979) 緑化工技術. 299 pp, 森北出版株式会社.
笹　賀一郎・藤原滉一郎・有働裕幸 (1986) 林道路面の排水工法. 北海道大学農学部演習林研究報告 43(3)：685-705.
笹　賀一郎・藤原滉一郎・田中一也 (1986) 作業道法面におけるツル性木本導入の可能性. 第97回 日本林学会大会学術講演集：569-570.
地球温暖化対策推進本部 (2002) 地球温暖化対策推進大綱.
林道技術問題検討委員会 (2001) 林道網整備の基本方向.

19章　混交林造成への道
―― 荒廃景観からの森林復元 ――

1. はじめに

　無立木地(ササワラ)だらけの天然林、として本文を始めざるを得ない。北海道大学北方生物圏フィールド科学センター森林圏ステーション(旧農学部附属演習林；現研究林)は約7万haの広大な天然林・天然生林を所有している。このように書くと、多くの読者は昼なお暗い鬱蒼とした森林をイメージされるであろう。しかし、実際の森林の状況を見ると、樹木は一様に林地を被覆しているわけではなく、大小無数の小規模な無立木裸地(孔状裸地)が存在している。そして、その多くは密生したササで覆われ、樹木の更新には非常に困難な場所となっている(松田・滝川　1985)。また、道北地方にある天塩・中川・雨龍の各研究林内には、このような小規模裸地の他に、明治以降の北海道開拓にともなう山火事や、洞爺丸台風などの強風による倒木のために生じた数千haにもおよぶ大規模無立木ササ地も広がっており、これら人為あるいは自然に起因する攪乱跡地での森林復元が古くから北大研究林の試験課題となっていた(図19-1：中の峰)。さらに、第二次世界大戦中の軍部による強制伐採も含め、演習林創設以来100年近くにわたって続いた年間数万 m^3 規模での択伐施業による森林の荒廃も進行し、伐採跡地の更新技術の開発も旧北大演習林における施業研究の大きな柱であった。

図19-1　広大な山火事跡地の景観
(天塩研究林：中の峰　天塩研究林提供)

2. 困った！人手が足りない！

　森林再生のための更新補助作業として、初期(第二次世界大戦以前)には人力によるササ無立木地のササの刈り取り(地拵え)と植栽、およびその後回復してくるササなどの下刈りが主であった。しかし、作業効率が悪く、育林技術の未発達とも相まって更新に成功した場所は少なく、成林可能な

図19-2　ヤチダモ造林地
(中川研究林：有賀の沢　中川研究林提供)

樹種も限られていた(図19-2：中川：有賀の沢)。また、北大の場合、一林あたり約2万ha規模の森林を、短期雇用職員を含むわずか30人程度の人員で管理運営しなければならないため、苗木を植え、下刈りをし、初期生育を促進させるという通常の人工更新作業を大規模面積で行うのは、いかに効率的な作業を心がけても人力のみでは限界があった。

　その後(昭和40年代以降)、機械化の進行により林内作業にもブルドーザーなどの重機類が投入されるようになり、作業工程が飛躍的に効率化し、大面積の森林の更新が可能となった。また、スギ・ヒノキ中心の本州のような林業技術とは異なる北海道の風土に見合った森林の取り扱い技術を開発するという命題もあり、必然的に、天然更新とそれを補助する作業(天然更新補助作業)技術の体系化に施業研究の中心はシフトしていった。すなわち、機械力の導入は単なる省力化という観点からではなく、北海道の森林の特徴である針広混交林の再生という積極的な命題をも含んでいたのである。

3. 機械力を使用した森林復元

3.1. ブルドーザーでササを除去する

森林再生のための機械力の導入は、北海道国有林の函館営林支局で1948(昭和23)年より開始されたダケカンバを主とする天然更新に関する研究より始められた。この中では、掻き起し、火入れ、薬剤の利用などの各種の地表処理が検討され、これらの成果を基礎に全道各地に広がっていった。北大でも集材路跡地や土場跡の更新が比較的良好なことから、林床に密生しているササをブルドーザーで積極的に除去することによって森林の再生が期待できると考えられた。この方向は1961(昭和36)年に雨龍演習林(現雨龍研究林)で試験的に始められ、その後天塩・中川・雨龍の各林に施業的規模で導入された。

当初は排土板をつけたブルドーザーにより、ササ根を表土ごと除去していたが、その後の更新のし易さなどから、排土板ではなく、かぎ型の爪のついたレーキ装置をつけたレーキドーザー(図19-3)を使い、表土をかいてササの根を切断除去するとともに、心土も耕す方法が掻き起しの中心となった。掻き起し跡地にはダケカンバを主体とするカンバ類が天然更新し、レーキを使った掻き起しは天然林の更新技術としてはある程度確立されたものといえる(図19-4)。

図19-3 レーキドーザーによる掻き起し
(雨龍研究林提供)

図19-4 掻き起し処理により成立したカンバ林
(雨龍研究林419林班：1972年施行 雨龍研究林提供)

3.2. 植栽を省力化するためには？

しかしながら、レーキドーザーを使った掻き起し跡地はほとんどがカンバ類の一斉更新地となっており、目標である多様な樹種からなる森林の再生には程遠い状況であった。特に雨龍研究林の場合、天塩・中川研究林に比較して掻き起し跡地にカンバ類が侵入しやすく（強く掻き起したところではササをも凌駕してしまう）、植栽や播種などにより積極的に針葉樹を導入しなければならない。しかし、北大のような大面積にもかかわらず作業員の少ないところでは、山鍬を使って一本一本樹木を植え込むような人手のかかる作業形態は次第に難しくなってきた。

そこで登場するのが、重機を使った苗木の植栽場所の造成（地拵え）である。雨龍研究林では、リッパーと呼ばれる長さ60 cm程度の一本爪を重機の排土板に取り付けて植栽地に溝を掘る作業を導入した（図19-5）。この溝はトドマツやアカエゾマツなどの針葉樹苗の植栽列として使われ、苗の成長が良好であり（図19-6）、かつ植栽時に鍬で掘り起こし易く、植栽列もはっきりしているという利点もあった（高畠ら 1988）。現在はさらに省力化を進め、5本または7本爪のレーキで造林予定地を粗く掻き起こした後、植栽列を3本爪レーキで掘り起こすようにしている（鷹西ら 2002）。ここでのポイントは、予定地を粗く掻き起こすことである。粗く掻き起すことでサ

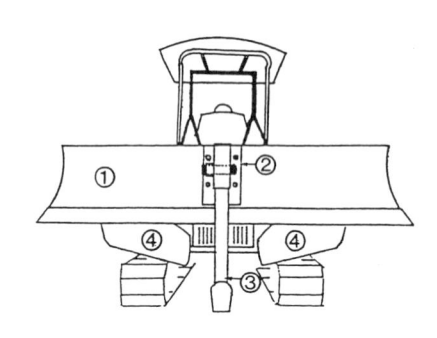

図19-5 リッパーの構造（高畠ら 1988）
小型ブルドーザーの排土板①にプロテクター②をボルトで固定し、中央部にリッパージャンク③をピン止めして排土板裏側に集土板④を取り付けた構造になっている

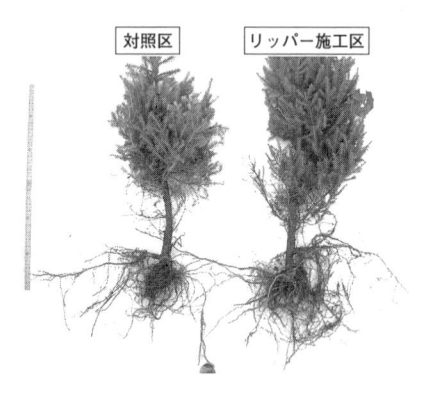

図19-6 リッパー施工における苗木の生育状況
（右が施工区における植栽苗　雨龍研究林提供）

サの根を残し、ササの回復を早めて天然更新してくるカンバ類を意識的に制御しようとするものである。造林地に一斉に侵入したカンバ類は、その強い萌芽性のため、下刈りをしても残った株より数本に萌芽してさらに本数を増やしてしまい、ある意味ササよりも厄介であった。しかし、この方式の採用により、カンバ類の侵入が抑制され、下刈りなどの造林に関する省力化が図られたこともあり、現在の雨龍研究林では天然更新地か造林地かで掻き起こしに強弱をつける方法がとられている。

3.3. 傾斜地に森林を復元するためには？

重機を使った地拵えに関連して、北大では階段地拵えも試みている(藤戸・岡田 1988)。これは、傾斜地の多い中川・雨龍研究林で主に行われている方法で、当初は夏場に等高線に沿うように重機で階段状に地拵えしていたが、冬季の積雪を利用するように発展させたのである(**図 19-7**)。冬場

図 19-7　冬期の階段地拵え(中川研究林提供)

に行う利点は階段幅と削土量である。夏場の場合階段幅は約 4 m にもなるが、冬場は重機のキャタピラー半分程度を積雪上に載せることができるため約 1.5 m 程度で済み、削土量や作業時間を大幅に短縮できる利点がある。しかし、作業の確実性という意味では夏場のほうが優れていること、また植栽樹の成長については両者に差はあまり認められないことより、地形や積雪条件により安全で省力的な方法を選択している。

3.4. 保育も省力化したい

地拵えにより造成された植栽地では、植栽後 7～8 年は下刈りなどの保育作業をするのが通常の施業法であるが、更新対象地が多くなるほど経費が増加することになる。雨龍研究林では重機を使った下刈りの省力化を目指した取り組

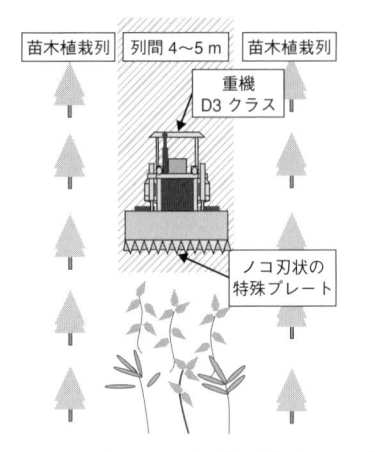

図 19-8 ブルによる踏み潰し（鷹西ら 2002）

みをおこなっている。これは主にアカエゾマツ造林地でおこなっているもので、植栽仕様を列間 5 m、苗間 2 m とし、列間を D3 クラスのブルドーザーの排土板に鋸刃状の特殊なプレートを取り付けたもので、刈るのではなく傷をつけて枯らす方法をとっている（図 19-8：鷹西ら 2002）。これにより、カンバ類などの競合樹種の成長を抑制することができるとともに、大幅な省力化につながっている。

また、従来、造林地は植栽した樹種の一斉林とするのが常識であったが、ここでは発想を変え、トドマツやミズナラなどの造林地の一部については、天然更新してきたカンバ類をあえて放置して針広混交林を造成する試みも行っている。この方法により、手入れの手間を省くとともに、猛威をふるう枝枯れ病を防ぐ効果もあり、さらには急激な肥大成長をともなわないため材質も良くなるという方法も追求している（松田 1993）。以上述べてきた雨龍研究林における更新作業を模式化すると図 19-9 のようになる（松田 1993、Matsuda *et al.* 2002）。

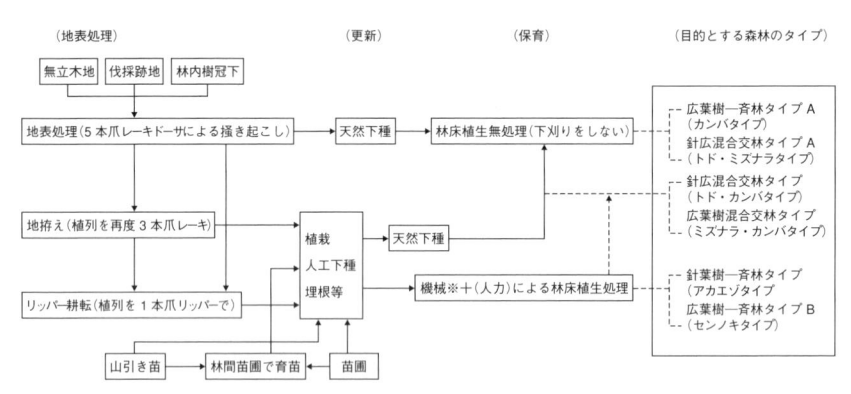

※列間を走行するブルの改良排土板による草、侵入したカンバ類の痛めつけ・踏みつぶし（萌芽防止）、土壌を露出させるとカンバ類がまた侵入する。
植栽樹がササ高を脱する時期にササを回復させるようにする。これには最初の地表処理の方法で対処する

図 19-9 雨龍研究林における更新システム（松田 1993）

4. 人手のかからない混交林造成の可能性

4.1. 更新樹種の多様化

無数の孔状裸地のある針広混交林内で択伐作業を実施すると、裸地を取り囲んでいる森林帯が樹木の伐採により破壊され、裸地同士が結合してさらに大きな裸地が出現する。こうなると、密生したササのために樹木の天然更新は困難になり、重機(レーキドーザー)を使って掻き起しをおこない、積極的に天然更新を補助する必要のあることは前述した。天塩研究林においても1970年以降、重機類による掻き起しが盛んとなり、更新面積は拡大し、ダケカンバとともに有用広葉樹とされるウダイカンバ(マカバ)の天然更新も顕著に認められた。そのため、ウダイカンバの天然更新を中心に、林道付近の掻き起し地はミズナラなどの広葉樹の人工下種や針葉樹の植栽を組み合わせて更新樹種の多様化を図り、林道より遠いところや飛び地ではカンバ類(ウダイカンバ、ダケカンバ)の天然下種更新に任せるという施業形態が取られていた(滝川 1983)。

4.2. 針広混交林を作りたいが、予算と人手が……

天塩研究林では、1985年の長期施業計画の試験課題に「北海道北部針広混交林の生態解明と更新技術の確立」を掲げ、掻き起し作業を蛇紋岩地域(後述)以外に存在する林内一円の無立木地に拡大するとともに、針葉樹の植え込みと広葉樹の天然・人工下種を組み合わせた掻き起し地の針広混交林化を進めた。しかし、演習林を取り巻く地域社会環境条件が変化し、林業労働者の不足が深刻となって、多大な労力と経費をともなうこの種の施業形態を研究林独自の予算で維持するのが次第に困難となり、できるだけ労力をかけないで更新樹種の多様化を図る必要性が高まった。

一方、雨龍研究林と異なり、天塩研究林の表土を強く剥いで心土(B層上部)を露出させた更新地では、造成当初はササやカンバ類の回復が遅れ、多くの針葉樹が天然更新してくるケースも多く、そのことを活かした森林造成方法の模索が始まった(小宮ら 1990)。特に、エゾマツは、北海道北部の代表的郷土樹種でありながら育苗が困難な樹種であり、その天然更新は在来樹種主体の針広混

図19-10 刈り出し直後のエゾマツ天然更新樹
（天塩研究林202林班）

交林造りには好都合である。しかし、多くの場合、掻き起し直後は多くのエゾマツ・トドマツが更新するものの、その後、成長の早いカンバ類や復活してきたササ類に被圧されて成長が抑制され、そのまま放置しておくとエゾマツは枯死してしまう運命にあった。

天塩研究林では、ササやカンバ類が天然更新してきた針葉樹を被覆した段階でブラッシュカッターによる刈り出しをおこない、針葉樹を被圧から守る方法を試みている（図19-10）。この場合、カンバ類（特に若齢樹）は萌芽力が強いこと、振動機械を使用するため作業時間が限られていること、および更新対象地の多いため刈り出し処理は1度で終了させたいなどの理由により、現在、刈り出し時期などの検討を進めているところである。

針葉樹の天然更新を目的とするためには、ササの地下茎の伸張やカンバ類の発芽を抑制するための必要条件として、表土（A_0、A層）をできるだけ除去したほうが良さそうだということは経験上理解されてきた。しかし、掻き起し強度や面積など、理論的に不明確な部分が多く、施業技術として確立させるためには、実際の森林を使った長期的で組織的な研究が必要である。その取り組みの一つとして、天塩研究林の針広混交林を対象にして「森林の群状的な取り扱い」に関する大規模試験が実施されている（笹 1992）。

5.「森林の群状的な取り扱い」による混交林造成の試み

5.1. 択伐で大丈夫か？

前節で述べた「森林の群状的な取り扱い」という考えは、従来の択伐方式によって森林からまんべんなく木材を収穫する方法は、「寒冷な気象下にある道北地方の森林には適合していないのではないか？」という疑問に端を発している。

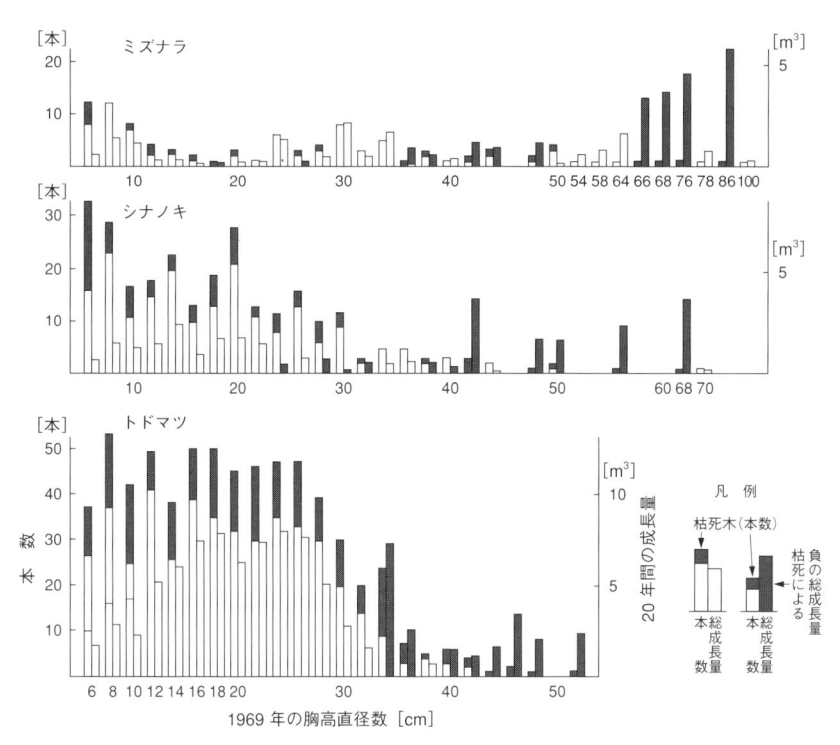

図 19-11 トドマツ・ミズナラ・シナノキの直径別の枯死本数、成長量及び胸高直径の変化
（藤原ら 1992）

一例として、中川研究林におけるトラクター集材跡地の伐採20年後の調査結果を示す（藤原ら 1992）。図 19-11 は伐採区域の代表的樹木であるミズナラ、シナノキ、トドマツについて、1969年の伐採直後の残存木を対象にして、胸高直径別に20年間の枯死本数、成長量および胸高直径の推移を示した。伐採後20年間に生じた枯死本数の比率は残存木の1/4から1/3に達していた。その内容は、トドマツ、ミズナラ、シナノキで、それぞれ31%、25%、28%が枯死していた。特に、胸高直径40cm以上の個体では枯死率が非常に高くなり、次の回帰年の収穫対象木の大部分が枯死してしまったという結果が得られている。

枯死の原因として、伐採時の傷（梢頭折れ、枝払い、幹上部の傷など）や集材作業時による傷（排土板による根株部への傷、集材木による削皮、集材路による根の切断・裸出）などが考えられる。しかし、この調査結果では、収穫時の傷の

割合は40%程度であり、それ以上に周辺の木が伐採されたことにより孤立化し、風・日射の当り方が急変して樹体が生理的バランスを崩したことが指摘されている。択伐により林床への日射量が増加してササの生育が促進され、跡地での樹木の天然更新の妨げになることは良く知られているが、同時に将来の収穫予定木まで傷めてしまう弊害も無視できないものがある。

5.2. 天然林の動きが教えてくれるもの

一方、針広混交林を空中写真等で観察していると、図19-12に見られるように0.1～0.5 haほどの小規模で森林の破壊されている個所が点在している。天塩研究林ではこれを「破壊―再生」林分と呼んでいるが、その状況を示すと図19-13のようになる。更新樹木の年齢は10～40年の開きがあるものの、多くは10～15年の間に集中しており、上層木の疎開(小規模な破壊地の形成)がおおよそ15年程前に始まり、開始後5年ほどの間に針葉樹の更新が集中して行われ、それ以降の10年間は周辺木の枯死がストップして森林の破壊がほとんど進行していないという状態が認められる(笹ら 1990)。

「森林の群状的な取り扱い」に関する大規模試験は、天然生林を取り扱う場合には、単木というよりも一つの群として森林を捉えるほうが、北海道北部の森林の動きとも合致し、それをうまく施業レベルで応用することにより、自然の

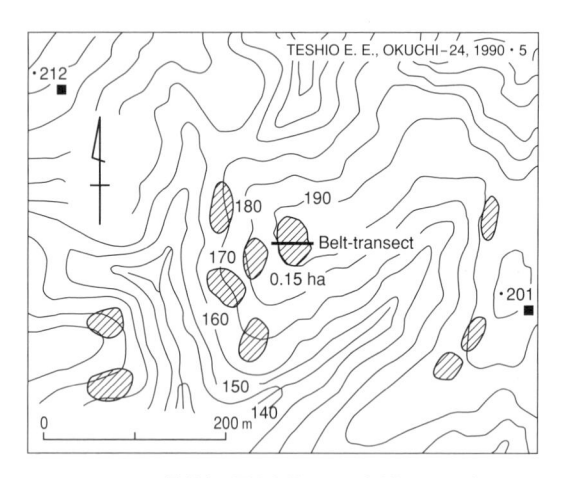

図19-12 「破壊―再生」林分の分布(笹ら 1990)

19章 混交林造成への道

図19-13 「破壊―再生」林分の構造(笹ら 1990)

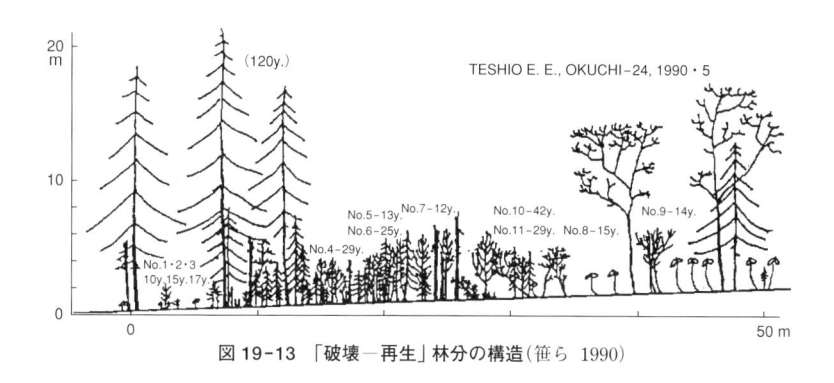

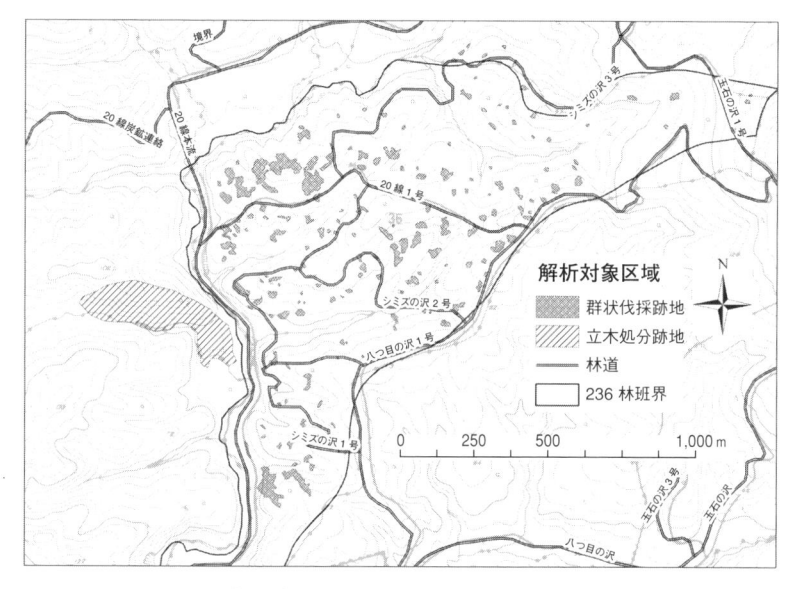

図19-14 「群状」的伐採試験地の概要(天塩研究林 坂井氏提供)

動きと調和した森林の取り扱いができるのではないかという考え方に基づいている。簡単に紹介すると、天塩研究林の二つの林班(235、236林班：図19-14)を対象として行っているもので、約1ha規模の「群状的」に伐採を行う区画を収穫対象地内に数十個設定し、区画内の売り払い対象木は全て伐採する。採跡地における天然更新状況と伐採面積や林内微気象の変化などの環境変化との関係を把握するため、掻き起しや地拵え等の処理を当面はおこなわず、自然環境

340   V 21世紀の豊かな森造りをめざして

図 19-15 「群状」的伐採跡地(1990年伐採)の状況
跡地にはササが密生するとともに、一部ダケカンバの更新も認められる(天塩研究林236林班：2004年撮影 天塩研究林提供)

図 19-16 「群状」的伐採直後の跡地
跡地中央部に気象観測用のポールが見える。跡地周辺の森林には集材道以外入り込まない(天塩研究林236林班 天塩研究林提供)

下での推移を観察してきた(図 19-15)。しかし、伐採開始後15年を経過し、第二回帰目に入ってきたことから、跡地の更新状況を調査し、必要な個所には重機による掻き起しを加えて天然更新を促進するなどして、長期的にわたってデータを取る予定となっている。なお、跡地の一部では、気温・日射・風向・風速などの林内気象や落下種子の状況などをモニタリングし(図 19-16)、今後の研究に役立つようにしている。

この試験の基礎となる「破壊と再生」のメカニズム解明は、北海道北部の森林の維持機構について考えるうえで重要なテーマであるが、自然環境下での観察と同時に、森林に意識的な働きかけを加えることにより、極端な形も含め、自然状態での観察よりも、さらに短期間に様々な情報を提供してくれるものと考えている。

6. 蛇紋岩上の大規模荒廃地の森林復元

6.1. 重機も天然更新も使えない！

天塩研究林には風倒や山火事などによる数百ha以上にもおよぶ大規模森林破

壊地も存在し、多くは理化学的に特殊土壌である蛇紋岩上のアカエゾマツ純林地帯にある。大規模破壊跡地のほとんどはチシマザサやクマイザサに覆われた無立木地となっており、北海道を代表する荒廃景観のひとつと言える。そのような場所にどのようにして森林を回復させるかが天塩研究林の重要な試験課題である。

図19-17 刈り出し処理により出現した蛇紋岩地帯の天然生アカエゾマツ若齢林（手前）。その奥は風倒被害を免れたアカエゾマツ林
（天塩研究林 152 林班　天塩研究林提供）

　風倒跡地では、アカエゾマツの天然更新が認められるが、残存林分の周囲など場所が限定されているのみならず、多くの場合、密生したササの中で被圧されており、放置しておくと枯死してしまう。それでも被圧されている場合には、ブラッシュカッターなどを使って上層のササを除去する刈り出し作業をすることにより更新樹種の成長を促進させることができる（図19-17）。この他、蛇紋岩地帯の平坦地では狭い範囲でレーキドーザーによる掻き起しも試みられている（滝川ら 1994）。掻き起し跡地は、強く掻き起すとエロージョンの恐れはあるものの、弱〜中度の掻き起しの場合、時間はかかるがカンバ類の侵入は可能という結果が得られている。しかし、蛇紋岩上の無立木地の面積があまりにも広大であることや、蛇紋岩土壌を大規模に露出させてしまうと表面が乾燥・堅密化し、天然更新や人工更新に適さない状態になる（松田 1989）ため、重機による掻き起しや地拵えは事業的規模ではおこなわれていない。

6.2. 強風吹き荒れる厳寒の山

　天塩研究林は風倒跡地とともに大規模な山火事跡地も抱えている。この地域一帯は明治の開拓期以降度重なる山火事に遭遇しており、特に山火事の集中発生した研究林東部の蛇紋岩地帯には広大な無立木地が形成されている。森林という被覆が大面積で焼失してしまったために、この地域は強風寒冷という北海

図 19-18 山火事跡地山頂部付近のアカエゾマツ
50 cm 以上は偏形し、斜面を吹き上がる強風の存在を示している。ササ丈（これでもチシマザサ）も 50 cm 程度しかないことに注意（天塩研究林 134 林班　天塩研究林提供）

図 19-19 山火事跡地山頂部付近の冬季の状況
強風により雪が吹き飛ばされ、50 cm 程度しか積もっていない。ササ丈や樹木の枝が偏形し出す高さとほぼ一致する（天塩研究林 134 林班　天塩研究林提供）

道北部の厳しい環境条件の影響を直接受けるため、森林の自然復元には 200 年はかかるであろうといわれてきた（図 19-18、19）。研究林では将来的な環境保全の意味も含め、この無立木地に森林を造成することが急務と考え、1982 年より「山火事跡地森林復元試験」に取り組んでいる（芦谷 2002）。この試験は当初、文部省（現文部科学省）特別経費により開始され、1997 年までその援助を受けながら継続された。その後、強風寒冷地での森林復元技術の確立へ向けて研究林独自の課題を設定し、現在も自然環境や植栽樹の成長に関する調査を続けている。主要調査地は天塩研究林中の峰地区であるが、山の南〜西向き斜面に成立していたアカエゾマツ林の大部分が山火事により焼失してしまった地域である（図 19-1）。試験地における気象観測データによると、厳冬期の山頂部付近は常時強風環境下に置かれ、最大瞬間風速 30 m/s 以上を記録する日も珍しくない。また、強風のために降った雪も吹き飛ばされ、尾根部の風衝地における積雪はわずか 30 cm であるため土壌凍結が起こっているのに対し、わずか 100 m 離れた風陰の観測地点における積雪は 150 cm と、厳冬期の気候に対する地形の影響が大きく反映される状況である。

「山火事跡地森林復元試験」は、林道以外、重機などの機械力を投入できない蛇紋岩上の広大な無立木地に多大な労力を投入しておこなわれてきた（図 19-20）。最初の 10 年間（1982～91 年）で、林道作設、ブラッシュカッターを用いた人力による地拵えおよび植栽（アカエゾマツ主体に中の峰地区だけで約260 ha）。それ以降の 6 年間（1992～97 年）

図 19-20　空から見た山火事跡地森林復元試験地
斜面に平行する無数の筋は全てアカエゾマツの植栽地
（天塩研究林 135 林班　天塩研究林提供）

は、下刈りなどの植栽木に対する保育とともに、厳冬期の劣悪な環境から植栽樹を保護するため、防風林の造成や防風堆雪柵の設置を重点的におこなった。現在は、植栽樹の成績調査やササ群落の形態の解析、風向・風速や積雪などの気象観測および防風堆雪柵の効果に関する調査を継続している。

6.3. 雪を味方に……

ササ群落形態の観察や、防風堆雪柵の効果を検証しているのは、山火事跡地は一様に無立木地となっているのではなく、峰陰や沢筋などのササ丈の高い場所ではダケカンバの天然更新が見られ、そのような場所では人手を加えなくても森林の復元が可能であると考えたからである。したがって、ササ群落の形態は厳冬期環境をある程度反映していると考えられ、ササ群落の形態と植栽中の

表 19-1　植栽したアカエゾマツの状況とササ群落高および積雪深（芦谷ら 2002）

プロット番号	平均根元径(cm)	平均樹高(cm)	平均伸長量(cm)	ササ群落高(cm)	積雪深(cm)
Z 4	5.70	147.60	8.60	84	33
Z 5	5.07	140.43	9.62	66	16
Z 8	3.19	63.14	3.36	47	50
Z 9	6.50	237.80	19.60	167	156
Z 10	6.91	265.07	20.49	183	125
Z 11	6.20	216.40	21.30	170	133

図19-21 厳冬季の防風堆雪柵
どの程度雪を貯めることができるかを調査している(天塩研究林134林班　天塩研究林提供)

成長には関連性のあることが予想される。**表19-1**に植栽したアカエゾマツの状況と周囲のササ群落高・積雪深を示した。前者の3プロット(Z4、5、8)は1987年、後者の3プロット(Z9、10、11)は1988年に植栽したもので、前者と後者のプロットの標高はほぼ同じ(約360m)で、場所も直線距離で約80mしか離れていない。環境条件で異なるのは、冬季の積雪深で前者が少なく、後者が多い。植栽樹の成長は積雪の多い後者のほうがはるかに良いことが分る。また、そのような場所ではササ群落高も高く、ササ群落と積雪深には密接な関係のあることが推定される。

　一方、Z4、5、8のような積雪の少ない場所では、植栽樹は厳冬期に強風の影響をまともに受け、場合によっては土壌凍結も生じ、様々な生理的ストレスを生み、結果として成長が遅れてくると考えられる(Kayama *et al*. 2009)。そのような場所では、何らかの方法で雪を貯めてやることにより、植栽樹は冬季の寒風より保護され、成長も良くなるのではないかと考え出されたのが防風堆雪柵である(**図19-21**)。堆雪柵周辺の厳冬期の積雪状況であるが、柵の影響の無いところの積雪は102～210cmなのに対し、柵の周辺の積雪は199～263cmと、雪を貯めるということは確認できた。堆雪柵の設置により、植栽樹の成長がどのように変化するのかは今後の課題であるが、調査範囲や件数を増やすことなどにより、雪を貯めることの効果を実証したいと考えている。

＜文　献＞

芦谷大太郎(2002)山火事跡・寒冷強風地の森林復元試験. 北方林業54(8):16-19.
藤戸永志・野中勝秋(1986)積雪を利用した階段地拵. 北大演試験年報4:52-55.
藤原滉一郎・岡田穣一・岡崎まち子(1992)中川地方演習林、琴平伐採跡地の残存木の20

年間の推移.北大演試験年報 10：118-121.

Kayama, M., Makoto, K., Nomura, M., Sasa, K. and Koike, T.(2009) Growth characteristics of Sakhalin spruce (*Picea glehnii*) planted on the northern Japanese hillsides exposed to strong winds. Trees-Structure and Function 23：145-157.

小宮圭示・上浦達哉・桝本浩志 (1990) 掻起し地における針葉樹類の侵入及び導入試験について.北大演試験年報 8：36-39.

松田　彊 (1989) アカエゾマツ天然林の更新と成長に関する研究.北大演研報 46(3)：595-718.

松田　彊 (1993) 混交林の維持と再生.北方林業 46(5)：123-126.

松田　彊・滝川貞夫 (1985) ササ地の天然更新補助作業に関する実証的研究.北大演研報 42(4)：909-940.

Matsuda, K., Shibuya, M. and Koike, T.(2003) Maintenance and rehabilitation of the mixed conifer-broadleaf forests in Hokkaido, northern Japan. Eurasian J. For. Res. 5(2)：119-130.

笹 賀一郎・山ノ内 誠・守田英明 (1990)「破壊―再生」林分の観察と施業試験への応用.北大演試験年報 8：6-7.

笹 賀一郎 (1992) 天塩地方演習林における試験研究の動向とこれからの課題.北大演試験年報 10：122-125.

高畠　守・阿部一宏・福田仁士 (1998) 植栽時におけるリッパー耕転の有効性.北大演試験年報 6：42-45.

鷹西俊和・吉田俊也・竹田哲二・上浦達哉ほか (2002) 無立木地における森林再生技術.北方林業 54(5)：1-3.

滝川貞夫 (1983) 演習林の施業.(北海道林業技術者必携(下巻).北方林業会).47-56.

滝川貞夫・小林　信・水野久男・春木雅寛 (1994) 天塩地方演習林蛇紋岩地帯の掻き起しによる天然下種更新.北大演試験年報 12：81-82.

20章　事例紹介
──野外シンポジウム──

　北海道大学の森は総面積が約7万ヘクタールあり、その大部分が北海道北部に集中している。この広大な森を舞台に1998年から毎年夏に実施している「野外シンポジウム～森をしらべる～」は、森林研究に興味関心をもつ全国の国公私立大学の学生を対象とした5日間の公開講座である。このシンポジウムでは、みずみずしい感性と柔軟な発想に富んだ若い学生たちが森林や湿原、河川、湖沼をめぐりながら、そこで行われたさまざまな研究の成果を聞き、フィールドワークの一端を経験する、いわば「見る、聞く、触れる」ことを通して、今、何が、どこまで解明されたかについての最新の情報を共有し、研究の背景や目的設定、研究手法から結果の解釈まで幅広く議論し、理解を深めることを目指している。同時に、普段はあまり交流する機会の多くない他大学の学生との意見や情報の交換により、多様な価値観の存在とその意義を理解する場でもある。

1. 3つの基本テーマと印象的な研究タイトル

　野外シンポジウムは、初日がガイダンスと闇夜の森歩き、2日目から4日目まではフィールドセッション（午前と午後に各3時間、4日目は午前のみ）と夕食後のポスターセッション、4日目午後の参加学生による模擬セッションを基本スタイルとしている。このほか、早朝や夕方あるいは夜間の補助プログラムとして、30分程度のミニセッションや動植物の観察、湖畔の散策などの自由参加式ミニツアーを取り入れている。シンポジウムの基本テーマは、炭素収支や窒素循環など地球環境に対する森林生態系の機能について考える「地球環境と生態系の機能」、生活史特性や生物間の関係をひもときながら生物多様性の維持に果たす森林の役割を考える「生き物たちのしたたかな暮し」、そして森林資源の生産や森林に対する働きかけを通して人と森との共存をいかに求めるべきかにつ

表 20-1　おもなセッションのタイトルとキーワード

地球環境と生態系の機能
　森のミネラル家計簿—赤字か黒字か—（物質循環、森林土壌、酸性雨、ミネラル収支）
　森と川のつながり（エコトーン、食物網、補償効果）
　森はどんな水をつくるか（河川水質、湿地林、溶存窒素）
　森は「はらぺこ」か？（浄水機能、窒素飽和、土壌微生物、土壌呼吸）
　森林は地球温暖化防止に役立つか（二酸化炭素、光合成、フラックス）
　陸から川、そして湖水へ（湖沼生態系、土地利用、窒素、リン）
　川の流れはどのように形成されるか（水収支、流出機構、洪水、渇水）
　森林の物質循環と根っこの役割（細根動態、物質循環、ミニライゾトロン）
　川は森から生まれる（渓流水、水質変化、土壌水分、蛇紋岩）
　風が吹けば儲かるのは桶屋（河川、分解、落葉、虫）
　土壌も呼吸する！（地球温暖化、二酸化炭素、根圏環境）

生き物たちのしたたかな暮らし
　樹木の葉の役割分担（カラマツ、異型葉、光合成、光環境）
　落葉広葉樹の樹冠における新陳代謝（シュート動態、サイズ構造）
　湿原に生きる苦労—スゲたちはかく語りき—（スゲ、pH、窒素利用効率）
　苛酷な環境に耐えるアカエゾマツ（山火事、蛇紋岩、光合成、クロロフィル）
　喰う者と喰われる者—ネズミによる種子散布—（分散貯蔵、個体密度、種子重、捕食回避）
　人生の分岐点：大きな♀と小さな♂、どっちが素敵（生活史多型、成熟体サイズ、繁殖戦略）
　日向に生きる樹、日陰に生きる樹（耐陰性、形態的可塑性、実生）
　植物の防衛戦略あの手この手（成長速度、食葉昆虫、被食防衛）
　オスとメスはなぜ違う？（河川型、回遊型、生存率、サクラマス）
　光と水となりわいと命（ダケカンバ、葉面積指数、土壌水分、階層構造）
　天国と地獄：ミズナラ実生のたどる運命（ササ、食植者）

豊かな森をつくる
　山づくり：深いササとのたたかい（更新施業、土壌養分、競争、掻起し）
　ドサンコが森をつくる（アグロフォレストリー、北海道和種馬、生物多様性、ササ）
　森林の百年先は予測できるか（相互置換的更新、共存、逃避仮説、撹乱、密度依存性）
　倒木が森を育てる（CWD、倒木更新、生物多様性、択伐、持続可能性）
　年輪が語る森の歴史（成長、撹乱、年代）

ミニツアー
　河畔林がなくなると何が起こる？（水生昆虫、群集組成、餌資源、河床安定性）
　コウモリの宴（超音波、採餌、ねぐら）
　飛んで灯にいる夏の虫（鱗翅目昆虫、ライトトラップ）
　エゾシカをさがそう（ライトセンサス、夜行性動物、群れ）
　母なる川に帰ってみれば……（サケ、産卵、母川回帰）
　出会いはいつも森の中（げっ歯類、標識再捕獲法、箱わな）
　耳をすませば（野鳥、資源利用、季節変化、生息環境）
　シュマリナイ湖へようこそ（人造湖、土地利用、流域、富栄養化）
　湿原—悠久の大地の営み—（湿地、地下水、渓流水、水分動態）
　森の散歩道—針広混交林の植物—（森林構造、フェノロジー、生活形）

いて考える「豊かな森をつくる」の3つである。各セッションではこれらの基本テーマに沿って、「森のミネラル家計簿―赤字か黒字か―」、「湿原に生きる苦労―スゲたちはかく語りき―」、「森林の百年先は予測できるか」など、研究者の思いを反映した印象的なタイトルの研究成果を、それぞれの内容に最も適した場所で紹介する(表 20-1)。研究紹介数は10～15題である。

2. 若手研究者による最新の研究成果

セッションでの研究紹介は、北海道大学の森やその周辺地域をフィールドとして研究活動を行っている若手の教員や大学院生が担当する。大学院生にとっては、研究成果の紹介を通して自らの研究対象に対する理解をより深化させることに役立つとともに、専門研究者相手の学会発表とは異なり、専門的な知識を持たない学生たちに研究成果を分かり易く伝えるためには何が必要かを実感するよい機会となる。また、この経験は学際的な視野の獲得にも貢献し、次代の研究教育を担う人材育成の効果も期待できる。シンポジウムに参加する研究者の専門分野は動物生態学、植物生態学、生物地球化学、森林動態学、土壌学、水文学、砂防学、植物生理学、年輪気象学、森林政策学など、参加者たちの多様な興味関心に対応できる。

研究スタッフのほかに、フィールドの管理や組織的な試験研究課題に関する観測・分析業務を担当している技術職員が運営スタッフとして参画し、募集、連絡、宿舎や食事の手配、バスの運行、機材搬送などを担当する。フィールドを熟知している技術職員がフィールドワークや議論に加わり、豊富な経験に裏打ちされた知識や情報を折に触れて提供することで、より幅広い視点からの森林生態系の理解に貢献している。

3. フィールドでの実体験と徹底的なディスカッション

各3時間のフィールドセッションでは、90分を一単位として近接した場所で2つの研究紹介を平行して行い、毎朝のくじ引きで2班に別れた参加者たち(各班12～13名)は、それぞれの発表を聞いた後で場所を入れ替わる。研究紹介は

図 20-1　森の中で百年後の森林をモデルで予測する
　　　　（2009、苫小牧研究林）

図 20-2　捕獲したネズミの体重測定に，早朝の森は
　　　　大騒ぎ（2008、雨龍研究林）

図 20-3　腰まで水につかりながら，電気ショッカーを
　　　　使ったサクラマスの捕獲調査に挑戦（2007、
　　　　天塩研究林）

コンパネボードを利用したポスター形式で行い（図20-1）、研究内容に関連する野外調査や観測などの作業を併せて行う。90分という時間内に研究の概要を紹介し、さらに未経験者にフィールドワークを体験させるためには綿密な準備と工夫が必要であり、担当者に相当な負荷を強いることになるが、それだけに多くの参加者が話を聞くだけでなく野外研究の面白さを実感できるという点で非常に大きな効果がある。また、研究対象やデータの質を具体的に把握できるとともに、研究目的の設定や調査手法の妥当性、結果の解釈や、調査の工夫などに対する理解を深めることが可能となる。参加者たちは地上20メートルを越える林冠観測タワーに登ったり、腰まで水に浸かりながら無我夢中で魚を追いかけたり、捕獲したネズミに指先をかじられたりと、思いもよらない苦労を経験しながら、フィールドでの調査データが何ものにも代えがたい重みをもつことを実感

する（図 20-2〜3）。

　フィールドセッションでは現場感覚の把握に重点を置く一方で、より詳しい研究内容の紹介や掘り下げた議論は夕食後の宿舎内でのポスターセッションの時間に行い、両者が相互に補完できる仕組みとなっている。ポスターセッションでは現場で掲示したポスターを再度掲示し、解説資料や研究内容の要旨、ポスター縮刷版などを配布して、現場では紹介しきれなかったことや関連する話題に関する幅広い議論を通して、理解をいっそう深めるための重要な時間である。終了時刻は特に限定していないため、ときには議論が白熱し、夜遅くまで延々と続くことも少なくない。このほか、宿舎では入門者向けの参考図書類や図鑑類、野外調査用具や観測機器類などを用意し、いつでも手に取って見ることができるように配慮している。

4. 幅広い応募者と際立つ女子学生の積極性

　2004 年度までの野外シンポジウムでは、25 名の募集定員に対して毎年 2〜3 倍の応募があり、抽選によって参加者を選考したが、2005 年度以降はほぼ定員に近い応募者数で推移している（図 20-4）。応募者は北海道から沖縄まで全国各地に広がっているが、常に女子が男子を上回り、多い年は応募者の 8 割以上が女子に偏るなど、女子学生の積極性が際立っている。所属学部は農学部と理学部が主体であるが、環境、獣医、薬学、園芸、総合人間、文学、水産、医学、教育、法学など、理系から文系、医薬系まで多様である。参加者の選考にあたっ

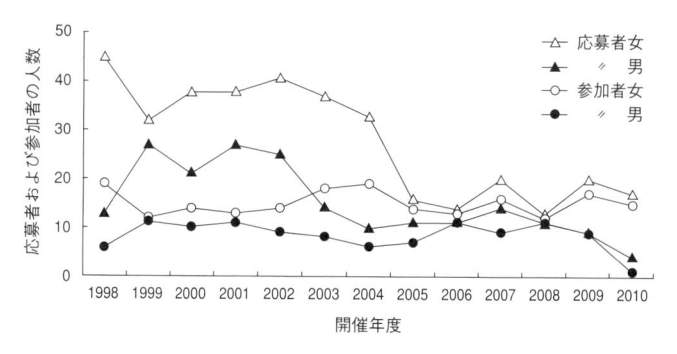

図 20-4　野外シンポジウムの応募者および参加者数の経年変化

表 20-2　応募者たちが野外シンポジウムに期待すること（事前アンケートによる）

① 実際にどうやってデータを取るのかについて学ぶ	⑩ 動物の調査法を学ぶ
② 森に関する基礎知識を身につける	⑪ 南と北の森を比較して見る
③ 北海道の森を見たい	⑫ 森の役割について考える
④ 森の中で生き物たちがどんな暮らしをしているかを知る	⑬ バイオマスの量り方を学ぶ
⑤ 大自然に触れていろんなことを吸収する	⑭ 自分の大学では森そのものを調べるカリキュラムがない
⑥ 卒業研究に役立てる	⑮ 森の中で話がきける
⑦ 他大学のいろんな人と交流する	⑯ 野生生物について学ぶために、その環境を知っておきたい
⑧ 北海道ならではの動植物を見たい	⑰ とにかく森が好きなので
⑨ 自分の研究範囲を広げる	⑱ 生き物同士のつながりを詳しく知りたい

ては、応募者の性比と宿舎の収容人数を考慮しながら、できるだけ多様な地域や大学から選考されるように調整している。

　応募のきっかけは各大学に掲示されたポスターによるものが最も多く、ホームページや講座の教員、過去に参加した先輩や友人の紹介なども少なくない。学年別では 2、3 年生の応募者が多く、講座（分野）の選定や、卒業研究テーマの手がかりを得たいという事情も反映していると考えられる。学生たちが野外シンポジウムに期待していることは、森や木について知りたい、フィールドでの実体験、北海道の森を見たいという希望や、他大学の学生との交流、将来の方向へのきっかけ、森林に対する新鮮な視点を持ちたい、森林についての最新の研究を知りたい、大学院進学を希望しているため、実際にフィールドを見たいといった希望が多い（**表 20-2**）。彼らの興味や関心のある分野は極めて多様であるが、特に森林生態、保全生態、環境問題（温暖化、環境汚染など）、野生生物保護（移入種、食害対策など）、物質循環などが多く、森林施業、砂防、景観生態、樹木生理、土壌、森林の公益機能、環境教育、食糧問題などがそれらに続いている。

5. シンポジウムの成果もまた多様

　シンポジウム参加者の多くに共通した印象は、「野外での研究紹介は教室で聞くよりも何倍も刺激的」であったことや、「動物の視点で森を見ることが生息環

境を考えるためには不可欠なことが理解できた」ことがあげられる。また高い林冠観測タワーに登って真上から森をながめたこと、夜の森がこんなにも表情豊かだったとは思いもよらなかったこと、野生のネズミが可愛かったこと、背丈をはるかに越える深いササの海をかき分けながらの実生のセンサス、一直線に並んだアカエゾマツの倒木更新、光を巧みに利用する樹木のしたたかさ、太古の泥炭土壌の不思議な感触などをあげる学生も多い。いずれも初めての体験に対する鮮烈な印象とフィールドワークがもつ迫力を物語っている。雨の日は雨の森で、風の日は風の森で、早朝から夜更けまで、梢の先から水の中まで、徹底的にフィールドにこだわった野外シンポジウムの真髄でもある。

　盛り沢山な内容に満足したという感想が多い中で、「山の中で何もしないでぼんやりする時間が欲しかった」と述べた学生もおり、短期間に多くの内容を盛り込むだけでなく、深く思考するための時間的なゆとりもまた重要であることを示している。また、内容が専門的すぎて、テーマから離れた質問がしにくい雰囲気であったという声も聞かれた。これは研究者にしばしば見られることで、入門者や専門外の人に情報を解かり易く伝えることの難しさを端的に表している。野外シンポジウムの終了後は参加者同士がインターネットで情報を交換したり、有志が集まって研究林を再訪する例も少なくない。また、森林研究に魅せられて大学院に進学する学生も多く、彼らが自らの興味とテーマを持って森に分け入り、後に続く学生たちに研究成果を紹介する姿はシンポジウムの成果を象徴的に表しており、現場感覚を伴わない教室の中での受動的、一方向的な情報伝達に陥りがちな大学教育の現状に投じたささやかな一石と言えるだろう。

<文　献>

植村　滋・柴田英昭 (2000) 北海道大学演習林を利用した野外教育の試み「野外シンポジウム 1999 ～森をしらべる～」, 高等教育ジャーナル ―高等教育と生涯学習― 8：119-137.

植村　滋 (2006) 野外シンポジウム―森を調べる―. 全国大学演習林協議会(編)「森林フィールド科学」, 155-156, 朝倉書店, 東京.

21章　伝えたい匠の技

1. 人工林から天然生林への誘導——非皆伐施業へ——

　生産力こそが人類の扶養力を示す尺度として、世界中の生物生産力を測定する国際生物学事業計画(IBP)が全盛を迎え、生産性の低い「低質広葉樹林」を伐採し、本州では亜高山帯にまで「生産力の高い」スギを植えた。北海道でも「黒化促進の森」としてトウヒ類を一斉に植栽し、北海道東部にはカラマツの大規模な一斉造林地が設けられ、誇らしく紹介された。当時の最高の技術を投入して、大規模な造林地が将来の資源生産のために設けられたのだ。

　経済と効率最優先の結果、自らの生活空間を劣化させてきた1960年代の反省にたって、自然保護が叫ばれた時期に私は林学を選んだ。森づくりは生き物(＝樹木のみ；他の生物に関して、あまり注意は払われなかった)と環境との関係を解明する生態学に直結し、混沌とした現象をそのまま理解する高度な学問体系であると気付くには、それでも10年以上はかかった。木材は既に自由化されていたため、低価格で高品質の「外材」と総称される南洋材や北洋材が押し寄せ、化石燃料への転換によって主に本州では里地里山といわれる地域が大きく変貌してきた。

　このような時代背景の中、高騰する人件費を抑制し、より自然力を活用し環境負荷の小さいとされる天然下種更新を助ける補助作業の研究が、人工林の天然性林化を目的とした研究課題になった(赤井・四手井 1978)。もちろん単なる省力化が重視されたのではない。高度な技術をもってどの様に伐採するか、これにより希望通りの林分構造に誘導するか大いなる話題になった。とりわけヒノキ林では林床へ光が届きにくく、鱗のような針葉の形から葉が傾斜地で蓄積せず林床の土が流亡する。このような林分にどうすれば下層植生を導入できるか？(図21-1)期待通りにタネを実らせるための間伐手法はなにか？　こうした

図 21-1　ヒノキ無間伐林分（比叡山）（左）と帯状間伐を行ったスギ人工林（右）（千葉幸弘氏提供）
　　　　帯状間伐を行ったスギ人工林の伐採面には広葉樹を導入

要請に応える努力を大学や林業試験場などが取りくんでいた。
　しかし、当時、学生の立場から大いなる疑問を持ったことは、植生の豊かな日本で、植生がかなり単純なヨーロッパでの技術をまた模倣するのか？　ということであった。我が国の多くの林地はかなり急峻で、私が与えられた試験地の傾斜は30度近くあり、平坦な森林が多い中央ヨーロッパで培われた技術が使えるのか、という疑問が残った。残念ながら、"ドイツ流"林学の木材生産面のみを強調し邁進してきた森づくりは、至る所に不成績造林地を形成してきた、と講義では習った。これでも、天然下種更新を鵜呑みにして良いのか？　悩んだすえに林学の道へ進もうと思い始めた私には疑問だらけであった。
　一方では、森林全体を平均値で捉えるという故四手井綱英教授の提唱された「森林生態学」には、理解できない面がある。というのは、多くは私の不勉強に起因するが、木材生産を考える基本は何か、という点である。生産性（量と質）を上げるための伐採対象になる個体は、非皆伐施業を進める限りは、集団ではなく個々の個体である。従って、この個々の個体の置かれる環境とその変化への応答を知ることが先決であると、今も思う。生き物の集団としての森林という視点を持ち続けたい。ただし、今では技術の継承問題やコスト削減もあって機械的（定量）間伐を導入せざるを得ない状況にあることも、また事実である。ここでは、「系＝システム」として森林を捉えるべきであろう。
　就職して林野庁の試験場に席を得たが、その時に聞いたのが「林学の教科書は百年変わらなくて良い」という名言である。林学は百年の計にこそ成り立つ。そ

の例は明治神宮の森である。その土地にふさわしい森林を思い描き、ほとんど除間伐することなく森林を百年以上前に建てた計画通りに造り上げた。その大系は、実は効率が良いといえる。

木材価格は、畑のような栽培法で生産性を維持できるニュージーランドのラジアー

図 21-2　マカバ(ウダイカンバ)材を並べた木材市場の風景(旭川市)

タパインや、今でも未開拓の針葉樹林が残された北米材やロシア材に押され、国産材の価格低迷は残念ながら続く。このような中でも一定価格を維持しているのは、北海道の銘木と呼ぶ広葉樹資源である。用途が多様であり個々の品質が優れていることも理由であるが、均質な製品としての針葉樹材の市場が輸入材から国産材へ戻ることが現時点では難しい中で、国産広葉樹材は比較的高価格を維持している。木材市場も銘木を生み出す役割を果たす(図 21-2)。そして、銘木は林内では単木的に生産される。しかし、銘木を人工林によって生産するには、まだ至っていない。このため天然生の森林の伐採をどの様に進めるのか、これが依然として重要な課題となる。まさに山造りはどの様に木を伐るか！ この言葉にたどり着く。

2. 育成天然林施業の登場

このような背景の中、林野庁を中心に、北海道でも営林から森林管理へと大きく方針を転換した。この中で、伐採＝更新完了という「施業法」が提案された。すなわち、木材収穫を実施したあとで、かつてのように丁寧な植林作業を行うのではなく、前生稚樹を最大限利用することが重視された。もちろん従来通りの施業法が否定されたのではなく、より高度な土地区分が行われ、それによりGISのような地理情報システム導入が緊急課題となった。既に、この考えは菱沼(1986)によって北海道大学(北大)演習林報告に示されていた。さらに、

1995年には木材生産林ではなく、多機能を持つ森づくりの中間報告が行われ、北大の森林経営の基本を示す内容が公開されたのである(北大演習林 1995)。また、松田(1993)により、天塩、中川、雨龍各林の研究成果を基礎に、林床がササに被われた針広混交林の再生技術がまとめられた。まさに「達人の技」を技能集団である技官組織が構築してきたノウハウをまとめて、誰にでも実行可能な「科学技術」へと展開してきた(Matsuda *et al.* 2002)。

一方、有用とされる樹種だけでも40種を越える北海道産の広葉樹の光利用特性に関して、稚樹から成木に至る能力を比較し、森林の更新過程に光合成機能の面から基礎資料を提供してきたのは、主に国立と北海道立の研究機関であった(菊沢 1983、小池 1993)。このように記述すると、工業技術のごとくマニュアル化され、「誰でもできる森づくり」と思われるかも知れない。しかし、これまで国内の林業技術の変遷を紹介してきたが、欧米に比べ種数の多い森林を持つ我が国では、伐採規模の制御だけでは思い通りの林型を造るまでには至らない。むしろ、植林を行っても厳しい気象条件、酸性土壌や蛇紋岩土壌などの特殊土壌のため造林の失敗は多い。そのような場所は多くの場合、ササ類が侵入し天然下種更新は期待できない。

3. あこがれの森林科学・林学

好対照が森林国フィンランドにある。国土は日本の約2倍、人口は北海道に匹敵する約500万人で、林業は基幹産業の一つである。国土の南半分を占める森林の大部分は民有林であり、それらの経営は地域の林業家の手で行われている。北欧は氷河時代に多くの植物種が絶滅し、高木に達するのはヨーロッパトウヒ、欧州アカマツ、カンバ類、ポプラ類と限られている。しかも、下層植生も地衣類、スノキの仲間、コケ類と比較的単純である。このため伐採の仕方を工夫することで、天然下種更新によってかなり容易に森林は回復する。

フィンランド人の個性にも依ると思うが、大都市に集中して生活するより森林地帯の湖畔に居を構え、森林とともに暮らすことが好まれる傾向がある。林業の経済的地位が高いことと大学レベルの教育を受けることができるのは、1970年後半まではヘルシンキ大学にしかなく、現在も、北央部に位置するヨエンス

ウ大学(現在、東フィンランド大学に統合)の2カ所しかないことも手伝って、林学の人気は高い。いわば、エリート集団としての林学(林産学は工学部に属するが、これも一部含まれる)には根強い人気がある。最近まで、林学志願者には一定期間、林業の実務に携わっていた証明を付けて願書を提出することを義務づけていた。ヨエンスウ大学(現在、フィンランド大学のキャンパスの一つ)の例では、志願者はこの10年間は4〜5倍の競争率で推移してきた。なお、隣国スウェーデンでは、志願者数と入学定員がほぼ同じという。このように高い人気を保ってきた理由の一因は、入学希望者の多くは地域の林業家の子弟が家業を極めるために入学してきたためという。もちろん林学は人間らしい生活に直結したあこがれの仕事に結びつくことも、当然の理由である。

しかし、最近では事情が異なってきたと、ヨエンスウ大学の留学生指導係マルック・ロポ氏は言う。ゲルマン系の言語を中心とした民族の多い北欧の中でもフィンランド人は特異な言語(ウラル・アルタイ語)を使い、民族の純血率が高いことも手伝って、一段と少子化が進み、さらに特に南部では、急激に進んだ都市化により林業家の子弟が大都市へ移動し、企業林も増えたために、林学の希望者が減少傾向にあるという。いわゆる伝統的技術の継承も危ぶまれる状況も出始めたようである。そこで、伝統的基幹産業である林業の継承のために、何が行われているかを垣間見た事例から紹介する。

4. 伝えたい匠の技術──フィンランドの事例──

フィンランドの東南部にプンカハリュという小都市がある。この地域は、点在する湖が存在し、カレリア地方でも有数の景勝地である。フィンランド森林研究所に所属する最大の林木育種研究室が活動する場所で、カンバ類の食害抵抗性を中心にめざましい成果が生まれている。ここは、フィンランドを独立に導いたという音楽家、シベリウスの演奏会が開かれる洞窟のコンサート・ホールでも有名な場所である。また、村祭りのような行事が毎年催されるが、地域の若者達により伝統的な林業技術のコンテストが開催され、同時に最新型の林業機械の展示と動作の実演披露会が開催されている。長い冬を乗り切り、白夜の美しい季節の中で、伝統技術の祭典が地域の若者によって開催される姿はた

図 21-3　枝打ち競技風景
（フィンランド・プンカハリュ）

図 21-4　筏流し競技風景
（フィンランド・プンカハリュ）

図 21-5　競技優秀者の勇姿
（フィンランド・プンカハリュ）

図 21-6　木馬の彫刻
（フィンランド・プンカハリュ森林公園）

のもしい。最近では、北海道の音威子府や留辺蘂町でも同じような祭典が見られる。

　会場では枝打ち、丸太伐り、筏作りと運搬法など様々な技術を競うコンテストが催された（図 21-3、4）。枝打ち用に枝数と直径の揃った丸太が並べられ、どのように速やかに、いかに枝を除いた跡が美しいか、もちろん枝を根本まで伐りすぎは減点の対象になるそうだが、得点を競う。玉切りも同じである。樹皮剥き競争も人気がある。勝者は名前を大きな掲示板に飾ってもらい、その栄誉がたたえられる（図 21-5）。仮設のログハウスも人気である。村の広場の入り口には馬による丸太運搬をかたどった像も設けられ、伝統を誇っている（図 21-6）。会場ではヨエンスウ大学の林学専攻の学生による欧州アカマツやヨーロッ

パトウヒ苗木のプレゼントも人気である。選抜された"エリート"(遺伝的に優れた個体)の苗木であることの説明も熱心に行われていた。このような、いわば村祭りのイベントの中で地域の伝統技術を若人に知らしめ、伝統技術の継承に一役買うような企画が、若者グループによって実行されている点に、森林国フィンランドを感じる。

このイベントのもう1つの呼び物は、6本足の伐木集材機である(図21-7)。新製品ということで、昆虫のように足を移動させながら道のない場所での伐採と枝払いに貢献できる機械という。もちろん、道が無くても走向できるので、林地の攪乱は最小限に押さえられ、林地の保全にも適した機器であると自慢された。常に4本の"足"が地面に着いていて、残りの2本で移動する。アームの先端にはチェーン・ソウが設置され、伐採した木の根本から先端に向かって枝を短時間になぎ払い、伴走する集材車へ丸太として搬出できる機能を持つ。主催者の1名は、このような林業機器を導入することによるメリットは、林業が危険で重労働である従来の労働産業のイメージから、コンピュータ制御による最新の機器を使いこなすハイテク産業のイメージ造りにも貢献できる事を挙げている。ややもすれば林業から離れがちな若者の心をつかむ重要な役割を演じている、と付け加えてくれた。もっとも、このようなハイテク重機の乱用によって森林生態系と破壊するような愚行は、高度な教育をしていることによって戒めている、とのことであった。

図21-7 六本足のハーベスタ
(フィンランド・林業機械展示会)

5. 森林生態系の保全へ ── 人物交流を基礎として ──

このように基幹産業である林業という観点が我が国とは大きく異なるが、フィンランドにはさらにいくつか学ぶべき施策がある。それは1980年代にはヘルシ

ンキ大学に熱帯林学専攻が開設され、開発途上国の学生に奨学金を与え博士号を取得させる努力をしてきたことである。通常なら言語はフィンランド語を課すが、このコースは後に国際林学コースとなり、英語で講義がなされる。

フィンランドには豊かな森林資源があるのに、何故、発展途上国の教育にも熱心なのか？　と疑問に思う点もあるが、様々な品質の木材を安定して確保する道を確保するとともに、森林資源の持続的利用の道を広くヨーロッパからアジアにまで展開してきた。事実、タイ国の森林管理政策にはフィンランドの意向が反映されるまでになっている。また、急激な経済発展を遂げた国であり、国際貢献が求められたことも背景にある。

環境問題への取り組みも積極的で、1991 年にはガソリンに対して 3％の税をかけ、それを「環境税」という目的税として位置づけ、それを広く環境問題に提供している。この一環として、共同利用組織であるヨーロッパ森林研究所をヨエンスウに設置し、主に木材の流通に関わる統計関係のセンターとして活動させている。また、1999 年には、ヨエンスウ大学の学長を努めた林学者パーボ・ペルコネン教授の呼びかけで、「森林の持続的利用は教育に依る」と、我が国では主に ODA 系の予算で運営されているアジア－欧州基金を利用した人物交流プロジェクトを開始し 2004 年まで人物交流が行われた。なお、ペルコネン教授は、若手に責任ある改革を進めさせる試みが実施された、その初代候補者で 42 歳から学長を 4 年間務め、温暖化研究などを実施し、ヨーロッパでも先導的な研究を立ち上げる役割を演じた。

アジア－欧州基金(ASEF)の人物交流に関するプロジェクトについてもう少し詳しく紹介しよう(Pelkonen 2000)。森林の持続的利用は言うまでもなく、森林の保続性あるいは法正林を理想とする森林経営が、その根底にある。森林資源はもともと地域資源であり、よほど意識しない限り、身近な資源の流通などに注目するだけで、地球規模の流通は実感がないというのが一般的な認識であろう。これを克服し、木材資源を供給する立場と輸入し利用する立場の両方を認識することにより、限られた、しかし再生可能な生物資源である木材の有効利用への認識を持った若手を育成することが、このプロジェクトの最終的なねらいである。アジア地域では、北海道大学、中国の東北林業大学、マレーシア農科大学(UPM)、フィリピン大学ロスバーニョス校、欧州ではヨエンスウ大学

(現・東フィンランド大学)、イタリアのフローレンス大学、オーストリア農科大学(BOKU)、スウェーデン農科大学(SLU)が基幹校になり、35才未満の若手をお互いに派遣し、自己研修を中心に持続的森林資源利用を教育する。北大では、ヨエンスウ大学(研究課題:低質広葉樹の利用に関する林業経済研究)とイタリア・フローレンス大学(亜高山植生の比較生態)、スペイン・バルセロナ林業研究所(天然下種更新)、マレーシア・サラワク州森林局(種苗生産と荒廃地造林)から研修員を受け入れ、研鑽に協力してきた。最終年の2004年には、ミュンヘン工科大学から野生動物管理学の研究者を受け入れ、交流が続いている。

　森林の持続的利用の重要性は国土の60％以上が森林に被われた我が国でこそ大いに教育されるべきである。そして、生きた実験施設である各種試験地を持つ森林実験室を備えた大学研究林や演習林こそが、アジア地域のリーダーとして地域資源から地球環境資源を管理する施策を提言し、「森への働きかけ」を実行するべき役割を担う立場にある。次世代を担う若手の教育こそ、森林生態系を保全する最短の方法である。

＜文　献＞

赤井龍男・四手井綱英編著(1974)ヒノキ林—その生態と天然更新—. 地球社.

菱沼勇之助(1986)立体林相図による森林の解析:中川地方演習林における事例. 北大演習林報告 43:317-333.

菊沢喜八郎(1983)北海道の広葉樹. 北海道造林振興協会.

小池孝良(1991)落葉広葉樹の光の利用の仕方—光合成特性—. 研究レポート 25:1-8.

小池孝良(2002)伝えたい匠の技術:森林国フィンランドを例にして. 北方林業 54:270-273.

松田　彊(1993)混交林の維持と再生. 北方林業 46(5):11-14.

Matsuda, K., Shibuya, M. and Koike, T. (2002) Maintenances and rehabilitation of the mixed conifer-broadleaf forests in Hokkaido, northern Japan. Eurasian Journal of Forest Research 5:131-133.

Pelkonen, P.(2000) Research Note, Faculty of Forestry, The Univ. of Joensuu No. 94.

終章　地域資源管理学の展望

　「地域資源」とはいったい何か。「地域資源」を「管理」するとは、どういうことなのか。「地域資源」としての森林はどのように「管理」されるべきか。これらの意味するところを考えて「地域資源管理学の展望」という課題に接近してみたい。

1. 地域資源の概念

　酒井惇一は『農業資源経済論』で、「地域資源」という言葉がよく使われるようになった契機を、「近年の農山漁村の衰退を解決し、地域を活性化するために地域に賦存する資源を積極的に活用しようとする動きが出てくるなかで、この言葉が使われるようになった」と述べている。『農業資源経済論』の出版が1995年だから、「近年」とは1980年代ないしはその前半ぐらいを指していよう。わが国の農山村で人口流出が始まったのは1960年前後だが、それが深刻な過疎問題として注目されるようになったのは1960年代末から1970年代初頭のころである。農山村がそれまでの歴史にない深刻な構造的問題に直面したことを踏まえて、その危機的状態から脱出するための意見や学説が提示されるようになった。そうしたなかで、農山村の再生を外部資本の導入に代表される、いわゆる外来型の開発に委ねようとする見解が多く見られる一方、そもそも農山村に存在する資源の有効活用によって再生を実現していこうとする内発的発展論が対置された[1]。「地域資源」は、後者の内発的発展論と密接な関連を持って提示された概念である。

　「地域資源」の概念について、まとまった形で自説を表明しているのは永田恵十郎の『地域資源の国民的利用』(1988年)である。永田は、まず石井素介らの諸説に依拠しつつ、「資源」を「自然によって与えられる有用物で、なんらかの

人間労働が加えられることによって、生産力の一要素となり得るもの」と定義づける。そのとき、人間労働と技術は歴史的に進歩、発展していくので、資源は不変ではなく「歴史の発展段階に応じて」変化する、「社会的に意味づけられた自然の一部」である、としている。

　ここで永田は、3点にわたり重要なことを述べている。第一に、技術的に制約された時代では資源になり得なかったものが、相対的に技術の発展した時代では資源として利用されるという点である。歴史を動態的に把握し、歴史の発展段階に応じて資源の範囲や種類が変化するととらえる歴史の弁証法である。第二に、資源を「なんらかの人間労働が加えられることによって、生産力の一要素となり得るもの」と定義している。これは、資源は生産過程で使用される労働対象であることを意味している。第三に、この同じ引用部分から、人間と資源をはっきり区別し、人間は資源を使用する主体であり、資源は人間によって使用される客体であると峻別していることが読み取れる。

　永田は、こうした性質を持つ「資源」が地域的に存在するとき「地域資源」の概念を与えることが出来るとしたうえで、地域的存在の意味を説明するために地域資源の特徴は非移転性、地域資源相互の有機的連鎖性、非市場的性格の三点であると述べる。だが、これに対して酒井は『農業資源経済論』で、地域資源のなかには移転性や市場的性格を持つものがかなりあるので、非移転性と非市場的性格を持つか否かで地域資源を規定するのは誤りであると批判し、永田の指摘を修正した独自の地域資源概念として「地域に賦存し、地域の生産に有用な自然物」との規定を与えている。

　酒井は、著書名『農業資源経済論』に見るように資源経済学に限定して問題設定しているので、その学問の対象としての資源はあくまで生産において使用されるものであるとする。この点では永田も、上に見たとおり、生産の対象になるものが資源であると、酒井と同じ見解を持つが、しかし永田はそれに続く文章で、生産の対象という限定領域を超えて、資源をもっと広い意味に解釈する。すなわち永田は、さきに紹介したように人間は主体だから客体ではない、資源ではないとしていた(この点の理解は酒井も全く同じである)が、そのあとで「主体としての人間が地域資源の利用を行う場合、その地域に歴史的にストックされた地域固有の伝統的な技術、情報がもつ働きを見落としてはならない」と、人

間がつくり出した「地域固有の伝統的な技術、情報」も地域資源に含めている。しかし、人間そのものまでは地域資源に含めていない。

　概念規定における永田の広域性と酒井の限定性という違いがあるが、酒井はその違いを整理するため、永田のように地域活性化論を主目的とする場合は、地域資源を「地域に賦存し、地域活性化のために利用し得るもとになる有用な自然物ならびに未利用・低利用のために自然物化してしまう可能性のある地域生産物」とすべきであると述べる。そうすれば、永田の主張する地域資源はすべてそのなかに位置づけることが出来るとして、「土地、緑、空間、水、気象、地域の生態系、景観、未利用・低利用の副産物や中間生産物等」はすべて地域資源に含めてよいとする。

　両者の違いを踏まえてここで地域資源の概念規定を行うと、資源経済学的な概念規定としては主体と客体を厳密に区別し、資源は客体のうちで生産の対象となる、あるいは生産過程で使用される自然的有用物である。そして、地域資源は地域に賦存する地域的存在で、地域活性化に役立つ自然的有用物である。地域活性化論では、この地域資源の範疇に、さらに「土地、緑、空間、水、気象、地域の生態系、景観、未利用・低利用の副産物や中間生産物」、人間の生活形態や生活史に関係する文化的・社会的要因などが付加される、ということになる。

　なお、今日では人間を資源に見立てて、人的資源や人材という言葉がしばしば使用される。地域活性化論でもよく使われるので、この用法を否定するものではないが、これはあくまで慣用的用法にとどめるべきである。人間を資源つまり客体の位置に置くのは、経済学の基本的な概念範疇から逸脱するからである。永田が、人間労働の歴史的所産である「地域固有の伝統的な技術、情報」をもって資源とするにとどめ、人間そのものを資源に含めなかった理由がここにある。

　ここまでの記述では森林にいっさい触れなかったが、森林が地域資源であるのは論を待たない。森林は「地域に賦存し、地域の生産に有用な自然物」そのものであり、かつ有力な自然環境である。もちろん永田も酒井も、森林は地域資源であるとしている。しかし、地域資源としての森林を管理するとはどういうことなのか、その意味内容は意外にはっきりしていない。

2. 森林を「管理」するとは？

　誰もが、何の抵抗もなく森林管理という概念を使用している。しかし、森林を管理するとは、森林技術的にはいったいどういう事態を指すのか、それをわかりやすく述べた文献に出会ったことがない。森林管理とは当たり前の概念であって、その概念の技術的意味合いは、いまさら議論するまでもないということかも知れない。しかし、例えば農業における農地管理と比較してみても、森林管理の意味するところは曖昧である。農地は基本的に毎年、作付け―保育―収穫という行為を実行することによって、豊度や水利条件を一定以上に保ち、雑草の繁茂を許さない状態を維持できる。作目によっては例外があり、必ずしも毎年の作付け、収穫ということではないかも知れないが、基本的には毎年の労働投下が農地管理の基本であろう。農地管理は、概念としてはかくのごとくわかりやすい。他方、森林管理は森林技術、林業技術の特質と相まって、単に労働投下だけでは割り切れない。この問題はのちほど考えるとして、まず「管理」という一般的概念の意味するところを整理しておこう。

　二つの辞典から「管理」を探してみると、まず岩波書店『広辞苑』は次のように定義している。
1) 管轄し処理すること。とりしきること。
2) 財産の保存・利用・改良を計ること。例：「管理行為」。
3) 事務を経営し、物的設備の維持・管轄をなすこと。

　もう一つ、小学館『大辞泉』では次のとおりである。
1) ある規準などから外れないよう、全体を統制すること。例：「品質を管理する」、「健康管理」、「管理教育」。
2) 事が円滑に運ぶよう、事務を処理し、設備などを保存維持していくこと。例：「管理の行き届いたマンション」、「生産管理」。
3) 法律上、財産や施設などの現状を維持し、また、その目的にそった範囲内で利用・改良などをはかること。

　この二種類の定義を見ると、「管理」は社会的な意味に、あるいは法律用語として使用されている。人間と人間が取り結ぶ関係において発生する概念である。

具体的には管轄する、とりしきる、保存・維持する、利用・改良をはかるなどであり、またこれらの行為が一定の目的に沿って行われることを指していると読み取れる。つまり合目的的な目標を定め、それに向かって管轄、制御、保存・維持、利用・改良などを行っていくことが「管理」であると言える。

　ただし、この社会的あるいは法律的な概念を自然環境などについても当てはめることが出来ないわけではない。むしろ今日では、自然環境について「管理」を使用するのは当然のこととされている。例えば野生動物管理というとき、野生動物の生態をよく研究し、その生息環境を自然のままに保全する方策を検討するという意味合いが込められている。その際、生息環境を自然のままに保全するには人間の手を加えるべきではないことが多く、自然を自然のままにしておく方針が野生動物管理という目的に向かって採用される。野生動物管理という場合の「管理」も、やはり目的設定と、それに向かう管轄、制御、保存・維持などによって構成される。本来、社会的、法律的に使われる「管理」概念を、野生動物の保全に敷衍したことになる。

　このように目的設定という要因を入れると、管理概念はよりわかりやすくなる。さきに見た農地管理は、農業生産という目的に従って毎年、必要な労働を加えることであると解釈できる。この農業は基本的に自然環境に依存する産業であるが、林業が自然環境に依存する度合いは農業よりはるかに大きい。その点の具体的表現の一つとして、毎年労働を加えるわけではないという技術的特質を挙げることが出来る。例えば人工林施業では、その初期のころ数年間は毎年、何らかの労働を加えるが、造林地の成長に応じて労働を加えない年が多くなり、そのあとで数年ないし数十年たって造林地を最終的に収穫（伐採）する。この技術的特性はかつて、林業生産期間の長期性に関連する問題として林業経済学上の大きな論点になった。また、天然林施業は人工林に比べて労働を加える時間が非常に少なく、大部分の時間は自然環境に委ねる。さらには、原生林のまま残す――いまやわが国で原生林はほとんどなくなった――場合があるが、これには基本的に労働を加えてはいけない。このような人工林、天然林（二次林を含む）、原生林のすべてを森林「管理」の対象に入れるべきであり、事実、そのように位置づけられている。投下労働が極端に少ないか、労働を加えない場合でも森林「管理」というのである。

こういう諸状況を確認したうえで、改めて森林を「管理」するという意味を技術的に定義すると次のとおりである。
 1) 森林の自然的特質を理解する。
 2) その理解を基礎に、どのような森林が望ましいのか、森林をどのような状態に誘導するのか、目標を設定する。
 3) その目標のもとに、森林を長期にわたり常に監視する。
 4) 必要ならば森林に労働を加える。

これらの項目をあえてひと言に代表せしめれば、森林管理とは森林が人間の監視下にあることを意味する。そして、森林管理概念のなかには、設定された目標に基づき目的意識的に労働を加えること、同じく加えないことの両方が含まれる。

3. 森林管理の理念と実践——学説の検討

森林管理という概念が実際にはどのような使われかたをしているか、二つの労作を通じて見てみよう。一つは志賀和人・成田雅美 編著『現代日本の森林管理問題』(2000年)、もう一つは山田容三『森林管理の理念と技術』(2009年)である。両著ともさきに見たような森林管理の技術的特質を論じているわけではない。志賀らは林業生産をめぐる森林管理の制度的、実践的諸問題を論じ、山田の特徴は森林管理の七つの理念を提示していることである。

まず、理念を論じた山田『森林管理の理念と技術』を検討しよう。この著書の焦点は第4章「森林管理の理念とは？」である。ここで山田は森林管理の理念として次の七点を挙げる。
 ①森林を健全に維持する
 ②森林を次代に受け継ぐ
 ③生物多様性を面域で維持する
 ④空間の履歴を尊重する
 ⑤持続困難な履歴はその継続を見直す
 ⑥森林と「生身」のかかわりを持つ
 ⑦森林に愛情を持つ

この七点は、先に述べた目標とは異なって、目標に向かって森林管理を行う際の山田の基本的ポリシーである。山田は、この七点が「グローバルな環境倫理とローカルな日本の自然思想の習合で構成されている」と述べている。世界共通の理念は「生態系を健全に保つ」という環境倫理であり、日本の自然思想の特色は「自然との共生」、「空間の履歴」、「時空間的な習合思想」である。

　山田は木材生産の合理性、効率性の追究を主題とする森林利用学の研究者であるが、しかし森林は本来、木材生産機能のみならず多様な機能を持っていると理解し、森林に対する人間の価値観はこれまた多様であるべきと主張する。その背景には、経済性原理だけに基づく森林管理の理念は破綻したという解釈がある。七点は、こうした基本的理解に基づいて整理されたもので、森林機能の多様性と価値観の多様性とを結びつけている。この著書のあとに執筆したと思われる本書第12章「森林管理における人間性の復活」は、森林管理に対する山田の価値観をさらに進めたものと言える。いずれにしても、山田の示した森林管理の理念は今後、多くの場で議論の対象になるであろう。森林管理の目標を定めることの重要性はすでに確認したが、山田の著書は、その目標設定と関連して新しい、柔軟な理念を掲げることの意義を訴えている。

　志賀らは、わが国で長い間、林政の基本理念であった予定調和論――森林資源の造成と林業経営の産業的確立によって森林の公益的機能を発揮せしめるとする理論――を批判し、その理念から脱却した管理理念を確立するための方法として、森林管理問題を「施業経営管理」側面と「公共管理」側面に区分する。「施業経営管理」については、林業生産視点から森林管理の実態を検討する必要があるとの理解から、森林所有者と森林組合との施業受委託関係に限定して、不在村所有者対策、長期施業受委託関係及び間伐問題を取り上げる。「公共管理」側面では、従来の中央集権的な森林管理行政を批判し、新たに見られるようになった自治体の森林管理政策に注目する。森林の持つ多面的機能や公益性の発揮に関する自治体の先駆的対応を考察し、さらに森林の地域共同管理、市民参加による管理にも注目して、これらの総体が「公共管理」であるとする。そして「施業経営管理」と「公共管理」の両側面を統合して現実的方策を考えるところに、今後の森林管理の方向性を見ることが出来ると主張する。森林管理はいかにあるべきかという問いに答えるために、「施業経営管理」と「公共管理」の視

点に区分したこと、わけてもわが国の林業政策では重視されることのなかった「公共管理」の視点を大きく位置づけたことが志賀らの重要な功績である。

4. まとめ——地域資源管理学の課題

　経済学的に、あるいはより詳しく資源経済学的に資源を定義すると、資源とは生産過程で使用される自然的有用物である。このとき人間は主体であり、資源は主体によって使用される客体である。しかし、地域活性化を本旨とする地域資源管理を論じるとき、地域資源を生産の対象物に限定すると、いきおい議論は生産行為だけに限られる。ところが地域社会は生産行為だけではなく、人間社会に関係するあらゆる側面から成り立っている。そのため地域活性化論では、地域における物質生産的・自然環境的・文化的・歴史的諸契機を地域資源の構成要素に位置づけて、それら構成要素の利用、保全、維持、相互関係などを総合して地域発展を展望する必要がある。この点から、地域活性化論における地域資源の範囲は、地域を構成するさまざまな要因に拡大することが出来る。永田と酒井の主張を総合して、以上のように結論づけることとする。そして地域資源管理とは、地域活性化の具体的な目標を定め、それに向かって地域資源を管轄、制御、保存・維持し、その利用・改良などを行っていくことである。

　森林は木材生産という意味からも、地域の環境要因であるという点からも、文字どおり地域資源である。地域資源としての森林を管理するとは、技術的に言うと、人間が森林を常に監視し続けることである。いま、人間による森林の監視が極端に少なくなり、あるいは全く行われなくなっているので、森林が管理されないという深刻な事態が随所に発生している。そのため、森林管理の目標と理念を再確認あるいは再構築し、森林管理の手法を先進事例に学びつつ、地域に即して政策立案する必要がある。中央集権的な政策立案の繰り返しでは、いつまでたっても地域の自然環境と社会条件に合致した政策たり得ない。そのような意味で、山田と志賀らの主張は示唆に富んでいる。

　さきに、森林「管理」を定義づけた際の第一項目として「森林の自然的特質を理解する」ことを挙げた。森林は地域資源のなかでも特に重要な環境要因であり、その自然構造は複雑であるため、自然構造を理解するには幅広い、多様な

種類の研究が要請される。その点で本書には貴重な研究が収録されているが、なかでも中村太士(第5章「景観生態学の展開」、第6章「森林の景観評価と保全管理」)、吉田俊也(第11章「『エコロジカル・フォレストリ』の展望」)、柳井清治(第17章「森と魚——河畔林の機能と保全——」)らの研究は注目される。なかでも吉田の研究は、かの予定調和論が林業政策を支配した時代の施業研究とは異なり、当時の研究の狭隘性を補うとともに、生態学を基礎に置いた新しい森林施業論研究の視点を提示している。吉田の研究に、地域資源管理学の一分野を構成する森林施業論研究の新しい方向性を見ることが出来る。

　また本書には、地域資源管理学のこれまた有力な分野である森林利用学の論文が掲載されている。人間が森林に働きかけるに際して森林伐採と木材搬出は最も基本的な技術であり、高度生産性、労働負荷の低減、森林環境の非破壊などが常に追究されてきた。本書における木幡靖夫(第3章「高性能林業機械を利用した森づくり」)、仁多見俊夫(第8章「新たな技術による森林資源利用推進——その技術とビジネスモデル——」)、さきに紹介した山田(第12章)らの研究は、今日の技術的到達点を示している。

　地域資源管理学はこれらの研究を内に位置づけつつ、さらに森林・林業以外の地域資源との有機的連鎖性(永田)をも考慮して、地域資源総体の把握とその有効利用を目指し、地域活性化に資するのが目的である。こうして地域資源管理を論じるとき、また地域資源の一つである森林の管理問題を論じるとき、対象とする地域は言うまでもなく農山村である。ところが農山村では過疎、高齢化を中心に諸問題が深刻化し、社会の衰退が著しい。単なる人口減少に止まらず、すでに集落が消滅する事態も発生している。そのため、農山村社会の立ち直りをいかにして実現するか、これはわが国に課せられた緊急かつ重大な問題である。

　ところが、もはや農山村の住民だけで農山村の問題を解決するのは困難な場合が多い。そこで、都市住民には進んで農山村に協力する姿勢が求められるが、そのための最初の働きかけは農山村から都市住民に向かって行われなければならない。最初の働きかけのみならず、その後も系統的に行われるべきである。そのさい、簡潔でわかりやすい情報を農山村から都市に発信する必要がある。また農山村内部においても、域内の情報が十分、住民に伝わるようにする。そ

れには、農山村地域で最も豊富に情報を保有している行政当局が情報公開の先進的役割を果たすことが重要だ。こうして情報公開が農山村の内外に向けて十分に行われるところから、都市住民が農山村の活性化に参加する道が開ける。内発的発展とは、決して農山村内部だけで地域活性化に取り組むことではない。農山村の住民が自ら学び、考え、また都市や外国を含む他地域住民と活発に交流し、そのうえで地域の環境を保全しつつ地域資源を有効に活用するところに内発的発展の道がある。

　なお、地域社会では人間の生活と生産に関するさまざまな要因が取扱われるので、一面では効率化の追究や市場経済への対応が必然であるものの、同時に非市場経済的な課題、効率化の議論を排除する課題がむしろ数多くある。地域資源を管理して地域活性化を図るに当たっても、非市場論理が基軸になっている諸課題をいかに重視するか、とても重要な視点である。

<注>

1) 内発的発展論の立場から書かれた代表的著書としては鶴見和子・川田侃 編『内発的発展論』(1989年、東京大学出版会)、宮本憲一『環境経済学』(岩波書店、1989年)、保母武彦『内発的発展論と日本の農山村』(岩波書店、1996年)、そして最近では岡田知弘『地域づくりの経済学入門』(自治体研究社、2005年)などを挙げることが出来る。岡田の理論は内発的発展の一環として地域内再投資を提案し、注目されている。

<文　献>

永田恵十郎 (1988) 食料・農業問題全集 18　地域資源の国民的利用. 農山漁村文化協会.
酒井惇一 (1995) 農業資源経済論. 農林統計協会.
志賀和人・成田雅美 編著 (2000) 現代日本の森林管理問題―地域森林管理と自治体・森林組合―. 全国森林組合連合会.
山田容三 (2009) 森林管理の理念と技術―森林と人間の共生の道へ―. 昭和堂.

索　引

A〜Z

AP 地域規約　179
APFC　179
ASEF　362
CO_2 排出権　171, 239, 257
CSA　174, 176
FAO　22, 178, 247
FHPC　173, 176
FSC　173, 176
G.H.Q　190, 194
GIS　19, 97, 98, 101, 123, 143, 167–171, 357
ITTO　22, 177, 251
LCA　235, 237
LWD　306, 307
NGO　173, 175, 180
PEFC　173, 176
PEFC-CoC　174
SFI　174, 176
SFM　173
SGEC　174
TERDAS　125
UNCED　173

ア　行

IC タグ　164
赤坂 信　37
秋田県能代市　184
アジア–欧州基金　362
アジア太平洋地域森林収穫実行規約　179
アジェンダ 21　173, 176
網羽（網場）　17
網付き林　297
アルム様式　166
アンケート調査　117

安定同位体比　308, 312
案内人　145

育林　17, 23, 72, 152
石狩川　281
石狩平野　279
石狩湾　281
維持管理　154, 194, 318, 326
磯やけ現象　300
位置エネルギー　252
一全総　191
一斉造林　96, 199, 355
一斉単純林　194
一斉林　35, 41, 114, 124, 139, 194
移動回廊　288
犬養内閣　189
今田敬一　29
岩戸景気　190
インパクト評価　238
インベントリ分析　238

上原敬二　32
魚つき林　297
うっ閉度　112
雨龍研究林　332, 333
雨龍研究林　329
運材路　256

影響力　139
衛星画像解析　93
エーベルスワルデ高等山林学校　20, 31, 33, 45
エクスカベータ　61
エコツアー　141
エコツーリズム　21, 135, 144
エコロジカル・フォレストリ　199

枝打ち　360
枝払い　236, 241, 251
江戸時代　184
エネルギー環流　311
エネルギー資源　164
エネルギー消費　241
エリート　360
L 字型側溝　323, 324
沿岸域生態系　92
エンドレス, M.　50

横断管敷設　319
大型車両走行作業システム　168
大型車輌　320
大澤正之　15
大滝村　137
大橋林業　21
小関隆祺　52
落ち葉　302, 303, 308
オフサイトインパクト　92
オペレータ　73, 159, 168, 228, 237, 256
温暖化防止　77

カ　行

海外林業国　153
海岸砂丘地　184
海岸林　183, 194, 195
開空度　69
外材　77, 85, 215, 355
外材輸入　192, 224
階層化分析法　104
皆伐　43, 45, 50, 55, 84, 91, 199, 205, 223, 236
回復力　204
ガイヤー, K.　19, 36, 43
掻き起し　331

夏季間伐 66
拡大造林事業 91
攪乱跡地 329
架線 125, 140, 146, 154, 160, 258
河川改修 292
河川生物 302
下層間伐 69
下層植生 355
過疎地域 135
価値観 103, 215-219, 226, 347, 371
過伐 226
河畔林 91, 297, 302
カマボコ型路面 323
カラマツ防風林 280
刈払い機 72
川瀬善太郎 31, 33, 55
環境維持機能 216
環境インパクト 123, 238, 250
環境機能 82
環境税 362
環境破壊 80
環境プラグマティズム 218
環境保全 77, 250, 279, 293, 295, 325, 326
環境問題 216
環境林の造成 318
環境倫理学 217
観光林業 82
完全機械化作業 164
幹線防風林 280, 283, 285
間伐 62, 65, 68, 72, 214, 221, 243
間伐率 69, 70
官有地 186
管理区域 175
官林経営 186

機械化 21, 61, 62, 151, 167, 214, 235, 330
機械使用年数 240
機械走行路 62
機械利用協同組合 166
基幹産業 359
気候緩和機能 295
希少種 287
機能因子 18

基盤整備 141, 145, 151, 171
急傾斜地 126, 142, 163, 166, 254, 258
急峻 21, 124, 141, 152, 169, 229, 356
救農土木事業 189
教育研究利用 137
京都議定書 214, 224, 317
強風寒冷地 341

木寄せ 157, 251, 252
緊急間伐5カ年対策 214
近代造林学 36, 45, 50
グーゼ, C. 42
空中写真 258, 263, 270, 338
釧路湿原 96, 99, 101
クック, W. 29
掘削斜面 320
クラウゼ, K. 46
グラップルスキッダ 62, 67
グリーンツーリズム 154, 166
クロマツ林 193

景観イメージ 94, 103, 112, 130, 207
最観構成要素 105
景観生態学 29, 89, 95
景観保全 317, 325, 326
景観要素 103
経済性原理 213, 216, 217, 219, 226, 371
経済の育林法 36
経済の価値 216, 248
経済の効率 205
傾斜地 141, 153, 153, 158, 163, 166, 222, 333
渓畔林 222
経費 142, 143, 151, 168, 187, 194, 236, 319, 326, 333
ゲーテ, J. 20
ケーニッヒ, G. 37, 40, 57
けん引抵抗 255
研究紹介 349
原植生 281
原生林 24, 54, 85, 91, 141, 142, 199, 204, 369

健全性 22
現地踏査 319
現場感覚 353

広域環境情報 101
公益的機能 77, 210, 216, 226, 227, 312
公園林 55
公開講座 139, 144, 347
高規格作業道 162, 163
公共管理 371
航空写真 115, 127
光合成 79, 207, 275, 300, 358
孔状裸地 329, 335
更新プロセス 289
高性能林業機械 19, 61, 62, 68, 72, 214, 228
恒続林思想 15, 20, 23, 44, 45, 220
耕地防風林 280
公道 161
高度経済成長期 77, 89, 190, 192, 195, 279
荒廃景観 329
高密度路網 17, 21, 25, 220
広葉樹資源 357
広葉樹二次林 220
港湾整備5カ年計画 192
国際競争力 151, 214
国際貢献 362
国産材時代 214, 229
国設公園 52
国土開発 183
国土保全機能 77
国土緑化事業 152
国有土地森林原野下戻法 186
国有林 135, 166, 190, 192
国有林生産力増強計画 190
国有林野改善特別措置法 192
国有林野事業特別会計法 190
国有林法公布 186
国連環境開発会議 173
小島幸治 17
小島鳥水 30
枯死率 337
個人所有森林 167

索　引

国家環境政策法　92
コッタ, H.　20, 31, 39, 57
雇用　140, 177
孤立林　272-276, 288
コリドー　288
混交林　39, 41, 43, 329
混植林　185, 285
根釧台地　279
コンブ養殖　301

　　　サ　行

材積推定　263
材積平分法　39
再造林面積　214
最大到達距離　157
作業機械システム　151
作業工程　17
作業コスト　236
作業道　18, 155, 157, 158, 163, 231, 319, 320, 325, 326
作業面積　158
索道　152
札幌農学校　51
佐藤昌介　15
里地里山　355
里山　152, 166, 202, 215, 216, 294, 355
砂防学　349
沢筋　343
沢筋バッファゾーン　258
山岳林業　154
残存木　66, 68, 70
サンタイウォン　251, 256
傘伐　43, 50, 205

私営林　186
志賀和人　370
志賀重昂　30
事業採算　152
事業展開　147
資源経済学　367
試験地　138, 142, 144, 339
資源調査　258
資源問題　85
地拵え　72, 163, 231, 330, 332, 333, 343

次世代　363
自然因子　18
自然科学　39
自然攪乱　201, 202, 329
自然河川　89
自然環境　103
自然景観保全　317
自然再生事業　100
自然との共生　199, 210
自然の仕組み　312
自然破壊　80, 216, 227
自然保護　24, 32, 77, 82, 192, 216, 217, 224, 355
自然林　199
持続可能　199, 210
持続的森林管理　56, 174, 225, 248, 250, 362
持続的利用　19, 24, 248, 362
下刈り　72, 163, 330, 333
湿原域　92
実行規約　180
実体験　349
四手井綱英　356
標津川流域　89
資本主義社会　217
シミュレーション　168, 170
地元地域　140
地元労働力　140
社会情勢　215, 224
社会のニーズ　215, 225
社寺林　52
写真解析　115
蛇紋岩地帯　320, 335, 340
斜里平野　279
砂利道　18
収穫作業　177
収穫方式　114
集材　17, 18, 25, 65, 156-159, 165-167, 229, 236, 251-259
集材作業　18, 159, 166, 251, 254, 337
集材路　66, 251, 254-256, 258, 337
集積作業　65
私有林　167
収益優先　249

住民参加　193
住民自治　197
樹冠疎密度　276
樹高測定　263
樹種転換　91
樹種判読　263
種組成　292
シュテルプ, W.　29
種の多様性　45
シュバッハ, A.　33
循環型社会　81, 235
小規模の攪乱　291
情報基盤　143
情報の共有　169
小面積所有者　223
省力化　355
植栽　55, 72, 142, 163, 185, 330, 332, 343
植栽列　64, 332
植生回復　257
植生研究　263, 272
植生図作成　272
植物群落　292
植物生態学　349
植物生理学　349
食物網　307
植林　33, 93, 98, 183-185, 195, 285, 297
女子学生　351
シラー, F.　47
地力維持　48
人為攪乱　313, 329
人件費　135
人工更新　219, 220
針広混交林　89, 138, 220, 221, 335, 338
針広混植防風林　285, 286
人工植栽　187
人工造林地　77
人口問題　85
人工林　135, 199, 213, 219, 273, 355, 369
新全国総合開発計画　191
新田開発　184
審美　23
シンポジウム　347

索引

神武景気 190, 224
針葉樹防風林 285
森林改変 318
森林科学 16, 78, 137, 148, 293, 297, 298, 358
森林科学科 16
森林官 45, 47, 251
森林環境倫理学 24
森林管理 78, 83, 84, 173, 177, 205, 213, 223, 224, 226-228, 230, 236, 248, 249, 368
森林管理協議会 173
森林起源有機物 308
森林区画 270
森林組合 167
森林経営 175
森林景観 114, 122, 123, 127, 140, 202, 318
森林経理学 15
森林研究 347
森林原則 173, 177, 236
森林工学 15, 21
森林構成 114
森林貢租 41
森林再生 218
森林作業用車両 156
森林資源 248
森林資源管理 199
森林収穫実行規約 173, 176
森林純収益 41, 42
森林植物帯論 34
森林所有者 226
森林親愛利率 35
森林政策学 349
森林生態学 356
森林生態系 22, 44, 231
森林施業計画 123
森林施業論研究 373
森林体験 140, 144, 145
森林認証 173, 174-176, 180, 208
森林の環境保全機能 318
森林の間接的利益 55
森林の健全さ 230
森林の高度活用 148
森林の属性 263
森林の風致・景観 103

森林の類型化 263, 270
森林破壊 80, 224, 248
森林伐採 249
森林判読 263
森林美 34
森林美学 19, 22, 53, 54
森林復元技術 342
森林法 187
森林保護学 15, 51
森林保全 83, 210, 317
森林利用学 15, 16, 21, 371, 373
森林・林業基本法 317
森林・林業再生プラン 214, 229
森林の群状的な取り扱い 336

水温 302
水源林 297
水産学 298
スイス林業 55
水文学 349
スイングヤーダ 157, 158
数値地形シミュレータ 127
スウェーデン 154, 167, 168, 235, 236, 237, 240
数値地形図 127
数値林相図 127
スカイウッドシューター 230
図上判読 115
鈴木太七 41
ステッツェル, H. 31, 34

生育地 288
生活環境保全林整備事業 192
施業計画 326
生産効率 96, 208
生産林 250
生息環境 91-94, 306, 369
生息地 21, 91, 288
生態系 56, 91, 98, 200, 204, 205, 208, 307
生態保全型林業 16, 200, 204, 208, 210
生物生息空間 273
生物多様性 202, 205, 208, 210, 219, 222, 223, 227, 317
生物地球化学 349

精密林業 135
施業経営管理 371
施業研究 329, 373
施業放棄 226
施業法 84, 114
施業林 36, 42
施業林の功利と美 36, 41, 42, 47, 56
施業林の美 32
設計因子 18
絶滅 358
洗掘 321, 323
選好度調査 104
全国総合開発計画 191
先住民の権利 249
前生稚樹 357
全層間伐 68

相互承認 176
造林学 15, 19, 33, 43, 51
造林事業 187
損傷被害 65
ゾーニング 127, 221, 224
促成樹プランテーション 220
促成施業 225
素材生産事業 167
側溝 320, 321
ソフト工法 326
杣夫 17
空知森づくりセンター 62

タ 行

ターラント林業大学 20
大学演習林 123, 135-148
大学教育 353
大学研究林 135
大学施設 148
大規模森林破壊地 340
第三紀層 320
第三者認証評価 173
大小林区署官制 186
高橋是清 189
多機能 357
択伐 55, 72, 84, 236, 251, 258, 329, 336
択伐作業 205, 243, 335

索　引

択伐林　55
武田久吉　32
達古武沼　97
玉切り　62, 236, 241, 251
田村 剛　32
多面的機能　82, 103, 137, 279
タワーヤーダ　155, 159, 166, 258, 259
炭素循環　22
団地法人化　223, 227
短伐期施業　219, 225
弾力性　202, 207

地域活性化　135, 146, 367, 372
地域資源　146, 365, 372
地域社会　78, 146, 166, 200, 372
地域森林　146, 167, 170
地域制公園　32
地域づくり　313
チェーンソー　17, 61, 65, 235, 236, 241, 251
チェーンソーマン　252
知覚的条件　112
地球温暖化　61, 81, 96, 214, 216
地球温暖化対策推進大綱　317
地球環境機能　82
地球サミット　21, 173, 236
地況　127, 153
地形図　127
治山事業　190, 192
チシマザサ　341
治水三法　187
チップ化　165
地表処理　331
長期施業計画　335
長期的影響　92
朝鮮戦争　224
超短伐期施業　220
長伐期施業　215, 219, 220, 225
直轄的管理　195
チロル地方　153

筒井迪夫　29
ツル性木本類　324

ディーゼルエンジン　237

低インパクトロギング　257
低コスト作業システム　214
ディスカッション　349
定性間伐　69
定着サイト　291
ディミツ, L.　38
定量間伐　356
適切な施業法　219
天塩研究林　329, 332
鉄道防雪林　286
デルファイ法　105, 114
天然下種更新　335, 355
天然更新　24, 44, 50, 55, 219, 251, 331–343
天然更新補助作業　330
天然生防風林　287, 289, 295
天然生林　24, 56, 85, 104, 107, 138, 205, 329, 355
天然林　52, 54, 213, 221, 247, 266, 285, 329, 369

ドイツ山林会　48
ドイツ林学　30, 35, 36, 38
ドイツ林業　43
踏圧　255
冬季間伐　66
東京高等造園学校　32
東京山林学校　20, 51
到達距離　156
動物生態学　349
倒流木　302, 305–308
同齢林分　23
道路基盤　156, 160, 171
道路整備　162
道路配置　161
道路網　143
十勝平野　279
土工量　141, 256, 319
都市近郊林　35
土壌学　349
土地改変　95
土地区分　208
土地貢租　41
土地純収益説　33, 35, 40, 42
土地条件　171
土地所有　186

土地利用　96, 313
トラクタ　61, 73
トラック　18, 156, 162, 251
トレーラ　159, 167
ドレスデン工科大学　20

ナ　行

中川研究林　329, 332, 333, 337
永田恵十郎　365
成田雅美　370
南北問題　85
新島善直　19, 29, 51
荷掛手　159
二次林　24, 135, 139, 144, 199, 202, 219, 273, 369

ニシン　299
二全総　191
日射遮断　302
日本森林保護学　51
日本列島改造論　191
人間中心主義　217

熱帯降雨林　250
熱帯樹木　252
熱帯林　247
年許容伐採量　207
燃料消費量　241
年輪気象学　349

ノイマイステル, M.　42
農業景観　283
農業モデル　205, 207
農山漁村経済更生運動　189
農村景観　279, 294
法面　231, 320, 324
ノルウェー　154, 162

ハ　行

ハーベスタ　61, 167, 235, 236, 240
バイオマスエネルギー利用　220, 221
排水　231, 319
排水対策　321
ハイテク重機　361

ハイヤー, C. 39, 40
ハイヤー, G. 34, 42, 44
破壊と再生 340
幕藩体制 195
白蝋病 18
伐期 207, 215
伐区 115, 221
バックホー 256
伐採インパクト 250, 251, 252
伐採技術 250, 251, 260
伐採作業 123
伐採方式 114
伐採予定木 251
伐出作業 61, 72, 103, 123, 130
伐倒 62-65, 235, 241, 251-254, 258
伐倒方向 252, 258
ハビタット 288
バブル景気 224
速水林業 15, 20
ハルティヒ, G. 39
盤根 252
反対理由 80
バンドラ 165
汎ヨーロッパ森林認証スキーム 173

火入れ 331
ビオトープ 273
非皆伐 205, 236, 356
被視条件 122, 127
非人間中心主義 217
ビューレル, A 38
氷河 153, 358
病害虫 194

ヴアッペス, L. 49
ヴァルテル 48
フィールドセッション 349
フィールドワーク 347, 353
フィッシャー, F. 46
フィンランド 154, 167, 358
風景計画 29
風致 32, 230
風致保健林 32, 55, 56
風致林 29, 42, 52, 55

ヴェベル, H. 49
フェラーバンチャ 62, 65, 66
フォワーダ 156, 167, 235, 236, 240
フォン・カリッチュ 44
フォン・カルロヴィッツ 36
フォン・ザーリッシュ 20, 29, 34, 45
フォン・デル・ボルシュ 37
フォン・バウアー 42
フォン・フュールスト 49
フォン・ローレイ 31, 34
負荷量 99
不均質 204, 208
複数生態系 95
複層林 18, 84, 114, 196, 219, 220, 225, 266, 272
不成績造林地 356
プファイル, F. 39
プラザ合意 77
ブラッシュカッター 73, 336, 341, 343
ブルックハルト, H. 37, 40
ブルドーザ 251, 254, 255, 256, 259, 331
フルボ酸鉄 300
プレスラー, M. 41
プロセッサ 61, 62, 67, 228
分散側溝 322
フンデスハーゲン, J. 39

平地林業 154
ヘス, R. 51
ヘルシンキ合意 22
ペレット 166

保安林 42, 55, 138, 187
保育作業 193, 333
貿易問題 85
防災 151, 184, 191, 196
法正林 33, 39, 214
防風堆雪柵 343
防風林 190, 279, 283, 343
保健休養 77, 135, 196
保護区設定 92
保護地 208

保護・保全政策 96
保護林 250
母樹保残法 205
補助金 142, 153, 208, 215, 226
ポステル 45, 48
保全 139, 199, 204
北海道空知総合振興局森林室 62
北海道版レッドリスト 287
ボルグレーブ, B. 42
本郷高徳 31
本多静六 31, 32, 34

マ 行

マイナス要因 318
マイヤー, H. 20, 44
マシーネンリンク 166
マツ枯れ 193
松くい虫被害 183, 193-197
松くい虫防除特別措置法 194
マツノザイセンチュウ 193, 194
マツノマダラカミキリ 193, 194
丸太伐り 360
マレーシア 247, 250

三重大学演習林 123
水辺の森林 289
道端林業 157
緑の回廊 223
緑の循環認証会議 174
峰陰 343

無線化 159
村祭り 359
村山醸造 19, 29, 51
無立木地 187, 329, 343

明治神宮 356
銘木 357
メーラー, A. 15, 20, 23, 44, 220
面積平分法 39
木材価格 41, 85, 135, 142, 190, 192, 213, 215, 224, 226, 357
木材価格安定緊急対策 192
木材供給量 135

索　　引

木材自給率　151
木材市場　85
木材需要　41, 190, 192
木材生産　21, 36, 77, 135, 151,
　　214, 216, 226, 240, 250, 317,
　　356, 371, 372
木材増産計画　190
木材の安定供給　214, 223
木材輸入の自由化　77
木質バイオマス　164
目的と範囲設定　238
目標林型　21
モザイク　221, 222, 224, 289
モデル化　133
モニタリング　176, 178, 180, 340
モノカルチャー　215, 219, 221
モノレール　142, 163
藻類の繁殖　302
モントリオール・プロセス　21

　　　　ヤ　行

薬剤の空中散布　194
野生動物保護地域　258
山火事跡地　329, 341, 342, 343
山造り　357

ユーダイヒ, J.　41

葉群密度　276
ヨーロッパアルプス山脈　153
世論　215

　　　　ラ　行

ライフサイクル・アセスメント
　　235, 237
落葉広葉樹防風林　285
ラスキン　54
乱開発　77

リオ宣言　236
リサイクル　307
立体視　263
立体集水図　130
リッパー　332
流域環境　312
流通システム　220

立木位置図　258
流木の供給　305
林学　29, 30, 200, 298, 355
林学科　15, 16, 137
林価算法　35, 40
林業　167, 218
林業会社　166
林業機械　16, 235, 243
林業基本法　317
林業経済　16, 40
林業芸術　35, 52, 53
林業工学　15, 235
林業事業　151, 161
林業先進国　151
林業利率　35
林業労働　235
林産学科　16
林床　105, 204, 252, 272, 289, 293,
　　319, 331, 338, 355, 358
林床の整備度　112
林政学　18
林相　34, 41, 127, 140, 145, 270
林地　153
林地残材　165
林道　142, 156, 161, 256
林道開設　18, 23, 187
林道規定　319
林道計画　326
林道作設　317, 343
林道設計　22
林道の維持作業　327
林道の作設　318, 326
林道の点検　327
林道密度　17
林道網　123, 326
林道網計画　123
林道網整備の基本方向　318
林内空間　113
林内景観　112
林内走行　155
林内道路　161, 162
林内の整備度　112
林内路網整備　214, 229
輪伐期　35, 39, 41, 55, 57
林分　112, 145, 152, 169, 176, 196,
　　200, 266, 282, 338, 355

林分間の同質化　207
林分成長　70
林分分類　270
倫理観　80
倫理問題　85

累積的影響　92

レーキドーザー　331, 335
レクリエーション　192, 196
列状間伐　64, 68
連携推進　148

労働科学　17
労力　194
ローテク技術　230
ログダム　306
ログローダ　251
ロゴマーク　175
路床　18
路線計画　256
路線の選定　319
路線配置　143
路体　18
路面　154, 255, 231, 323, 326
路面浸食　255, 257, 326
路面排水施設　323
路網　163, 220, 256
路網ネットワーク　318
路網密度　17, 21, 25, 125, 214
ロングリーチハーベスタ　157-
　　159

英文タイトル
Forest Utilization and Engineering
― An Approach of Forest Aesthetics ―

edited by

Katsuyuki Minato, Takayoshi Koike, Masami Shiba,
Toshio Nitami, Yozo Yamada and Fuyuki Satoh

もりへのはたらきかけ
森への働きかけ
森林美学の新体系構築に向けて

発行日	2010年10月30日 初版第1刷
定 価	カバーに表示してあります
編 者	湊　　克　之 © 小　池　孝　良 芝　　正　己 仁多見　俊　夫 山　田　容　三 佐　藤　冬　樹
発行者	宮　内　　　久

海青社 Kaiseisha Press
〒520-0112 大津市日吉台2丁目16-4
Tel. (077)577-2677 Fax. (077)577-2688
http://www.kaiseisha-press.ne.jp
郵便振替　01090-1-17991

● Copyright © 2010 K. Minato, T. Koike, M. Shiba, T. Nitami, Y. Yamada and F. Satoh
● ISBN978-4-86099-236-1 C3061　● 乱丁落丁はお取り替えいたします
● Printed in JAPAN

◆ 海青社の本・好評発売中 ◆

● 日本木材学会創立50周年記念
日本木材学会論文データベース
1955-2004 木材学会誌／Journal of Wood Science

日本木材学会 編
CD-ROM 4枚、冊子B5判268頁、定価28,000円（税込）

◆ 木材学会の研究成果のすべてを座右に置く！◆
・木材学会誌に発表された50年間の論文をPDFファイルで収録！
・35,414頁、収録論文5,515本を4枚のCD-ROMに収録！
・充実した検索機能で様々な論文検索が可能！

Windows & MacOS

森林生産の オペレーショナル・エフィシェンシィ
スンドベリ,U. 他著　神崎康一・沼田邦彦・鈴木保志 訳

本書は極めて平易な入門書である。林業機械の開発、造林技術、森林産業、森林行政など、森林を取り扱うさまざまな行動計画（林業の高度機械化）を考える上で必要な事項を、すべて平明に間違いなく理解できるよう配慮している。
〔ISBN978-4-906165-64-3／A 5判・477 頁・定価 6,015 円〕

森をとりもどすために② 林木の育種
林　隆久 編

本書は「地球救出のための樹木育種」を基本理念とし、林木育種の技術を交配による育種法から遺伝子組換え法までを網羅した。遺伝子組換えを不安な技術であると考える人が多いが、交配による育種の延長線上に遺伝子組換え技術はあるのである。
〔ISBN978-4-86099-264-2／四六判・171 頁・定価 1,380 円〕

森をとりもどすために
林　隆久 編

森林の再生には、植物の生態や自然環境にかかわる様々な研究分野の知を構造化・組織化する作業が要求される。新たな知の融合の形としての生存基盤科学の構築を目指す京都大学生存基盤科学研究ユニットによる取り組みを紹介する。
〔ISBN978-4-86099-245-3／四六判・102 頁・定価 1,100 円〕

針葉樹材の識別　IAWAによる光学顕微鏡的特徴リスト
IAWA委員会編／伊東・藤井・佐野・安部・内海 訳

IAWA の "Hardwood list" と対を成す "Softwood list"（2004年）の日本語版。木材の樹種同定等に携わる人にとって、『広葉樹材の識別』と共に必備の書。124項目の木材解剖学的特徴リストと光学顕微鏡写真74枚を掲載。 PDF版 2,050 円
〔ISBN978-4-86099-222-4／B 5判・86 頁・定価 2,310 円〕

広葉樹材の識別　IAWAによる光学顕微鏡的特徴リスト
IAWA委員会編／伊東隆夫・藤井智之・佐伯浩 訳

IAWA（国際木材解剖学者連合）が刊行した "Hardwood List"（1989年）の日本語版。221項目の木材解剖学的特徴の定義と光学顕微鏡写真（180枚）は広く世界中で活用されている。日本語版の「用語および索引」は大変好評。 PDF版 2,210 円
〔ISBN978-4-906165-77-3／B 5判・144 頁・定価 2,500 円〕

南洋材の識別／英文版　Identification of the Timbers of Southeast Asia and the Western Pacific
緒方　健・藤井智之・安部　久・P.バース 著

『南洋材の識別』（日本木材加工技術協会、1985）を基に、新たにSEM写真・光学顕微鏡写真約2000枚を加え、オランダ国立植物学博物館のP. Baas 氏の協力も得て編集。南洋材識別の新たなバイブルの誕生ともいえよう。（英文版）
〔ISBN978-4-86099-244-6／A 4判・408 頁・定価 6,300 円〕

樹木の顔　抽出成分の効用とその利用
編集／日本木材学会抽出成分と木材利用研究会
編集代表／中坪文明

1991〜1998年に Chemical Abstracts に掲載された日本産樹種を中心とした54科約180種の抽出成分関連の報告書約6,000件を、科別に研究動向・成分分離と構造決定・機能と効用・新規化合物についてまとめた。 PDF版 3,885 円
〔ISBN978-4-906165-85-8／B 5判・384 頁・定価 4,900 円〕

＊表示価格は5％の消費税込。PDF版は直販のみ

◆ 海青社の本・好評発売中 ◆

広葉樹の育成と利用
鳥取大学広葉樹研究刊行会 編

戦後におけるわが国の林業は、あまりにも針葉樹一辺倒であり過ぎたのではないか。全国森林面積の約半分を占める広葉樹林の多面的機能（風致、鳥獣保護、水土保全、環境など）を総合的かつ高度に利用することが、強く要請されている。
〔ISBN978-4-906165-58-2／Ａ５判・205頁・定価2,835円〕

広葉樹の文化 雑木林は宝の山である
広葉樹文化協会 編／岸本・作野・古川 監修

里山の雑木林は弥生以来、農耕と共生し日本の美しい四季の変化を維持してきたが、現代社会の劇的な変化によってその共生を解かれ放置状態にある。今こそ衆知を集めてその共生の「かたち」を創生しなければならない時である。
〔ISBN978-4-86099-257-6／Ｂ６判・240頁・定価1,890円〕

木の文化と科学
伊東隆夫 著

遺跡、仏像彫刻、古建築といった「木の文化」に関わる三つの主要なテーマについて、研究者・伝統工芸士・仏師・棟梁など木に関わる専門家による同名のシンポジウムを基に最近の話題を含めて網羅的に編纂した。
〔ISBN978-4-86099-225-5／四六判・220頁・定価1,890円〕

キノコ学への誘い
大賀祥治 編

魅力的で不思議がいっぱいのキノコワールドへの招待。さまざまなキノコの生態・形態・栽培法・効能など、最新の研究成果を豊富な写真と図版で紹介する。キノコの楽しい健康食レシピも掲載。口絵カラー７頁。
〔ISBN978-4-86099-207-1／四六判・189頁・定価1,680円〕

住まいとシロアリ
今村祐嗣・角田邦夫・吉村剛 編

シロアリという生物についての知識と、住まいの被害防除の現状と将来についての理解を深める格好の図書であることを確認し、広範囲の方々に本書を推薦する。（高橋旨象／京都大学名誉教授・（社）しろあり対策協会会長）
〔ISBN978-4-906165-84-1／四六判・174頁・定価1,554円〕

木育のすすめ
山下晃功・原知子 著

「食育」とともに「木育」は、林野庁の「木づかい運動」、新事業「木育」、また日本木材学会円卓会議の「木づかいのススメ」の提言のように国民運動として大きく広がっている。さまざまなシーンで「木育」を実践する著者が知見と展望を語る。
〔ISBN978-4-86099-238-5／四六判・142頁・定価1,380円〕

樹体の解剖 しくみから働きを探る
深澤和三 著

樹の体のしくみは動物よりも単純といえるが、数千年の樹齢や百数十メートルの高さ、製品としての多面性など、ちょっと考えるだけで樹木には様々な不思議がある。樹の細胞・組織などのミクロな構造から樹の進化や複雑な機能を解明する。
〔ISBN978-4-906165-66-7／四六判・199頁・定価1,600円〕

この木なんの木
佐伯浩 著

生活する人と森とのつながりを鮮やかな口絵と詳細な解説で紹介。住まいの内装や家具など生活の中で接する木、公園や近郊の身近な樹から約110種を選び、その科学的認識と特徴を明らかにする。木を知るためのハンドブック。
〔ISBN978-4-906165-51-3／四六判・132頁・定価1,632円〕

古事記のフローラ
松本孝芳 著

古代の人は植物をどのように見ていたか。また、人はどのような植物と関わって来たか。本書は、古事記のどの場面にどのような植物が現れているか、研究者・伝統工芸士・仏師・棟梁など木に関わる専門家による同名のシンポジウムを基に最近の話題古代の人に思いを馳せながら綴る"古事記の植物誌"である。
〔ISBN978-4-86099-227-9／四六判・127頁・定価1,680円〕

雅びの木
佐道健 著

古来、人は樹木と様々な関わりをもって生きてきた。ときに、祈り、愛で、切り倒すことに命をかける……。そうした古代の人々の樹木に対する思いを、神話や説話、物語に探った"木の文学史"。木材を様々な角度から楽しめる、興味深い一冊。
〔ISBN978-4-906165-75-9／Ｂ６判・201頁・定価1,680円〕

国宝建築探訪
中野達夫 著

岩手県の中尊寺金色堂から長崎県の大浦天主堂まで、全国125カ所、209件の国宝建築を写真420枚に収録。制作年から構造、建築素材、専門用語も解説。木を愛し木を知り尽くした人ならではのユニークなコメントも楽しめる。
〔ISBN978-4-906165-82-7／Ａ５判・310頁・定価2,940円〕

＊表示価格は５％の消費税込